职业技术院校烹饪专业教材
广东省职业教育特色教材

西餐烹饪工艺实训

（第二版）

江永丰◎主编

中国劳动社会保障出版社

简　介

本教材与《西餐烹饪工艺（第二版）》配套使用，主要内容包括基本功实训、原料初加工实训、刀工实训、西餐烹调基础实训、西餐开胃菜制作实训、沙拉制作实训、西餐汤类制作实训、西餐热菜烹调实训、西式早餐制作实训、三明治与比萨饼制作实训等，实训内容全面，操作步骤标准、规范，操作过程细致、完整，是职业院校西式烹调专业进行西餐烹饪工艺实训课教学的实用教材。

本教材为职业技术院校烹饪专业教材，也可作为职业技能培训用书。

本教材由江永丰主编，王建金、刘亮、林耀旭参加编写，江海强、梁英辉审稿。

图书在版编目（CIP）数据

西餐烹饪工艺实训 / 江永丰主编 . --2 版 . -- 北京：中国劳动社会保障出版社，2019
职业技术院校烹饪专业教材　广东省职业教育特色教材
ISBN 978-7-5167-3933-4

Ⅰ . ①西…　Ⅱ . ①江…　Ⅲ . ①西式菜肴－烹饪－高等职业教育－教材　Ⅳ . ① TS972.118

中国版本图书馆 CIP 数据核字（2019）第 082375 号

中国劳动社会保障出版社出版发行

（北京市惠新东街 1 号　邮政编码：100029）

*

三河市潮河印业有限公司印刷装订　　新华书店经销

787 毫米 × 1092 毫米　16 开本　15.25 印张　297 千字

2019 年 6 月第 2 版　　2024 年 12 月第 5 次印刷

定价：29.00 元

营销中心电话：400-606-6496

出版社网址：http://www.class.com.cn

http://jg.class.com.cn

改版说明

广东省职业教育特色教材（烹饪）自2011年出版以来，在职业技术院校烹饪专业教学及相关烹饪培训中发挥了重要作用，得到了广大师生的好评。近年来，随着广东省餐饮行业的发展，企业对从业人员的知识水平和技能水平提出了更高的要求。为了适应这一变化，满足学校培养人才的需求，我们收集了餐饮企业对技能型人才的具体要求以及学校对教材使用的反馈意见，组织了一批教学经验丰富、实践能力强的教师及行业专家，对现有教材进行了修订。修订中具体做了以下几方面工作：

1.继续突出职业教育特色，以企业的岗位需求为前提，结合学校的教学实际，优化了教材的结构和内容。进一步加大了实践性教学内容的比重，技能课教材更新和增加了大量的操作案例，工艺过程讲解更加详细，方便教师开展一体化教学。

2.贯彻职业资格证书与学历证书并重，职业资格证书制度与就业制度相衔接的精神，教材内容力求涵盖国家有关职业标准及西式烹调师职业技能鉴定考试的需要。

3.根据广东省餐饮行业发展现状，继承与发展相结合，与时俱进，尽可能多地将新原料、新工艺、新技术、新菜式等内容融入教材，使教材具有创新性和时代特征。

此次教材的修订得到了广东省人力资源社会保障厅的高度重视，并得到了广东省职业技能鉴定指导中心、广东商学院、广东省贸易职业技术学校、湛江市商业技工学校、广州白云工商高级技工学校、肇庆市高级技工学校、深圳第二高级技工学校、深圳市第二职业学校、江门市高级技工学校、佛山市高级技工学校、肇庆商业技工学校、潮州市技工学校、暨南大学深圳旅游学院、珠海市南屏中学、广东厨艺技工学校、湛江市高级技工学校、东莞市高级技工学校、广东省华立高级技工学校、阳江市技工学校的大力支持，在此我们表示诚挚的谢意。

人力资源社会保障部教材办公室

广 东 省 职 业 技 术 教 研 室

2019年6月

目录

模块 1

基本功实训

本模块实训基本信息

实训总学时：40 学时

学习对象：一年级西餐烹饪专业学生

实训项目与任务：刀具的使用（操刀、磨刀）实训，工具和炉灶（煎盘、炉灶）的使用实训

一、刀具的使用（操刀、磨刀）实训

1. 操刀

<table>
<tr><th>实训项目</th><th colspan="2">操刀</th></tr>
<tr><td>目的与要求</td><td colspan="2">（1）掌握西餐刀具的种类及用途
（2）掌握持刀的基本操作姿势</td></tr>
<tr><td>技术理论与原理</td><td colspan="2">西餐刀具按其用途不同可分为西餐刀、沙拉刀、去皮刀、片刀、锯齿刀、剁骨刀等
（1）西餐刀，长 15 ~ 40 厘米，用途广泛，是最常用的西餐刀具之一，为西餐厨房必备刀具
（2）沙拉刀，长 16 ~ 20 厘米，形状与西餐刀相似，但尺寸较小且刀身较窄，常用于冷菜厨房切割蔬菜、水果等
（3）去皮刀，长 5 ~ 10 厘米，主要用于蔬果去皮、修割
（4）片刀，长 36 厘米，刀身窄且富有弹性，常用于切熟的肉片，如切烟熏鲑鱼
（5）锯齿刀，刀身窄而长，可弯曲，刀刃呈锯齿形，适用于切面包、蛋糕等食品
（6）剁骨刀，刀体厚重，不锋利，但操作不当会很危险，主要用于剁带骨的肉块</td></tr>
<tr><td rowspan="2">实训方法</td><td>流程</td><td>站立→持刀→操作</td></tr>
<tr><td>操作过程及方法</td><td>（1）站立姿势
两脚自然分开站稳，身体略向前倾，前胸稍挺，不要弯腰曲背，目光注视两手操作部位，身体与砧板保持一定的距离</td></tr>
</table>

续表

<table>
<tr><th colspan="2">实训项目</th><th colspan="2">操刀</th></tr>
<tr><td colspan="2">实训方法</td><td>操作过程及方法</td><td>（2）持刀姿势
一般用右手握刀，握刀部位适中，用右手大拇指与食指捏住刀身，其余手指及手掌用力握住刀柄。握刀时手腕要灵活、有力，操作时主要运用腕力
（3）操作姿势
根据原料性能，左手稳住原料时用力也分大小，要区别对待。左手稳住原料时移动的距离和快慢必须配合右手落刀的快慢，两手应紧密而有节奏地配合。切原料时左手四指必须呈弯曲状，手掌后端要与原料略平行，利用中指第一关节抵住刀身，使刀稳稳地切下，刀刃不能高于关节，否则容易将手指切伤</td></tr>
<tr><td colspan="2" rowspan="3">实训组织</td><td>教师演示</td><td>内容：操刀
方式：操作演示
时间：30 分钟</td></tr>
<tr><td>学生实训</td><td>内容：操刀
分组：单独操作
时间：30 分钟</td></tr>
<tr><td>教师点评</td><td>小结、评分</td></tr>
<tr><td rowspan="3">实训准备</td><td>场地</td><td colspan="2">实操室</td></tr>
<tr><td>工具</td><td colspan="2">刀具、砧板、抹布</td></tr>
<tr><td>材料</td><td colspan="2">清水，白萝卜</td></tr>
<tr><td colspan="2">思考题</td><td colspan="2">（1）西餐刀具主要有哪些种类？各有什么用途？
（2）持刀的基本操作姿势是怎样的？</td></tr>
</table>

附：砧板小知识

西餐胶质砧板的颜色及用途	1. 红色砧板：生肉专用；2. 黄色砧板：芝士专用；3. 蓝色砧板：海鲜专用；4. 白色砧板：熟制品专用；5. 绿色砧板：蔬菜专用
砧板的作用	1. 保持食物清洁 在砧板上切配原料，保证食品卫生。应将切生、熟料的砧板分开，防止交叉污染。切料时应根据原料的不同性质分开切。如有汁液或污秽，应用洁净抹布擦净后再切其他原料 2. 使原料切配整齐均匀 砧板应定期四面旋转使用，否则会出现凹凸不平，影响切配 3. 对刀起保护作用 制作砧板的材料——合成橡胶，有弹性，可保护刀刃

评价内容与配分建议

<table>
<tr><td rowspan="2">考核评价与成绩评定</td><td>站立姿势</td><td>持刀姿势</td><td>操作姿势</td></tr>
<tr><td>30 分</td><td>30 分</td><td>40 分</td></tr>
</table>

2. 磨刀

实训项目	磨刀	
目的与要求	（1）了解磨刀棒的质料及运用 （2）掌握磨刀的方法和刀具锋利程度的鉴别方法	
技术理论与原理	磨刀棒长 30 ～ 40 厘米，钢制，顶端稍细，末端有木柄。磨刀棒的磁性可吸除刀上的杂质，使刀具保持锋利	
实训方法	流程	准备工作→磨刀→鉴别
	操作过程及方法	**（1）磨刀准备工作** 用左手握住磨刀棒手柄，右手握住刀把 **（2）磨刀姿势** 两脚自然分开（或一前一后）站定，胸部稍微向前，刀刃贴近磨刀棒，一上一下操作，刀口要稳定，以防止刀脱离磨刀棒对人体造成伤害 **（3）磨刀方法** 刀刃贴近磨刀棒时略翘起，呈约 30° 角 **（4）磨后刀刃锋利程度的鉴别方法** 1）将刀刃朝上，两眼直视刀刃，如刀刃上无白色的亮光表示刀刃锋利 2）将刀洗净、擦干，用指甲在刀刃上横向轻拉，如有涩感表示刀刃锋利，如打滑表示刀刃未磨好
实训组织	教师演示	内容：磨刀 方式：操作演示 时间：30 分钟
	学生实训	内容：磨刀 分组：单独操作 时间：30 分钟
	教师点评	小结、评分
实训准备	场地	实操室
	工具	刀具、磨刀棒、抹布
	材料	清水
思考题	（1）磨刀棒与磨刀石有什么区别？ （2）磨刀时要注意哪些问题？ （3）如何鉴别磨后刀刃的锋利程度？	

评价内容与配分建议

考核评价与成绩评定	磨刀姿势	磨刀方法	刀刃锋利程度
	30 分	30 分	40 分

二、工具和炉灶（煎盘、炉灶）使用实训

1. 煎盘的使用

<table>
<tr><th>实训项目</th><th colspan="2">煎盘的使用</th></tr>
<tr><td>目的与要求</td><td colspan="2">（1）了解各种烹调工具的名称及用途
（2）掌握西餐各种烹调工具的操作方法</td></tr>
<tr><td>技术理论与原理</td><td colspan="2">西餐常用的烹调工具有煎盘、木勺、炒勺、漏斗等
煎盘的使用包括持煎盘、持煎盘抛料、持煎盘旋盘、持木勺、持木勺翻料、装料、洗煎盘等
持煎盘有三个要求：拿稳煎盘不脱手；操作灵活、合理；安全不扭伤
持煎盘抛料分为小翻和大翻。小翻是指将煎盘连续向上翻动，使煎盘内的原料翻转和匀，芡汁包裹均匀，避免粘锅底或烧煳。翻动时，一般不应使菜肴超出煎盘口。大翻是指将煎盘内的原料一次全部翻身，“收、送、抛、接”四个动作连贯进行
持煎盘旋盘又称旋转翻，使原料贴在煎盘中连续转动，这样可以使原料受热均匀</td></tr>
<tr><td rowspan="2">实训方法</td><td>流程</td><td>持煎盘→持煎盘抛料→持煎盘旋盘→持木勺→持木勺翻料→洗煎盘</td></tr>
<tr><td>操作过程及方法</td><td>（1）持煎盘
身体直立，面向炉灶，上身略向前倾，双脚站稳。左手掌心朝上，拿好叠好的锅布，五指自然合拢，握住煎盘手柄上部
（2）持煎盘抛料
1）小翻：将煎盘平稳地先往前送出，使原料借助惯性滑到煎盘前端，然后顺势将煎盘略微上扬，以使原料不会滑出煎盘，与此同时再将煎盘向后轻拉，使煎盘内的原料翻转 1/2 左右
2）大翻：将煎盘端平稳，往上斜举 45° ~ 70°，借助惯性将原料送出，使其整体翻转过来，然后顺势使煎盘缓慢下落，使翻转的原料轻落在煎盘内
（3）持煎盘旋盘
用手腕带动拇指快速将煎盘手柄向外拨出，再迅速用其余的四指将拨出的手柄拨回原位，使原料借助惯性在煎盘内转动</td></tr>
</table>

续表

<table>
<tr><th colspan="2">实训项目</th><th colspan="2">煎盘的使用</th></tr>
<tr><td colspan="2" rowspan="2">实训方法</td><td>操作过程及方法</td><td>（4）持木勺
手掌心与木勺把平行，拇指和食指稍往前面伸出，控制木勺翻炒的角度，其余手指轻轻握住勺把，手臂自然下垂，不可张开
（5）持木勺翻料
用木勺的右边翻炒为主，抛煎盘时，可用木勺翻动原料回转
（6）洗煎盘
煎盘内放入水，用纱布从盘中心向四周洗刷，倒水，清洗两次，用抹布抹干盘内水分</td></tr>
<tr><td>操作要领</td><td>（1）操作时注意力要集中，临灶操作姿势要正确
（2）左手要掌心朝上握住煎盘手柄，以使煎盘能在炉灶上运用灵活
（3）操作时身体放松，肌肉不要紧张、僵硬，身体动作要协调
（4）操作时动作要连贯
（5）每次翻动时要连续翻动两次以上，以使原料完全翻转</td></tr>
<tr><td colspan="2" rowspan="3">实训组织</td><td>教师演示</td><td>内容：煎盘的使用
方式：操作演示
时间：30 分钟</td></tr>
<tr><td>学生实训</td><td>内容：煎盘的使用
分组：单独操作
时间：120 分钟</td></tr>
<tr><td>教师点评</td><td>小结、评分</td></tr>
<tr><td rowspan="3">实训准备</td><td>场地</td><td colspan="2">实操室</td></tr>
<tr><td>工具</td><td colspan="2">煎盘、木勺、锅布</td></tr>
<tr><td>材料</td><td colspan="2">清水、纱布</td></tr>
<tr><td colspan="2">思考题</td><td colspan="2">（1）小翻的操作要领及注意事项有哪些？
（2）举例说明制作什么类型的菜肴适宜运用小翻
（3）大翻的操作要领及注意事项有哪些？
（4）为什么说大翻在西餐菜肴制作中不能随意使用？
（5）煎盘旋转的操作要领及注意事项有哪些？
（6）煎盘的旋转方法适用于什么类型菜肴的制作？
（7）如何增强自己的腕力和臂力？</td></tr>
</table>

评价内容与配分建议

<table>
<tr><td rowspan="2">考核评价
与成绩评定</td><td>持煎盘抛料
（小翻、大翻）</td><td>持煎盘旋盘</td><td>持木勺翻料</td><td>作业成绩</td></tr>
<tr><td>30 分</td><td>30 分</td><td>20 分</td><td>20 分</td></tr>
</table>

2. 炉灶的使用

<table>
<tr><th>实训项目</th><th colspan="2">炉灶的使用</th></tr>
<tr><td>目的与要求</td><td colspan="2">（1）了解炉灶的构造及燃烧原理
（2）掌握炉灶的使用方法
（3）注意炉灶使用中的安全问题</td></tr>
<tr><td>技术理论与原理</td><td colspan="2">燃气炉灶的构造及燃烧原理：利用气体压力使燃气充分燃烧产生大量热能，通过阀门调节火力大小。以热能的辐射、传导和对流三种基本传热方式使原料接收热能</td></tr>
<tr><td rowspan="3">实训方法</td><td>流程</td><td>开燃气总阀→开炉灶燃气阀→开明火开关→点燃明火→关闭燃气总阀→关闭前、后炉头开关及明火开关</td></tr>
<tr><td>操作过程及方法</td><td>使用前先打开排油烟系统，将炉灶燃气阀置于“关闭”状态，然后打开燃气总阀，打开炉灶燃气阀，打开明火开关，点燃明火，根据需要打开主、副火眼开关。使用后先关闭燃气总阀，再依次关闭前、后炉头开关及明火开关</td></tr>
<tr><td>注意事项</td><td>要经常检查气阀接头处是否漏气，保持炉灶清洁卫生
燃气炉灶在使用中存在着许多安全隐患，如煤气中毒、煤气爆炸、烧伤、烫伤、火灾等，需要引起足够重视
（1）燃气开关的判断。“开启”时扳手与燃气管平行，“关闭”时扳手与燃气管垂直
（2）每间实操室燃气开关的设计不同，由教师示范后学生再操作</td></tr>
<tr><td rowspan="3">实训组织</td><td>教师演示</td><td>内容：炉灶的使用
方式：操作演示
时间：30 分钟</td></tr>
<tr><td>学生实训</td><td>内容：炉灶的使用
方式：单独操作
时间：30 分钟</td></tr>
<tr><td>教师点评</td><td>小结、评分</td></tr>
<tr><td rowspan="2">实训准备</td><td>场地</td><td>实操室</td></tr>
<tr><td>工具</td><td>炉灶</td></tr>
<tr><td>思考题</td><td colspan="2">（1）简述西餐燃气炉灶的构造及燃烧原理
（2）西餐燃气炉灶如何使用？使用过程中应注意哪些安全问题？</td></tr>
</table>

评价内容与配分建议

<table>
<tr><td rowspan="2">考核评价与成绩评定</td><td>熟练程度</td><td>控制能力</td></tr>
<tr><td>50 分</td><td>50 分</td></tr>
</table>

模块 2

原料初加工实训

本模块实训基本信息

实训总学时：60 学时

学习对象：一年级西餐烹饪专业学生

实训项目与任务：新鲜蔬果类原料初加工实训、水产品类原料初加工实训、家禽类原料初加工实训、家畜类原料初加工实训

一、新鲜蔬果类原料初加工实训

1. 叶菜类蔬菜初加工

实训项目	叶菜类蔬菜初加工
目的与要求	（1）以圆白菜、菠菜、西芹、生菜为例讲解叶菜类蔬菜的初加工方法 （2）掌握叶菜类蔬菜初加工的操作方法和技术要领 （3）掌握不同叶菜类蔬菜初加工的规格 （4）能识别叶菜类蔬菜的种类和品质
技术理论与原理	叶菜类蔬菜是指以植物脆嫩的茎叶为可食部分的蔬菜。叶菜类蔬菜的初加工过程 （1）选择及整理 这是叶菜类蔬菜初加工的第一个步骤，包括除去黄叶、老根、外帮、泥土及腐烂变质的部位 （2）清洗 一般来说，冷水清洗蔬菜可保持蔬菜鲜嫩，一般的叶菜类蔬菜在冷水中即可洗净。清洗时择净泥土、杂物，洗后用手摸水底，若没有泥沙表明已洗净，捞出控净水分即可。夏季，有些叶菜类蔬菜会带有细小的虫类及其虫卵，不易洗净，可放入 2% 的盐水中浸泡 5 分钟，叶菜上的小虫和虫卵即可浮出水面，便于洗净 叶菜类蔬菜质地脆嫩，清洗中应避免碰损蔬菜组织，防止蔬菜水分和营养素的流失，保证蔬菜的质量

续表

<table>
<tr><th colspan="2">实训项目</th><th colspan="2">叶菜类蔬菜初加工</th></tr>
<tr><td colspan="2" rowspan="2">实训方法</td><td>工艺流程</td><td>选择整理→清洗→按规格初加工→合理放置</td></tr>
<tr><td>操作过程及方法</td><td>首先进行选择整理、清洗，然后进行初加工
（1）圆白菜的初加工
用刀切去根部及黄叶，顺着叶片一片一片分开，将根丝去除洗净即可
（2）菠菜的初加工
用剪刀剪去红根，摘去黄叶洗净即可
（3）西芹的初加工
根据菜肴的要求，将西芹洗净，横切成规定长度的段即可
（4）生菜的初加工
用刀切去根部及黄叶，顺着叶片一片一片分开，将根丝去除洗净即可</td></tr>
<tr><td colspan="2" rowspan="3">实训组织</td><td>教师演示</td><td>内容：叶菜类蔬菜初加工
方式：操作演示
时间：30 分钟</td></tr>
<tr><td>学生实训</td><td>内容：叶菜类蔬菜初加工
分组：2 人一组
时间：10 分钟</td></tr>
<tr><td>教师点评</td><td>小结、评分</td></tr>
<tr><td rowspan="3">实训准备</td><td>场地</td><td colspan="2">实操室</td></tr>
<tr><td>工具</td><td colspan="2">盆、砧板、剪刀、刀具、盛具</td></tr>
<tr><td>材料</td><td colspan="2">（每组分量）圆白菜 250 克，菠菜 250 克，西芹 250 克，生菜 250 克</td></tr>
<tr><td colspan="2">思考题</td><td colspan="2">（1）叶菜类蔬菜的初加工有哪些注意事项?
（2）对不同叶菜类蔬菜的初加工方法进行比较</td></tr>
<tr><td colspan="2">相关菜品</td><td colspan="2">忌廉菠菜泥、生菜沙拉等</td></tr>
</table>

2. 根茎类蔬菜初加工

实训项目	根茎类蔬菜初加工
目的与要求	（1）以马铃薯、胡萝卜、洋葱、红菜头为例讲解根茎类蔬菜的初加工方法 （2）掌握根茎类蔬菜初加工的操作方法和技术要领 （3）能够熟练对根茎类蔬菜进行初加工，干净利落又保证原料完整 （4）能识别根茎类蔬菜的种类和品质

续表

实训项目		根茎类蔬菜初加工
技术理论与原理		根茎类蔬菜是以植物变态的脆嫩根茎为可食部分的蔬菜。根茎类蔬菜的初加工过程 （1）除去外皮 根茎类蔬菜一般都有较厚的外皮，其纤维粗硬，不能食用，必须除去。胡萝卜可用刮刀刮去外皮，要求均匀、干净并尽可能减少损失率；马铃薯一般用削的方法去皮 根茎类蔬菜皮质部分含有大量的纤维素，口感老韧，去皮后可得到脆爽的口感及鲜艳的颜色。此外，由于根茎类蔬菜皮质部分大量接触农药、化肥等有害物质，其所含毒素远高于其他部分，故削皮有利于保证饮食安全 （2）清洗 根茎类蔬菜一般用冷水清洗即可。由于马铃薯含鞣酸较多，去皮后易氧化变成褐色，所以去皮后应及时清洗，然后浸泡在清水中，但不宜久泡，否则不但会褐变，还会造成营养素的流失
实训方法	工艺流程	除去外皮→清洗→合理放置
	操作过程及方法	（1）马铃薯的初加工 削去外皮，挖出芽眼，洗净后用清水浸泡备用 （2）胡萝卜的初加工 削去外皮，切去头尾，根据需要切改形状 （3）洋葱的初加工 将外皮撕去，切去头尾，根据需要切改形状 （4）红菜头的初加工 削去外皮，切去头尾，根据需要切改形状
实训组织	教师演示	内容：根茎类蔬菜初加工 方式：操作演示 时间：30 分钟
	学生实训	内容：根茎类蔬菜初加工 分组：2 人一组 时间：10 分钟
	教师点评	小结、评分
实训准备	场地	实操室
	工具	盆、砧板、刀具、盛具
	材料	（每组分量）马铃薯 1 个，胡萝卜 1 个，洋葱 1 个，红菜头 1 个
思考题		（1）怎样又快又好地去除原料的外皮？ （2）根茎类蔬菜初加工后如何合理存放？
相关菜品		法式炸马铃薯条、炸洋葱圈、域士煮胡萝卜、红菜头沙拉等

3. 瓜果类蔬菜初加工

<table>
<tr><th colspan="2">实训项目</th><th colspan="2">瓜果类蔬菜初加工</th></tr>
<tr><td colspan="2">目的与要求</td><td colspan="2">（1）以番茄、茄子、黄瓜、辣椒为例讲解瓜果类蔬菜的初加工方法
（2）掌握瓜果类蔬菜初加工的操作方法和技术要领
（3）能够熟练对瓜果类蔬菜进行初加工，干净利落又保证原料完整
（4）能识别瓜果类蔬菜的种类和品质</td></tr>
<tr><td colspan="2">技术理论与原理</td><td colspan="2">瓜果类蔬菜是指以植物的果实为可食部分的蔬菜。瓜果类蔬菜的初加工过程
（1）清洗
一般瓜果类蔬菜用清水洗净即可。如黄瓜、番茄等要生食，可用 0.3% 的氯亚明水或高锰酸钾溶液浸泡 5 分钟，然后用流水冲净即可
（2）去皮、去籽
由于大部分瓜果类蔬菜的皮、籽不能食用，或影响菜肴的口感，所以烹调前应将瓜果蔬菜的皮、籽去除，使其符合食用要求</td></tr>
<tr><td colspan="2" rowspan="2">实训方法</td><td>工艺流程</td><td>清洗→去皮、去籽→合理放置</td></tr>
<tr><td>操作过程及方法</td><td>（1）番茄的初加工
将番茄洗净，削去外皮，切去头尾，一开四后去籽，洗净后冷藏放置
（2）茄子的初加工
将茄子洗净，削去外皮，切去头尾，根据需要切改形状，放入水中泡置
（3）黄瓜的初加工
将黄瓜洗净，削去外皮，用刀纵向划开成 4 份并去籽，洗净后冷藏放置
（4）辣椒的初加工
将辣椒洗净，去蒂、去籽，根据需要切改形状</td></tr>
<tr><td colspan="2" rowspan="3">实训组织</td><td>教师演示</td><td>内容：瓜果类蔬菜初加工
方式：操作演示
时间：30 分钟</td></tr>
<tr><td>学生实训</td><td>内容：瓜果类蔬菜初加工
分组：2 人一组
时间：10 分钟</td></tr>
<tr><td>教师点评</td><td>小结、评分</td></tr>
<tr><td rowspan="3">实训准备</td><td>场地</td><td colspan="2">实操室</td></tr>
<tr><td>工具</td><td colspan="2">盆、砧板、刀具、盛具</td></tr>
<tr><td>材料</td><td colspan="2">（每组分量）番茄 1 个，茄子 1 条，黄瓜 1 条，辣椒 1 个</td></tr>
</table>

续表

实训项目	瓜果类蔬菜初加工
思考题	（1）番茄的去皮方法有哪些？ （2）瓜果类蔬菜初加工后如何存放？
相关菜品	番茄沙拉、炸茄子、黄瓜沙拉、扒辣椒等

4. 花菜类蔬菜初加工

<table>
<tr><th colspan="2">实训项目</th><th colspan="2">花菜类蔬菜初加工</th></tr>
<tr><td colspan="2">目的与要求</td><td colspan="2">（1）以西兰花为例讲解花菜类蔬菜的初加工方法
（2）掌握花菜类蔬菜初加工的操作方法和技术要领
（3）能够熟练进行花菜类蔬菜初加工，干净利落又保证原料完整
（4）能识别花菜类蔬菜的种类和品质</td></tr>
<tr><td colspan="2">技术理论与原理</td><td colspan="2">花菜类蔬菜是指以植物的花为可食部分的蔬菜。花菜类蔬菜的初加工过程
（1）除去茎叶和花蕾上的斑点，掰成小朵。对于质地较为松软、脆嫩的原料（如西兰花），可先掰后切成朵块的形状
（2）如花菜类蔬菜内部有虫卵，可用 2% 的盐水浸泡后，再用清水洗净</td></tr>
<tr><td colspan="2" rowspan="2">实训方法</td><td>工艺流程</td><td>清洗→切去叶托→切成朵块→合理放置</td></tr>
<tr><td>操作过程及方法</td><td>清洗干净，切去叶托，将花朵切成朵块，存放在没有油污的盆内</td></tr>
<tr><td colspan="2" rowspan="3">实训组织</td><td>教师演示</td><td>内容：花菜类蔬菜初加工
方式：操作演示
时间：30 分钟</td></tr>
<tr><td>学生实训</td><td>内容：花菜类蔬菜初加工
分组：2 人一组
时间：10 分钟</td></tr>
<tr><td>教师点评</td><td>小结、评分</td></tr>
<tr><td rowspan="3">实训准备</td><td>场地</td><td colspan="2">实操室</td></tr>
<tr><td>工具</td><td colspan="2">盆、砧板、刀具、盛具</td></tr>
<tr><td>材料</td><td colspan="2">（每组分量）西兰花 1 个</td></tr>
<tr><td colspan="2">思考题</td><td colspan="2">（1）对不同花菜类蔬菜的初加工方法进行比较
（2）花菜类蔬菜初加工后如何合理存放？</td></tr>
<tr><td colspan="2">相关菜品</td><td colspan="2">荷兰汁焗西兰花等</td></tr>
</table>

二、水产品类原料初加工实训

1. 加工比目鱼

实训项目	加工比目鱼	
目的与要求	（1）以比目鱼为例讲解水产品类原料的初加工方法 （2）掌握水产品类原料初加工的操作方法和技术要领 （3）熟悉菜肴对比目鱼加工成型的要求，并能熟练应用各种技法对比目鱼进行加工 （4）能识别比目鱼的种类和品质	
技术理论与原理	比目鱼鱼体扁平，鱼皮较易剥除。比目鱼肉质细嫩、鲜美，适用于煎、炸、煮、烤、焖等烹调方法 水产品类原料初加工的基本原则 （1）清除污秽杂质。水产品类原料在初加工时，对于鱼鳞、内脏、鱼鳃、硬皮、黏液等物质必须彻底清除干净，除去异味，保证菜肴质量 （2）注意不同品种、不同用途的原料，要用不同的加工方法 （3）合理使用原料，减少浪费。初加工时要注意节约原料。剔鱼时要尽量剔干净，鱼骨不带肉。下脚料要充分利用，如鱼头、鱼骨、虾壳等都可以熬汤	
实训方法	工艺流程	剪鱼鳍→去皮→去内脏、鱼鳃→剔出鱼肉→洗涤及整理
	操作过程及方法	剪去鱼鳍→用刀在鱼尾部横划一小口，左手按住鱼尾部，右手将鱼皮撕去；用同样的方法撕去另一面鱼皮→在鱼肚左面划一小口，除去内脏，去掉鱼鳃→用剔刀沿鱼脊骨处将两侧的鱼肉分开→沿鱼骨剔下鱼肉
实训组织	教师演示	内容：加工比目鱼 方式：操作演示 时间：30 分钟
	学生实训	内容：加工比目鱼 分组：2 人一组 时间：25 分钟
	教师点评	小结、评分
实训准备	场地	实操室
	工具	盆、砧板、剪刀、刀具、盛具
	材料	（每组分量）比目鱼 1 条

续表

实训项目	加工比目鱼
思考题	（1）水产品类原料初加工的工艺步骤有哪些？ （2）为什么要严格按加工步骤进行操作？如加工顺序倒置会造成怎样的后果？ （3）水产品类原料初加工对烹调菜肴有怎样的影响？
相关菜品	铁扒比目鱼等

2. 加工三文鱼

实训项目		加工三文鱼
目的与要求		（1）以三文鱼为例讲解水产品类原料的初加工方法 （2）掌握三文鱼初加工的操作方法和技术要领 （3）熟悉三文鱼加工成型的要求，并能熟练应用片刀技法加工三文鱼 （4）能识别三文鱼的种类和品质
技术理论与原理		三文鱼体形侧扁，背部隆起，齿尖鳞小，呈银灰色，产卵期有橙色斑纹。其肉质呈粉红色，有弹性，无小刺，烹饪用途广泛，常用于制作自助餐的开胃冷菜，也适用于腌制、烧烤、煎、炒、熏烤等烹调方法
实训方法	工艺流程	洗净→去鳞→去鳃→去骨、剔出鱼肉→洗涤及整理
	操作过程及方法	将三文鱼洗净→去鳞→去鳃→在鱼背部紧贴鱼脊骨用刀从鱼头划向鱼尾，将一侧鱼肉剔下，用同样方法剔下另一侧鱼肉→将取下的鱼肉放在砧板上→鱼肉朝上，用镊子夹去肉中小刺→左手按住鱼尾部，右手持刀紧贴鱼皮轻轻向前推，将鱼皮去掉
实训组织	教师演示	内容：加工三文鱼 方式：操作演示 时间：30 分钟
	学生实训	内容：加工三文鱼 分组：10 人一组 时间：25 分钟
	教师点评	小结、评分
实训准备	场地	实操室
	工具	盆、砧板、剪刀、刀具、镊子、盛具
	材料	（每组分量）三文鱼 1 条
思考题		（1）三文鱼的初加工有哪些特点？ （2）怎样去除三文鱼肉中的小刺？ （3）三文鱼初加工后应怎样合理保存？
相关菜品		蒸酿三文鱼、三文鱼刺身、香煎三文鱼等

3. 加工海鲈鱼

实训项目	加工海鲈鱼	
目的与要求	（1）以海鲈鱼为例讲解水产品类原料的初加工方法 （2）掌握海鲈鱼初加工的操作方法和技术要领 （3）能够熟练掌握开腹取脏法对海鲈鱼进行加工 （4）能识别海鲈鱼的种类和品质	
技术理论与原理	海鲈鱼包括若干种类，西餐常用的有黑鲈、花鲈、白鲈和红鲈四种。黑鲈体形较小，像黄鱼，黑色；花鲈体形像鲤鱼，背部有黑点；白鲈体形较大；红鲈体圆，全身黑色。鲈鱼是西餐常用的鱼类之一，其肉质白色、坚实，味道鲜美，略带甜味，适用于煎、烤等烹调方法	
实训方法	工艺流程	鱼脊开刀→取出两边鱼肉→去刺→去皮后取出净肉→洗涤及整理
	操作过程及方法	（1）用刀顺着鱼脊骨把上下两面的鱼背切开，再用刀从鱼头部位斜着切出一个切口 （2）先从鱼头部起，用刀沿着鱼脊骨向后剔，把背部的鱼肉剔出来，接着，顺着腹骨向后剔，剔时，要注意使鱼肉和腹骨分离，仔细地把上面的鱼肉剔下来。再把鱼翻过来，用同样的方法把下面的鱼肉也剔下来 （3）用镊子夹去鱼肉上的刺 （4）用刀在鱼尾部切一个切口，一只手拉着鱼尾，另一只手用刀把鱼皮剥掉
实训组织	教师演示	内容：加工海鲈鱼 方式：操作演示 时间：30 分钟
	学生实训	内容：加工海鲈鱼 分组：2 人一组 时间：25 分钟
	教师点评	小结、评分
实训准备	场地	实操室
	工具	盆、砧板、镊子、剪刀、刀具、盛具
	材料	（每组分量）海鲈鱼 1 条
思考题	（1）如何对海鲈鱼进行初加工？ （2）怎样又快又好地去除海鲈鱼的小刺？ （3）请比较海鲈鱼与三文鱼加工方法的区别	
相关菜品	炸海鲈鱼条鞑靼少司、煎海鲈鱼扒配番茄少司等	

4. 加工大虾

实训项目		加工大虾
目的与要求		（1）以大虾为例讲解水产品类原料的初加工方法 （2）掌握大虾初加工的操作方法和技术要领 （3）能识别大虾的种类和品质
技术理论与原理		大虾又称对虾、明虾。大虾体较长而略侧扁，头胸部较粗短，腹部有力，头体紧密相连，全身 20 节甲壳，自然弯曲。大虾的内脏集中在胸部，其背部至尾部中央有一条黑线，这是虾的肠子，充满了杂质与污物，若不去除会影响菜肴的口感，所以初加工时一定要将虾肠去除。大虾的肉质脆嫩、鲜美，适合煮、烧烤、炸等烹调方法
实训方法	工艺流程	洗净→剪虾枪→去头、壳和尾→取肉→腹部开口→修整→洗涤及整理
	操作过程及方法	（1）用于煮的大虾洗净即可 （2）用于炸的大虾初加工 1）拧下大虾头，用拇指和食指取下虾壳，但要留住虾尾 2）在大虾背部一开二，但虾肉不分开 3）取出虾肠，用刀背轻轻拍开 （3）用于大虾取肉的初加工 1）在 5 片虾尾中拧下中间的一片虾尾，直接向后拉，将虾肠一起拉出来，摘除。然后将虾立刻投进煮沸的水中，待水再次沸腾，煮 2 ~ 3 分钟捞出，将虾放进冰水中，以免余热继续把虾肉加热过火 2）拧下虾头，用两指横向挤压第一节虾壳，将其挤裂，剥下第一节虾壳 3）将虾腹朝上，用拇指和食指挤压虾尾，把虾肉从虾壳中挤出来
实训组织	教师演示	内容：加工大虾 方式：操作演示 时间：30 分钟
	学生实训	内容：加工大虾 分组：2 人一组 时间：25 分钟
	教师点评	小结、评分
实训准备	场地	实操室
	工具	盆、砧板、剪刀、刀具、盛具
	材料	（每组分量）大虾 1 对
思考题		（1）根据不同菜肴的要求，如何对大虾进行初加工？ （2）怎样鉴定大虾的品质？ （3）比较不同种类大虾的初加工方法
相关菜品		炸吉列大虾、芝士焗大虾等

5. 加工龙虾

实训项目	加工龙虾	
目的与要求	（1）以龙虾为例讲解水产品类原料的初加工方法 （2）掌握龙虾初加工的操作方法和技术要领 （3）能识别龙虾的种类和品质	
技术理论与原理	龙虾的品种较多，根据其重量可分为四个类别：重量约 450 克的称为 Chicken，重量约 570 克的称为 Quartes，重量 680 ~ 1020 克的称为 Selects，重量超过 1130 克的称为 Jumbos。龙虾体大、粗壮，呈圆柱形，略扁平。头胸甲坚硬、多刺。第二对触须发达，无鳞片，五对步足，呈粗爪状。肉多，肉质鲜美，富含蛋白质、维生素和多种微量元素，营养丰富，适合烧烤、清煮、烩等烹调方法	
实训方法	工艺流程	洗净→去头、壳和尾→取肉→背开口→摘除龙虾肠→洗涤及整理
	操作过程及方法	（1）用刀把龙虾头和龙虾身之间的薄膜切开，摘除龙虾头 （2）把龙虾腹朝上，用剪刀剪开龙虾腹壳的两侧，剥下龙虾腹上的壳 （3）剥出龙虾肉，在龙虾背上切出一条浅缝，摘除龙虾肠
实训组织	教师演示	内容：加工龙虾 方式：操作演示 时间：30 分钟
	学生实训	内容：加工龙虾 分组：10 人一组 时间：25 分钟
	教师点评	小结、评分
实训准备	场地	实操室
	工具	盆、砧板、剪刀、刀具、盛具
	材料	（每组分量）龙虾 1 只
思考题	（1）根据不同菜肴的要求，如何对龙虾进行初加工？ （2）怎样鉴别龙虾的品质？ （3）比较不同种类龙虾的初加工方法	
相关菜品	芝士焗龙虾、龙虾浓汤等	

6. 加工海蟹

实训项目	加工海蟹	
目的与要求	（1）以海蟹为例讲解水产品类原料的初加工方法 （2）掌握海蟹初加工的操作方法和技术要领 （3）能识别海蟹的种类和品质 （4）掌握根据不同的菜肴要求对海蟹进行初加工的方法	
技术理论与原理	海蟹是西餐常用的水产品原料，其品种很多，著名的海蟹品种有 Alaskan King Crab、Alaskan Snow Crab、Dungeness Crab、Blue-Crab、Soft-Shell Crab、Stone Crab。海蟹肉鲜嫩、味美。变质的海蟹体内会生成有毒的组胺，故变质的海蟹不能食用。海蟹适用于炒、煮、炸等烹调方法，或通过加工制成净蟹肉罐头	
实训方法	工艺流程	洗净→修整→拆壳、取肉→洗涤及整理
	操作过程及方法	（1）将海蟹洗净 （2）出腿肉 将蟹腿取下，剪去一头，用擀面杖在蟹腿上向剪开的方向滚压，把腿肉挤出 （3）出螯肉 将蟹螯扳下，用刀拍碎螯壳后取出螯肉 （4）出蟹黄 先剥去蟹脐，挖出小黄，再掀下蟹盖，用竹签剔出蟹黄 （5）出身肉 掀下蟹盖，用竹签剔出蟹肉。也可将蟹身片开，用竹签剔出蟹肉
实训组织	教师演示	内容：加工海蟹 方式：操作演示 时间：30 分钟
	学生实训	内容：加工海蟹 分组：10 人一组 时间：25 分钟
	教师点评	小结、评分
实训准备	场地	实操室
	工具	盆、砧板、剪刀、刀具、擀面杖、竹签、盛具
	材料	（每组分量）海蟹 1 只
思考题	（1）根据不同菜肴的要求，如何对海蟹进行初加工？ （2）怎样鉴定海蟹的品质？ （3）比较不同种类海蟹的初加工方法	
相关菜品	海蟹肉塔塔、咖喱海蟹等	

7. 加工鲜扇贝

<table>
<tr><th colspan="2">实训项目</th><th colspan="2">加工鲜扇贝</th></tr>
<tr><td colspan="2">目的与要求</td><td colspan="2">（1）以鲜扇贝为例讲解水产品类原料的初加工方法
（2）掌握鲜扇贝初加工的操作方法和技术要领
（3）能识别鲜扇贝的种类和品质
（4）掌握根据不同的菜肴要求对鲜扇贝进行初加工的方法</td></tr>
<tr><td colspan="2">技术理论与原理</td><td colspan="2">扇贝有两个壳，一个较平，约有 10 条放射肋；另一个稍凸，有 30 多条放射肋，肋上有棘状凸起，壳面呈褐色，有彩纹。西餐烹调中使用的是扇贝肉，实际上就是扇贝的开合肌。扇贝肉质细嫩、味道鲜美，适用于煎、焗、煮等烹调方法</td></tr>
<tr><td colspan="2" rowspan="2">实训方法</td><td>工艺流程</td><td>洗净→修整→拆壳、取肉→洗涤及整理</td></tr>
<tr><td>操作过程及方法</td><td>（1）把扇贝壳的扁平面朝上，顺着该贝壳内壁把餐刀插进贝壳内，撬开贝壳
（2）找到位于贝壳张合关节处的贝肠，用刀把贝肠切下来，一起撕下肠和系带
（3）用刀切下贝肉，用手撕除贝肉周围的薄膜和白而硬的贝肉，并用与海水浓度相近的盐水简单地洗一下贝肉
（4）从系带上把贝肠和红色的贝肉撕下来，再把系带放在冷水中涮洗一下</td></tr>
<tr><td colspan="2" rowspan="3">实训组织</td><td>教师演示</td><td>内容：加工鲜扇贝
方式：操作演示
时间：30 分钟</td></tr>
<tr><td>学生实训</td><td>内容：加工鲜扇贝
分组：2 人一组
时间：10 分钟</td></tr>
<tr><td>教师点评</td><td>小结、评分</td></tr>
<tr><td rowspan="3">实训准备</td><td>场地</td><td colspan="2">实操室</td></tr>
<tr><td>工具</td><td colspan="2">盆、砧板、刀具、盛具</td></tr>
<tr><td>材料</td><td colspan="2">（每组分量）鲜扇贝 1 只</td></tr>
<tr><td colspan="2">思考题</td><td colspan="2">（1）根据不同菜肴的要求，如何对鲜扇贝进行初加工？
（2）怎样鉴定鲜扇贝的品质？</td></tr>
<tr><td colspan="2">相关菜品</td><td colspan="2">芝士焗扇贝、普罗旺斯煎扇贝等</td></tr>
</table>

8. 加工牡蛎

实训项目	加工牡蛎	
目的与要求	（1）以牡蛎为例讲解水产品类原料的初加工方法 （2）掌握牡蛎初加工的操作方法和技术要领 （3）能识别牡蛎的种类和品质 （4）掌握根据不同的菜肴要求对牡蛎进行初加工的方法	
技术理论与原理	牡蛎也称生蚝，其贝壳大而厚，体形有圆形、三角形和长形。其贝壳面呈淡黄色，间有紫色条纹或斑点。除了比较著名的品种 Lympia、Japanese 外，通常根据产地命名。牡蛎肉质柔软、味道鲜美，多用于冷菜生食和炸、烤、焗等烹调方法	
实训方法	工艺流程	洗净→修整→拆壳、取肉→洗涤及整理
	操作过程及方法	（1）用清水冲洗牡蛎，用硬毛刷刷掉牡蛎表面的杂物 （2）左手与牡蛎之间放一块干净的布巾以保护左手，右手握住牡蛎刀并插入贝壳，在上贝壳的下面滑动牡蛎刀，直至切去与上贝壳连接的闭壳肌，尽量不要切破牡蛎肉，顺着下贝壳将与它连接的牡蛎肉松动，保留下贝壳，去掉牡蛎肉中存留的碎贝壳
实训组织	教师演示	内容：加工牡蛎 方式：操作演示 时间：30 分钟
	学生实训	内容：加工牡蛎 分组：2 人一组 时间：10 分钟
	教师点评	小结、评分
实训准备	场地	实操室
	工具	盆、砧板、牡蛎刀、毛刷、布巾、盛具
	材料	（每组分量）牡蛎 1 只
思考题	（1）牡蛎初加工的技术要领有哪些？ （2）怎样鉴别牡蛎的品质？	
相关菜品	牡蛎刺身、蒜味烤牡蛎、天妇罗炸牡蛎肉等	

三、家禽类原料初加工实训

1. 整鸡剔骨

<table>
<tr><th>实训项目</th><th colspan="2">整鸡剔骨</th></tr>
<tr><td>目的与要求</td><td colspan="2">（1）以整鸡剔骨为例讲解家禽类原料的初加工方法
（2）掌握整鸡剔骨初加工的操作方法和技术要领
（3）了解鸡的结构</td></tr>
<tr><td>技术理论与原理</td><td colspan="2">由于现在的家禽多是大工厂化生产，一般西餐厅购进的家禽都是经过初步加工的光鸡，且为肥嫩尚未生蛋的母鸡（半年左右）。因为这种母鸡去骨时皮不易破，烹制时皮不易裂。采购时要注意整鸡外表整齐，大小适宜，鸡皮无破裂。初加工时要细心谨慎，下刀准确，切勿损伤鸡皮。进刀要贴骨，做到骨不带肉，肉中无骨，以提高出肉率
家禽类原料的剔骨初加工大体相同，其中最常见的是鸡。加工鸡时应遵循的原则：一是一定要清洗干净，否则会影响菜肴质量；二是节约原料，物尽其用，即鸡的各部位在初加工时都不能随意扔掉，要合理使用</td></tr>
<tr><td rowspan="2">实训方法</td><td>工艺流程</td><td>出颈骨→去翅骨→去鸡胸骨→出鸡腿骨→翻转鸡皮</td></tr>
<tr><td>操作过程及方法</td><td>（1）出颈骨
先划破颈皮，在颈根处将颈骨剁断，再沿鸡颈在两肩相夹处用刀尖划一条长约6厘米的刀口，然后再把刀口处的颈皮翻开，将颈骨拉出，在靠近鸡头处将颈骨剁断，取出颈骨
（2）去翅骨
从颈部刀口处将皮肉翻开，使鸡头下垂，然后连皮带骨慢慢往下翻。翻到翅骨的关节时，用刀将关节上的筋割断，使翅骨与鸡身脱离，先抽出桡骨和尺骨，然后再将翅骨抽出
（3）去鸡胸骨（骨架）
一只手拉住鸡颈骨，另一只手拉住背部的皮肉轻轻向后翻剥。翻到脊部皮骨相连处时，要用刀把皮骨割开，剥到腿部时，将两腿向背部掰开，使关节露出，再把筋割断，使腿骨脱离。翻到肛门处时，要把尾尖割断，鸡尾尖要保留。这时就可以取出骨架和内脏，再把肛门处的直肠割断，洗净污物
（4）出鸡腿骨
将大腿骨的皮肉翻下，使腿骨关节外露，再用刀把关节四周的筋割断，然后把腿骨向外抽拉至关节处用刀割下。再在近鸡爪处横割一刀，将皮肉向上翻，然后把小腿骨抽出剁断
（5）翻转鸡皮
鸡的骨骼去净后，再将鸡皮翻转过来，使其在形态上仍然是一只完整的鸡</td></tr>
</table>

续表

实训项目	整鸡剔骨	
实训组织	教师演示	内容：整鸡剔骨 方式：操作演示 时间：30 分钟
	学生实训	内容：整鸡剔骨 分组：2 人一组 时间：30 分钟
	教师点评	小结、评分
实训准备	场地	实操室
	工具	盆、砧板、刀具、盛具
	材料	（每组分量）光鸡 1 只
思考题	（1）家禽类原料初加工都有哪些特点? （2）整鸡剔骨的工艺要点有哪些?	
相关菜品	填馅鸡等	

2. 整鸡肢解剔骨出肉

实训项目	整鸡肢解剔骨出肉	
目的与要求	（1）以整鸡肢解剔骨出肉为例讲解家禽类原料的初加工方法 （2）掌握整鸡肢解剔骨出肉加工的操作方法和技术要领 （3）了解整鸡肢解剔骨出肉与整鸡剔骨工艺的区别	
技术理论与原理	整鸡肢解工艺就是根据鸡的组织结构和选料要求，将整鸡分卸成相对独立的不同部位，以便于剔骨、取肉的工艺过程。整鸡肢解工艺是原料加工工艺的有机组成部分，技术细致，要求较高，在操作时必须熟悉原料的各个部位，掌握好肢解的先后次序，做到肢解合理、物尽其用 剔骨出肉工艺是根据烹调的不同要求，将动物性原料的骨或筋膜、皮壳等，从其肌肉上分离出来的过程	
实训方法	工艺流程	整鸡肢解→去鸡腿骨→去鸡翅骨→去鸡胸骨→洗涤及整理
	操作过程及方法	**（1）整鸡肢解剔骨出肉** 1）将光鸡切除鸡翅、鸡爪和鸡颈 2）摘除鸡锁骨 3）把光鸡分成 4 大块，即鸡腿肉两块和鸡胸肉两块 4）再分别将鸡腿肉和鸡胸肉出骨

续表

<table>
<tr><th colspan="2">实训项目</th><th colspan="2">整鸡肢解剔骨出肉</th></tr>
<tr><td colspan="2">实训方法</td><td>操作过程及方法</td><td>（2）整鸡腿剔骨出肉
1）沿鸡腿骨走向，用刀将鸡肉切开（留 1.5 厘米长的末端）→切断关节，摘除大腿骨→用刀背敲断小腿骨（末端留 1.5 ~ 2 厘米长）→取出小腿骨，修整鸡骨，将末端小段重新插入，露出部分骨节。这种方法加工的鸡腿适合烤、煎等烹调方法
2）在鸡腿沿关节处切开即可，也可将去骨的鸡腿从中间切成两段。这种方法加工的鸡腿适合烩、炖等烹调方法
3）去掉大腿骨→用刀将小腿骨周围的肉剔开，末端留约 1.5 厘米长，使骨与肉分离，砍断小腿骨，保留约长 2 厘米的腿骨于末端，修整露出部分骨节。此方法加工的鸡腿可用于填馅
（3）整鸡翅剔骨出肉
常用的整鸡翅分解切割工艺有以下两种
1）顺鸡胸骨前端，沿胸骨将鸡肉与胸骨分离→切断胸骨与鸡翅的关节→取下一侧鸡翅→用同样方法取下另一侧鸡翅→剁去翅尖，将鸡翅切成两半。这种方法加工的鸡翅可用于烩、炖等烹调方法
2）用以上方法取下鸡翅→剁去翅尖→剔除部分连骨肉→剁去鸡翅骨，留 2 厘米左右的小节骨（方法同整鸡腿）。这种方法加工的鸡翅可做鸡排等
（4）整鸡胸部剔骨出肉
1）沿着骨的走向进刀，摘除三叉骨
2）按照烹调要求剔除鸡翅，如果是制作炸鸡排或炸牛油鸡卷之类的菜肴，则留鸡翅大骨一节作骨把；如果用鸡胸肉切丝、片或制馅等，则要切下鸡翅，并剔下鸡翅上的肌肉
3）剔除多余的脂肪和鸡皮</td></tr>
<tr><td colspan="2" rowspan="3">实训组织</td><td>教师演示</td><td>内容：整鸡肢解剔骨出肉
方式：操作演示
时间：40 分钟</td></tr>
<tr><td>学生实训</td><td>内容：整鸡肢解剔骨出肉
分组：2 人一组
时间：40 分钟</td></tr>
<tr><td>教师点评</td><td>小结、评分</td></tr>
<tr><td rowspan="3">实训准备</td><td>场地</td><td colspan="2">实操室</td></tr>
<tr><td>工具</td><td colspan="2">盆、砧板、刀具、盛具</td></tr>
<tr><td>材料</td><td colspan="2">（每组分量）光鸡 1 只</td></tr>
<tr><td colspan="2">思考题</td><td colspan="2">（1）整鸡肢解剔骨出肉的工艺要点有哪些？
（2）如何又快又好地进行整鸡肢解剔骨出肉操作？</td></tr>
<tr><td colspan="2">相关菜品</td><td colspan="2">金牌吉列鸡胸、香煎鸡扒等</td></tr>
</table>

3. 加工鹅肝

<table>
<tr><th>实训项目</th><th colspan="2">加工鹅肝</th></tr>
<tr><td>目的与要求</td><td colspan="2">（1）以鹅肝为例讲解家禽类原料的初加工方法
（2）掌握鹅肝初加工的操作方法和技术要领
（3）能鉴别鹅肝的品质</td></tr>
<tr><td>技术理论与原理</td><td colspan="2">冻肉解冻应遵循“缓慢解冻”的原则，使肉中冻结的汁液恢复到肉组织中去，以减少营养素的损失，同时也能尽量保持肉的鲜嫩
（1）常用的解冻方法
1）空气解冻法：将冻肉放在 12 ~ 20℃的室温中解冻。这种方法所需时间较长，但肉汁恢复较好，肉的营养成分损失也较少
2）水泡解冻法：将冻肉放在冷水中浸泡解冻。此方法操作简单，是被广泛采用的解冻方法，但营养成分流失较多，同时降低了肉的鲜嫩程度。用水泡法解冻时一定要用冷水，绝不可用热水，也不要用力摔砸，以尽量减少营养素的损失
3）微波解冻法：利用原料的分子在微波的作用下高速振荡，分子之间不断摩擦产生热量而解冻，其热量不是由外部传入，而是从原料的内部产生，如处理得当，原料解冻后仍能大体保持其原有的结构和形状，但此种方法不宜提倡
鹅肝是西餐烹饪中的上等原料。为了得到质量上乘的肥鹅肝，必须预先选择一批小雄鹅，在 3 ~ 4 个月之前饲以普通饲料，然后用特制的玉米饲料强制育肥 1 个月，其肝脏重量可达 700 ~ 900 克。肥鹅肝中含有大量脂肪，因此在烹调时不要用急火，以免脂肪流失，使鹅肝的质地变干。从市场买来的鹅肝一般都是冻装的，需先将其放在室温中解冻，使其变柔软后才能加工
（2）优质鹅肝的特点
1）颜色：上等鹅肝呈乳白色或白色，其中的筋呈淡粉红色
2）硬度：上等鹅肝肉质紧，用手指触压后能恢复原来的形状
3）质感：上等鹅肝肉质细嫩、光滑，手触后有一种黏糊糊的感觉；反之，手触感觉不光滑且发干，则是质量较差的鹅肝
鹅肝原则上应立刻使用，不得保存。如果制作菜肴剩余一部分鹅肝，可将其用于制作肉卷。如需新鲜保存，应将鹅肝放进真空薄膜中，封口后置于冰水中</td></tr>
<tr><td rowspan="2">实训方法</td><td>工艺流程</td><td>室温中解冻→取出筋、膜→整理并保存</td></tr>
<tr><td>操作过程及方法</td><td>（1）先把鹅肝放在室温中解冻，使其变柔软。从市场买来的鹅肝都冻装在一起，冻的鹅肝很硬，不能用手将其掰成两半，也不能剔除其内部的筋和血管
（2）鹅肝解冻变柔软后，用手将鹅肝掰成大小两块
（3）把鹅肝较圆的面朝上，用餐刀在鹅肝的中间位置纵向切开一个长切口，用两拇指把该切口掰开
（4）用手指查找鹅肝中的筋并将其拉出来。由于鹅肝的筋从筋根到筋梢越来越细，很容易被拉断，故应从筋根部把筋先拉出来，然后再用餐刀和手指一边摸索一边把筋挑出来，不要把筋拉断。此外，在摘除大筋的同时，也应注意摘除分支的筋、血管和红色斑点</td></tr>
</table>

续表

实训项目	加工鹅肝	
实训组织	教师演示	内容：加工鹅肝 方式：操作演示 时间：40 分钟
	学生实训	内容：加工鹅肝 分组：2 人一组 时间：40 分钟
	教师点评	小结、评分
实训准备	场地	实操室
	工具	盆、砧板、刀具、盛具
	材料	（每组分量）鹅肝 1 只
思考题	（1）冻肉的解冻工艺是怎样的？ （2）鹅肝初加工后应如何保存？ （3）加工鹅肝时应注意哪些问题？	
相关菜品	法式煎鹅肝、鹅肝批等	

四、家畜类原料初加工实训

1. 加工牛里脊、牛臀肉、牛脊肉

实训项目	加工牛里脊、牛臀肉、牛脊肉	
目的与要求	（1）以牛里脊、牛臀肉、牛脊肉为例讲解家畜类原料的初加工方法 （2）掌握牛里脊、牛臀肉、牛脊肉初加工的操作方法和技术要领 （3）能鉴别牛里脊、牛臀肉、牛脊肉的品质	
技术理论与原理	目前，西餐厨房购进的家畜类原料大部分为剔过骨骼的，甚至是速冻过的，其初加工主要是剔除各部位的筋膜、边角余料和主要骨骼	
实训方法	工艺流程	取出筋、膜等→整理并保存
	操作过程及方法	（1）牛里脊的初加工 1）把牛里脊肉侧面粘连的条状肉剔除掉 2）剔除牛里脊表面粘连的筋。剔除时，应按表面向前的方向拉着筋，并使刀锋略微上扬，才能顺利地剔除筋；如果向相反方向拉着筋，则不能顺利地剔除。根据需要，可多次仔细地将筋剔除干净

续表

实训项目	加工牛里脊、牛臀肉、牛脊肉	
实训方法	操作过程及方法	（2）牛臀肉的初加工 1）用刀尖切除牛臀肉外侧多余的肉 2）同样用刀尖剔除内侧不要的部分 3）仔细地剔除精肉表面的筋和脂肪 （3）牛脊肉的初加工 1）剔除牛骨：用刀顺着牛脊骨切开，切开时注意不要使脊骨上粘连碎肉。然后顺着脊骨，用刀来回拉切几次，同时把切开的肉向外压，使其与脊骨分离，再顺着肋骨进刀，剔下肋骨 2）剥出脊肉：用左手向外压着脊肉，同时用刀尖仔细地剥下多余的肉。在脊肉和周围多余的肉之间有一层薄膜和脂肪，将其切开后可顺利地把脊肉剥出来 3）清理脊肉周边：剔除脊肉表面的筋和脂肪
实训组织	教师演示	内容：加工牛里脊、牛臀肉、牛脊肉 方式：操作演示 时间：40 分钟
	学生实训	内容：加工牛里脊、牛臀肉、牛脊肉 分组：10 人一组 时间：40 分钟
	教师点评	小结、评分
实训准备	场地	实操室
	工具	盆、砧板、刀具、盛具
	材料	（每组分量）牛里脊 1 条、牛臀肉 500 克、牛脊肉 1 条
思考题		（1）简述牛里脊、牛臀肉、牛脊肉的初加工过程？ （2）牛里脊、牛臀肉、牛脊肉初加工后应如何保存？
相关菜品		铁扒牛里脊、匈牙利烩牛臀肉、烤牛脊肉等

2. 加工猪排、猪里脊

实训项目	加工猪排、猪里脊
目的与要求	（1）以猪排、猪里脊为例讲解家畜类原料的初加工方法 （2）掌握猪排、猪里脊初加工的操作方法和技术要领 （3）能鉴别猪排、猪里脊的品质

续表

<table>
<tr><th colspan="2">实训项目</th><th colspan="2">加工猪排、猪里脊</th></tr>
<tr><td colspan="2">技术理论与原理</td><td colspan="2">猪肉原料的剔骨出肉初加工和牛羊肉基本相同。一般西餐厨房进行的主要是猪排、猪里脊的剔骨出肉初加工，整个的猪腿一般不经过出骨加工</td></tr>
<tr><td colspan="2" rowspan="2">实训方法</td><td>工艺流程</td><td>去骨及多余脂肪→整理并保存</td></tr>
<tr><td>操作过程及方法</td><td>（1）猪排的初加工
1）剔除脊肉和多余的骨头。顺着脊骨的走向，用刀尖把脊骨切下来，然后用剪刀（或锯条）把脊骨和肋骨剪开（或锯开），使之分离
2）剔出多余的肉和脂肪。在距肋骨前缘 3 ~ 5 厘米处，用刀把多余的肉切开，然后顺着肋骨方向用刀把肋骨和多余的肉剥离，再把肉面翻过来，用刀把多余的肉切下来。如果露出的肋骨表面留有部分残肉，应将残肉仔细清理干净
（2）猪里脊的初加工
1）切除边缘多余的肉
2）用刀尖挑开筋头，一只手拉着筋头，另一只手用刀把筋剥除掉</td></tr>
<tr><td colspan="2" rowspan="3">实训组织</td><td>教师演示</td><td>内容：加工猪排、猪里脊
方式：操作演示
时间：40 分钟</td></tr>
<tr><td>学生实训</td><td>内容：加工猪排、猪里脊
分组：10 人一组
时间：40 分钟</td></tr>
<tr><td>教师点评</td><td>小结、评分</td></tr>
<tr><td rowspan="3">实训准备</td><td>场地</td><td colspan="2">实操室</td></tr>
<tr><td>工具</td><td colspan="2">盆、砧板、刀具、盛具</td></tr>
<tr><td>材料</td><td colspan="2">猪排 1 千克、猪里脊 1 条</td></tr>
<tr><td colspan="2">思考题</td><td colspan="2">（1）简述猪排、猪里脊的初加工过程
（2）猪排、猪里脊初加工后如何保存？</td></tr>
<tr><td colspan="2">相关菜品</td><td colspan="2">西梅酿里脊、美式烤猪排等</td></tr>
</table>

3. 加工羊脊肉、羊排、羊腿

实训项目	加工羊脊肉、羊排、羊腿
目的与要求	（1）以羊脊肉、羊排、羊腿为例讲解家畜类原料的初加工方法 （2）掌握羊脊肉、羊排、羊腿初加工的操作方法和技术要领 （3）能鉴别羊脊肉、羊排、羊腿的品质

续表

<table>
<tr><th>实训项目</th><th colspan="2">加工羊脊肉、羊排、羊腿</th></tr>
<tr><td>技术理论与原理</td><td colspan="2">羊的剔骨初加工与牛基本相同，但由于羊的体积较小，根据烹调要求，有的部位在烧烤时可以不剔骨，以保持肉质鲜嫩</td></tr>
<tr><td rowspan="2">实训方法</td><td>工艺流程</td><td>去除筋、膜→去骨及多余脂肪→整理并保存</td></tr>
<tr><td>操作过程及方法</td><td>（1）羊脊肉的初加工
1）找到肋骨终了的部位，顺着脊骨将羊肉切成两半，即分成脊部马鞍肉
2）出马鞍肉。顺着脊骨走向，用刀把脊骨切下来，切时应把脊骨上的残留碎肉都清理干净。在脊肉和多余不要的肉之间有一层薄膜和脂肪，用刀尖将其剥离，把脊肉剥取出来，然后再仔细剔除脊肉表面的筋和脂肪
3）用同样的方法剥取背部的脊肉
（2）羊排的初加工
1）用刀尖切开外膜的一端，一只手拉着切开的外膜端部，另一只手用刀将其外侧和内侧的薄膜剔除掉
2）在脂肪和肉之间有一块半月形的软骨，用刀将其剔除掉
3）用刀尖沿肋骨前缘 3 厘米处纵向断续地把肋骨间的肉划开
4）顺着各个肋骨，用刀尖把肋骨和肉剔开
5）把肋骨前缘的肉剥除下来，剔下脊骨，再剔除硬筋
（3）羊腿的初加工
1）剔除羊腿肉表面的筋和脂肪。如果把细小的筋也剔除掉，腿肉将切割得十分零碎。所以，一般只剔除大而硬的筋即可。脂肪是羊膻味的主要来源，应力求剔除干净
2）剔除胯骨和尾骨。沿着胯骨的边缘进刀，将胯骨剔除下来，接着把连胯骨的尾骨也剔除掉
3）剔除大腿骨。沿着大腿骨的边缘进刀，切开腿肉并切断大腿骨和肉之间的筋，摘除大腿骨的上端，然后用一只手握着大腿骨的上端并拧动大腿骨，同时把刀尖插进关节处，将大腿骨剥离干净。小腿骨可不必摘除</td></tr>
<tr><td rowspan="3">实训组织</td><td>教师演示</td><td>内容：加工羊脊肉、羊排、羊腿
方式：操作演示
时间：40 分钟</td></tr>
<tr><td>学生实训</td><td>内容：加工羊脊肉、羊排、羊腿
分组：10 人一组
时间：40 分钟</td></tr>
<tr><td>教师点评</td><td>小结、评分</td></tr>
</table>

续表

实训项目		加工羊脊肉、羊排、羊腿
实训准备	场地	实操室
	工具	盆、砧板、刀具、盛具
	材料	羊脊肉 1 条，羊排 1 扇，羊腿 1 个
思考题		（1）简述羊脊肉、羊排、羊腿的初加工过程 （2）羊脊肉、羊排、羊腿初加工后应如何保存？
相关菜品		烤羊排、烤羊腿等

模块 3

刀工实训

本模块实训基本信息

实训总学时： 60 学时

学习对象： 一年级西餐烹饪专业学生

实训项目与任务： 直刀法实训、平刀法实训、斜刀法实训、其他刀法实训

刀法指根据烹调和食用要求，将各种原料加工成一定形状时所采用的行刀技法。西餐刀法一般分为直刀法、平刀法、斜刀法和其他刀法。

一、直刀法实训

直刀法常使用分刀，操作时刀面与砧板或原料成直角。根据原料的性质和烹调要求不同，直刀法又可分为切、砍、剁等几种。下面通过切三丝和三片、滚料切、切丁（粒）料、切末料、切牛扒、砍排骨、切面包、剁牛肉茸八个项目进行直刀法训练。

1. 切三丝和三片

实训项目	切三丝和三片
目的与要求	（1）初步掌握直刀法和原料加工成型的规格 （2）掌握三丝和三片的加工方法
技术理论与原理	切三丝和三片运用的是直刀法中的切法。其成型规格如下： （1）三丝加工成型的规格 1）细丝：6 厘米 ×0.2 厘米 ×0.2 厘米 2）中丝：6 厘米 ×0.3 厘米 ×0.3 厘米 3）粗丝：6 厘米 ×0.4 厘米 ×0.4 厘米 （2）三片加工成型的规格 1）薄片：4 厘米 ×2 厘米 ×0.2 厘米

续表

<table>
<tr><th>实训项目</th><th colspan="2">切三丝和三片</th></tr>
<tr><td>技术理论与原理</td><td colspan="2">2）中片：4 厘米 ×2 厘米 ×0.3 厘米
3）厚片：4 厘米 ×2 厘米 ×0.6 厘米
（3）切三丝和三片运用不同的切法
1）直切：又称立切，即左手按住原料，手指弯曲，右手持刀，垂直砧板下切，既不向外推，也不向里拉，一刀一刀笔直切下去。技术熟练后，速度可加快，形成跳切。直切刀法用途广泛，一般适用于加工脆性原料，如胡萝卜、黄瓜等蔬菜
2）推切：刀刃在向下运动的同时，还作由里向外的运动，着力点在刀的后端，一刀推到底，不需要再拉刀回来即切断原料。推切一般适用于加工质地松散、较薄、较小的原料，这类原料如用直切刀法强行压迫切开，易使其破碎、零散
3）拉切：刀刃在向下切的同时，将刀由外向里拉动，着力点在刀的前端，一刀拉到底，把原料切断。这种刀法一般适用于加工韧性的原料，如无骨的肉类</td></tr>
<tr><td rowspan="2">实训方法</td><td>工艺流程</td><td>裁料→切片→切丝，裁料→切片</td></tr>
<tr><td>操作过程及方法</td><td>（1）切丝
先将原料按不同规格要求切成片，再按不同规格要求切成丝
（2）切片
先将原料按不同规格要求切成长方块，再按不同规格要求切成片</td></tr>
<tr><td rowspan="3">实训组织</td><td>教师演示</td><td>内容：切三丝和三片
方式：操作演示
时间：20 分钟</td></tr>
<tr><td>学生实训</td><td>内容：切三丝和三片
分组：10 人一组
时间：60 分钟</td></tr>
<tr><td>教师点评</td><td>小结、评分</td></tr>
<tr><td rowspan="3">实训准备</td><td>场地</td><td>实操室</td></tr>
<tr><td>工具</td><td>砧板、刀具、废料斗、码斗</td></tr>
<tr><td>材料</td><td>萝卜、马铃薯</td></tr>
<tr><td>思考题</td><td colspan="2">（1）切三丝和三片运用的直刀法有哪些切法？
（2）切三丝和三片的规格是什么？</td></tr>
<tr><td>相关菜品</td><td colspan="2">炸马铃薯丝、炸马铃薯片等</td></tr>
</table>

2. 滚料切

实训项目		滚料切
目的与要求		（1）初步了解滚料切的刀法 （2）掌握滚料切的加工方法
技术理论与原理		滚料切是每切一刀就把原料滚动一次，左手滚动原料时，要求斜度掌握适中，右手持刀紧跟原料的滚动斜度落刀，这样两手配合，切下的原料就会大小一致，块形均匀。原料所切块形的大小主要取决于原料滚动的快慢和切的快慢。滚料切刀法适用于加工圆形（或椭圆形）、质地脆嫩的原料，如马铃薯、胡萝卜、萝卜等
实训方法	工艺流程	原料去皮→滚料切成件
	操作过程及方法	（1）用左手控制原料，并按原料成型规格要求确定滚动的角度，需要大块的，则原料滚动的角度就要大些；反之则小些 （2）右手下刀的角度与运刀速度必须密切配合原料的滚动，要下刀准确，刀身与原料呈斜切面，与原料成一定的夹角，角度小则原料成型狭长；反之则成型短宽
实训组织	教师演示	内容：滚料切 方式：操作演示 时间：10 分钟
	学生实训	内容：滚料切 分组：10 人一组 时间：30 分钟
	教师点评	小结、评分
实训准备	场地	实操室
	工具	砧板、刀具、废料斗、码斗
	材料	萝卜、马铃薯
思考题		（1）滚料切一般适用于加工哪些原料？ （2）滚料切时应注意什么问题？
相关菜品		爱尔兰烩羊肉（配料：马铃薯滚料切）等

3. 切丁（粒）料

实训项目	切丁（粒）料
目的与要求	（1）进一步认识直刀法和原料加工成型的规格 （2）掌握胡萝卜丁（粒）、马铃薯丁（粒）的加工方法

续表

<table>
<tr><th colspan="2">实训项目</th><th colspan="2">切丁（粒）料</th></tr>
<tr><td colspan="2">技术理论与原理</td><td colspan="2">丁（粒）是将原料用刀直切成角度均匀、大小相等的正方体形状。丁的成型一般是先将原料切或片成厚片，再切或剁成条，最后将条切成丁。丁的规格为：0.6 厘米见方的小方丁、1 厘米见方的中方丁、1.5 厘米见方的大方丁；粒比丁小，形似米粒</td></tr>
<tr><td colspan="2" rowspan="2">实训方法</td><td>工艺流程</td><td>原料去皮→切厚片→切条→切丁（粒）</td></tr>
<tr><td>操作过程及方法</td><td>0.6 厘米见方的胡萝卜小方丁（粒）加工方法：先将胡萝卜切成厚 0.6 厘米的片，再切成宽 0.6 厘米的条，最后横切成边长为 0.6 厘米的小方丁</td></tr>
<tr><td colspan="2" rowspan="3">实训组织</td><td>教师演示</td><td>内容：切丁（粒）料
方式：操作演示
时间：20 分钟</td></tr>
<tr><td>学生实训</td><td>内容：切丁（粒）料
分组：10 人一组
时间：30 分钟</td></tr>
<tr><td>教师点评</td><td>小结、评分</td></tr>
<tr><td rowspan="3">实训准备</td><td>场地</td><td colspan="2">实操室</td></tr>
<tr><td>工具</td><td colspan="2">砧板、刀具、废料斗、码斗</td></tr>
<tr><td>材料</td><td colspan="2">胡萝卜、马铃薯</td></tr>
<tr><td colspan="2">思考题</td><td colspan="2">（1）丁与粒有什么区别？
（2）如何又快又好地将动物性原料切成丁？</td></tr>
<tr><td colspan="2">相关菜品</td><td colspan="2">罗宋汤（配料：胡萝卜小丁）等</td></tr>
</table>

4. 切末料

实训项目	切末料
目的与要求	（1）初步了解切末料的加工方法 （2）掌握切末料的加工要领
技术理论与原理	切末料运用的是铡刀切法。这种刀法是右手提起刀柄，左手扶在刀背上，使刀柄翘起、落下，左手压力摇动刀身，使刀刃切入原料，如加工蒜末、荷兰芹叶末、茴香叶末等

续表

<table>
<tr><th>实训项目</th><th colspan="2">切末料</th></tr>
<tr><td rowspan="2">实训方法</td><td>工艺流程</td><td>择料→切末→合理保存</td></tr>
<tr><td>操作过程及方法</td><td>（1）加工蒜末
1）将整颗蒜头根部朝下稍微倾斜，利用手掌往下压的力量将其分开
2）刀呈水平状，轻拍一下蒜瓣，压裂，撕去蒜的干外皮，切除根部
3）将刀呈水平状放在蒜瓣上，利用手掌的力量往下将其压碎，再用刀切成需要的蒜末
（2）加工荷兰芹叶末
1）先将泥土及污物洗干净，把叶子择下（根、茎部留作熬高汤用）
2）将叶子握成球形，用刀将其切碎（刀上下将其切成片状，直到切完为止）
3）一只手握住刀柄，另一只手的指腹压住刀尖部位，刀上下移动把荷兰芹切得更碎
4）用一条干净的毛巾包住切成末的荷兰芹使其呈球状
5）左手握住球状毛巾，放在水龙头下洗去多余的汁液
6）把多余的汁液、水分拧干
7）将荷兰芹叶倒在有吸水纸的大铁盘上，铺成薄薄的一层，用保鲜膜包好，放入冰箱冷藏，可保存数日</td></tr>
<tr><td rowspan="3">实训组织</td><td>教师演示</td><td>内容：切末料
方式：操作演示
时间：20 分钟</td></tr>
<tr><td>学生实训</td><td>内容：切末料
分组：10 人一组
时间：30 分钟</td></tr>
<tr><td>教师点评</td><td>小结、评分</td></tr>
<tr><td rowspan="3">实训准备</td><td>场地</td><td>实操室</td></tr>
<tr><td>工具</td><td>砧板、刀具、废料斗、码斗、毛巾、铁盘、保鲜膜</td></tr>
<tr><td>材料</td><td>蒜头、荷兰芹</td></tr>
<tr><td>思考题</td><td colspan="2">（1）切末料运用的铡刀切法有哪些手法？
（2）荷兰芹叶末的保存方法是什么？</td></tr>
<tr><td>相关菜品</td><td colspan="2">荷兰芹少司等</td></tr>
</table>

5. 切牛扒

<table>
<tr><th colspan="2">实训项目</th><th colspan="2">切牛扒</th></tr>
<tr><td colspan="2">目的与要求</td><td colspan="2">（1）掌握牛扒的切法
（2）进一步认识直刀法和原料加工成型的规格</td></tr>
<tr><td colspan="2">技术理论与原理</td><td colspan="2">切牛扒是西餐中肉类加工的重要技术之一，一般选用牛里脊和外脊部位的肉，采用切与拍两种刀法将牛肉加工成厚圆饼状。牛扒的加工方法：先将牛肉直刀切成厚 2 ~ 3.5 厘米（因里脊、外脊部位不同）的肉片，再将肉片的横断面朝上，用手按平，用刀轻拍成厚 1.5 厘米左右的肉饼状，最后用刀将肉的四周收拢整齐。另有一种特殊的牛扒加工方法：将肥嫩的牛外脊去骨、筋，用线绳每隔 2 厘米捆一次，依次捆好，将捆好的牛扒放入温度为 180 ~ 220℃的烤箱中，根据客人的要求烤至需要的成熟度后取出，控去油、血水，最后用刀去掉线绳，用推拉刀法将牛肉切成厚 0.7 ~ 1 厘米的肉扒</td></tr>
<tr><td colspan="2" rowspan="2">实训方法</td><td>工艺流程</td><td>牛肉去筋膜→切块</td></tr>
<tr><td>操作过程及方法</td><td>（1）牛里脊扒的加工
1）切除牛里脊外层的筋肉与肥油
2）撕去表面白色的筋膜及肥油
3）用剔骨刀剔除所有的白色筋膜
4）按规格切成各式牛扒
（2）牛外脊扒的加工
1）切除牛外脊表面的肥油与筋膜
2）将牛外脊切成 2 厘米厚的大片，不必用刀柄或肉锤拍打</td></tr>
<tr><td colspan="2" rowspan="3">实训组织</td><td>教师演示</td><td>内容：切牛扒
方式：操作演示
时间：20 分钟</td></tr>
<tr><td>学生实训</td><td>内容：切牛扒
分组：10 人一组
时间：40 分钟</td></tr>
<tr><td>教师点评</td><td>小结、评分</td></tr>
<tr><td rowspan="3">实训准备</td><td>场地</td><td colspan="2">实操室</td></tr>
<tr><td>工具</td><td colspan="2">砧板、刀具、废料斗、码斗</td></tr>
<tr><td>材料</td><td colspan="2">牛里脊、牛外脊</td></tr>
<tr><td colspan="2">思考题</td><td colspan="2">（1）如何鉴别牛肉的品质？
（2）牛扒的成型规格如何？</td></tr>
<tr><td colspan="2">相关菜品</td><td colspan="2">法式香煎牛里脊扒、铁扒牛外脊等</td></tr>
</table>

6. 砍排骨

<table>
<tr><th>实训项目</th><th colspan="2">砍排骨</th></tr>
<tr><td>目的与要求</td><td colspan="2">（1）初步认识直刀法中砍的方法
（2）掌握砍刀法的运刀技巧
（3）进一步认识直刀法</td></tr>
<tr><td>技术理论与原理</td><td colspan="2">砍排骨运用的是砍的刀法。砍是指用砍刀砍剁带骨或质地坚硬原料的刀法。砍的操作方法是右手紧紧握住刀柄，对准原料要砍的部位用力将原料砍断。砍又可分为直刀砍、跟刀砍、拍刀砍三种
（1）直刀砍
将刀对准原料要砍的部位，用力向下直砍。直刀砍通常适用于加工带骨或质地坚硬的原料
（2）跟刀砍
将刀刃先嵌入原料要砍的部位上，让刀与原料一起落下将原料砍断。跟刀砍一般适用于加工一次砍不断而需 2 ～ 3 次才能砍断的原料
（3）拍刀砍
将刀放在原料所需砍断的位置上，右手握住刀柄，左手举起，在刀背上用力向下拍，将原料砍开。拍刀砍一般适用于加工圆形或椭圆形，体积小而易滚、易滑的原料
砍有骨的原料时，要将肉多骨少的一面向上，骨多肉少的一面在下，从而可使带骨部分与砧板接触，这样容易断料，同时又避免将肉砸烂</td></tr>
<tr><td rowspan="2">实训方法</td><td>工艺流程</td><td>先把排骨顺肋骨切开→砍成排骨段</td></tr>
<tr><td>操作过程及方法</td><td>先将排骨顺肋骨切开，再把排骨砍成长约 7 厘米的排骨段</td></tr>
<tr><td rowspan="3">实训组织</td><td>教师演示</td><td>内容：砍排骨
方式：操作演示
时间：20 分钟</td></tr>
<tr><td>学生实训</td><td>内容：砍排骨
分组：10 人一组
时间：30 分钟</td></tr>
<tr><td>教师点评</td><td>小结、评分</td></tr>
<tr><td rowspan="3">实训准备</td><td>场地</td><td>实操室</td></tr>
<tr><td>工具</td><td>砧板、刀具、废料斗、码斗</td></tr>
<tr><td>材料</td><td>排骨</td></tr>
<tr><td>思考题</td><td colspan="2">（1）砍刀法有哪几种？各适用于砍什么原料？
（2）砍有骨的原料时应注意什么？</td></tr>
<tr><td>相关菜品</td><td colspan="2">美式烧排骨等</td></tr>
</table>

7. 切面包

<table>
<tr><th colspan="2">实训项目</th><th colspan="2">切面包</th></tr>
<tr><td colspan="2">目的与要求</td><td colspan="2">（1）初步认识直刀法中锯切的方法
（2）掌握锯刀法的运刀技巧
（3）进一步认识直刀法</td></tr>
<tr><td colspan="2">技术理论与原理</td><td colspan="2">切面包运用的是锯切的刀法。锯切又称推拉切，着力点前后交替使用。其操作方法是先将刀向前推切，然后再向后拉切，像拉锯式推拉下去。锯切的方法适用于切割两类性质的原料：一类是需切成大而薄的形状，如火腿等；另一类是质地较松的原料需切成大片的形状，如面包等。前者用直切法不易切断，后者用直切法容易碎散，所以需要用锯切的方法前推后拉慢慢切开，方可达到要求</td></tr>
<tr><td colspan="2" rowspan="2">实训方法</td><td>工艺流程</td><td>摆好面包→切片</td></tr>
<tr><td>操作过程及方法</td><td>左手控制面包，右手握刀按面包成型规格要求将面包切成片即可</td></tr>
<tr><td colspan="2" rowspan="3">实训组织</td><td>教师演示</td><td>内容：切面包
方式：操作演示
时间：20 分钟</td></tr>
<tr><td>学生实训</td><td>内容：切面包
分组：10 人一组
时间：30 分钟</td></tr>
<tr><td>教师点评</td><td>小结、评分</td></tr>
<tr><td rowspan="3">实训准备</td><td>场地</td><td colspan="2">实操室</td></tr>
<tr><td>工具</td><td colspan="2">砧板、刀具、碟子</td></tr>
<tr><td>材料</td><td colspan="2">吐司面包</td></tr>
<tr><td colspan="2">思考题</td><td colspan="2">（1）切面包运用的是直刀法中的什么手法？
（2）切软面包和硬面包时各应注意什么？</td></tr>
<tr><td colspan="2">相关菜品</td><td colspan="2">三明治等</td></tr>
</table>

8. 剁牛肉茸

实训项目	剁牛肉茸
目的与要求	（1）初步认识直刀法中剁的方法 （2）掌握剁肉茸的运刀技巧 （3）进一步认识直刀法

续表

实训项目	剁牛肉茸	
技术理论与原理	剁牛肉茸运用的是剁的刀法。剁是指将无骨原料加工成泥茸及将某些成型菜肴剁松的一种刀法。剁的具体操作方法有排剁、砸剁、点剁等 （1）排剁 排剁有单刀剁和双刀剁之分。单刀剁即用一把分刀将原料剁细。双刀剁是为了提高效率，通常左、右手各持一把分刀同时配合操作，其要求是：两手所持的刀要保持一定距离，不宜太远或太近，两刀前端的距离可以稍近一些，刀根的距离要稍远一些。由于分刀的特点是前端较窄，所以一定要防止一把刀的刀刃剁到另一把刀的刀背。剁时用手腕的力量，从左到右或从右到左反复排剁，两手可交替使用，做到此起彼落，动作自如，并要有节奏，同时不断翻动原料，使泥茸均匀、细腻。剁时提刀不能过高，以防碎末飞溅，有时在刀面上蘸些清水可避免茸末粘刀。根据泥茸的要求，有时还需要用刀背剁原料，以便茸末更加细腻 （2）砸剁 砸剁是西式菜肴制作过程中的传统刀法，其特点是落刀轻、入刀浅，一般不触及砧板，其目的是增加原料的可塑性，易于收拢成型，使原料在烹制时不卷缩变形，如加工鸡排时就要经过砸剁 （3）点剁 点剁也是西式菜肴加工过程中常用的刀法，操作方法是用刀尖在原料上点剁数下，使原料在加热过程中受热均匀且不收缩变形	
实训方法	工艺流程	将牛肉洗干净→切片→剁成茸状
	操作过程及方法	先将牛肉洗干净，切成片，再切成丝粒，最后剁成茸状即可
实训组织	教师演示	内容：剁牛肉茸 方式：操作演示 时间：20 分钟
	学生实训	内容：剁牛肉茸 分组：10 人一组 时间：30 分钟
	教师点评	小结、评分
实训准备	场地	实操室
	工具	砧板、刀具、废料斗、码斗
	材料	牛肉
思考题	（1）剁法与砍法有什么区别？ （2）剁法的具体分类是什么？ （3）剁法操作时应注意什么？	
相关菜品	牛肉汉堡等	

二、平刀法实训

平刀法又称片刀法，是指刀面与砧板接近平行状态运刀的一种刀法，适用于加工无骨的软性和韧性原料。操作时，刀刃由原料一侧进刀，把原料片切成较大片状，是一种比较细致的刀工技术。平刀法又可分为平刀片、推拉片和拉刀片等。

平刀片是指把刀身放平，使刀身与砧板平行，从原料右侧进刀至原料左侧一刀片到底断料的刀法。平刀片要求左手按原料时要平放在原料上面，将原料按稳，力量不要过大，以原料不至于移动为度。在刀法的运用上，要结合原料的情况及烹调要求进行。一般可由原料右侧的底部片入，也可以由原料右侧的上部片入。如果从原料的底部片入，应以砧板表面为依据来掌握片的厚薄，此方法应用较广泛，原料易片得平整、均匀。如果从原料右侧的上部片入，可从左手食指与中指间的缝隙，用眼睛观察来掌握原料的厚薄，此方法技术水平要求高，但熟练后能片得快些，适用于加工软性的原料，如蒸蛋糕等。

推拉片是指从原料的右侧进刀，进刀后先向前推，再向后拉，反复几次将原料片断，适用于加工韧性较大的原料，如各种肉类。

拉刀片适用于加工略带韧性的原料。具体操作方法是：左手按稳原料，右手执刀，放平刀身，刀刃片进原料后向里拉刀，使原料片开成片，如加工大虾肉、扇贝柱等。

下面将通过片大虾肉排、片鸡胸肉扒进行平刀法训练。

1. 片大虾肉排

<table>
<tr><th>实训项目</th><th colspan="2">片大虾肉排</th></tr>
<tr><td>目的与要求</td><td colspan="2">（1）初步认识平刀法的运刀技巧
（2）掌握大虾肉排的片切方法
（3）进一步认识动物性原料的加工方法</td></tr>
<tr><td>技术理论与原理</td><td colspan="2">大虾肉质细嫩，菜肴的要求通常是做成排，也就是对半片开，因此在加工此类菜肴时宜运用平刀法将大虾片成大虾肉排
大虾肉排的要求：片开的肉要均匀，不能片断</td></tr>
<tr><td rowspan="2">实训方法</td><td>工艺流程</td><td>将大虾肉洗干净→片成片</td></tr>
<tr><td>操作过程及方法</td><td>先将大虾肉洗干净，然后用拉刀片法或推拉片法片至两边肉均匀即可，不能片断</td></tr>
<tr><td>实训组织</td><td>教师演示</td><td>内容：片大虾肉排
方式：操作演示
时间：20 分钟</td></tr>
</table>

续表

实训项目		片大虾肉排	
实训组织	学生实训		内容：片大虾肉排 分组：10 人一组 时间：30 分钟
	教师点评		小结、评分
实训准备	场地	实操室	
	工具	砧板、刀具、废料斗、码斗	
	材料	大虾肉	
思考题		（1）什么是平刀法？ （2）练习平刀法可用白萝卜吗？ （3）平刀法有哪几种？	
相关菜品		炸吉列大虾排等	

2. 片鸡胸肉扒

实训项目	片鸡胸肉扒	
目的与要求	（1）进一步认识平刀法的运刀技巧 （2）掌握片鸡胸肉扒的加工技巧	
技术理论与原理	鸡胸肉是西餐不可缺少的原料之一。鸡胸肉所含的营养素与畜肉很相近，鸡胸肉中含有较多的水分，易于烹调。欧美人习惯将禽肉分为白色肉和红色肉。鸡和火鸡的胸脯及翅膀肉为白色肉，这些部位的肉中含脂肪和结缔组织较少，烹调时间短。禽的腿部，包括小腿和大腿为红色肉，这一部位的肉含脂肪和结缔组织较多，烹调时间较长 片鸡胸肉扒的要求：片开的肉要均匀，不能片断	
实训方法	工艺流程	鸡胸肉解冻、洗干净→去除筋、膜→片成片
	操作过程及方法	先将鸡胸肉放在室温中解冻，然后洗干净，去除鸡胸肉上的筋、膜，再用拉刀片法或推拉片法片至两边肉均匀即可，不能片断
实训组织	教师演示	内容：片鸡胸肉扒 方式：操作演示 时间：20 分钟
	学生实训	内容：片鸡胸肉扒 分组：10 人一组 时间：30 分钟
	教师点评	小结、评分

续表

实训项目		片鸡胸肉扒
实训准备	场地	实操室
	工具	砧板、刀具、废料斗、码斗
	材料	鸡胸肉
思考题		（1）片鸡胸肉扒使用的平刀法能否用在片猪肉扒上？ （2）平刀法片肉的技巧有哪些？
相关菜品		金牌吉列鸡胸肉等

三、斜刀法实训

斜刀法是指刀面与原料或砧板面的夹角小于90°的一种运刀方法。斜刀法有斜刀片和反刀片两种。

斜刀片也称斜刀拉片，是指将刀身倾斜，刀刃向左片进原料后即向左下方运动，直到将原料断开的一种刀法。斜刀片适用于加工无骨的韧性原料，如虾片、鱼片、鸡片等。

反刀片是指将刀身倾斜，刀背向里，刀刃向外，刀刃片进原料后由里向外运动的运刀方法。反刀片通常适用于加工烧烤的熟料，如烤火鸡、烤羊腿、烤牛外脊等，也适用于片鱼皮或肉的筋膜等。

下面将通过切鱼排、切烤火鸡进行斜刀法训练。

1. 切鱼排

实训项目		切鱼排
目的与要求		（1）初步认识斜刀法的运刀技巧 （2）掌握切鱼排的方法 （3）进一步认识动物性原料的加工方法
技术理论与原理		鱼肉肉质细嫩，菜肴的要求通常是做成排，多用于炸、煎等，这里训练切用于炸、煎的鱼排，其规格是长约12厘米、宽约6厘米、厚约1厘米
实训方法	工艺流程	将鱼肉洗干净、抹干水分→修理边角→片成鱼排
	操作过程及方法	先将鱼肉洗干净、抹干水分，然后用刀修理边角，再用斜刀法切成长约12厘米、宽约6厘米、厚约1厘米的排即可
实训组织	教师演示	内容：切鱼排 方式：操作演示 时间：20分钟

续表

实训项目		切鱼排
实训组织	学生实训	内容：切鱼排 分组：10人一组 时间：30分钟
	教师点评	小结、评分
实训准备	场地	实操室
	工具	砧板、刀具、废料斗、码斗
	材料	鱼肉
思考题		（1）什么是斜刀法？ （2）斜刀法有哪几种？ （3）鱼排的规格是多少？
相关菜品		炸吉列鱼排等

2. 切烤火鸡

实训项目		切烤火鸡
目的与要求		（1）进一步认识熟动物性原料的加工方法 （2）掌握切烤火鸡的方法
技术理论与原理		烤好的火鸡为黄褐色，肉质鲜嫩不柴，要求整只上菜，由工作人员现场片火鸡片供客人食用。其规格是长约6厘米、宽约3厘米、厚约0.3厘米
实训方法	工艺流程	摆好烤火鸡→片成片
	操作过程及方法	先将烤火鸡放在砧板上，左手用叉子叉住火鸡，右手握刀，将火鸡肉片成长约6厘米、宽约3厘米、厚约0.3厘米的片即可
实训组织	教师演示	内容：切烤火鸡 方式：操作演示 时间：20分钟
	学生实训	内容：切烤火鸡 分组：10人一组 时间：30分钟
	教师点评	小结、评分
实训准备	场地	实操室
	工具	砧板、刀具、叉子、废料斗、碟子
	材料	烤好的火鸡

续表

实训项目	切烤火鸡
思考题	（1）切熟动物性原料时要注意什么？ （2）切烤火鸡的一般流程是什么？
相关菜品	烤火鸡、烤春鸡、烤羊腿等

四、其他刀法实训

除上面介绍的几种刀法外，西餐中还常使用拍、削、旋、剜、剔、刮、敲、撬等其他刀法。

1. 拍猪扒

实训项目	拍猪扒	
目的与要求	（1）初步认识拍法的运用技巧 （2）掌握拍猪扒的方法	
技术理论与原理	拍是西餐切法中的一种独特刀法，使用的工具是肉锤。肉锤是木制或铝制的榔头，目的是将较厚的段、片状肉类原料拍薄、拍松。根据具体手法不同，拍又有直拍、拉拍、推拍之分。这种刀法主要用于加工肉类原料，其规格是厚 1.5 厘米左右的肉饼	
实训方法	工艺流程	去除筋、膜→切成块状→用肉锤拍薄
	操作过程及方法	选用猪里脊肉（或猪臂肩肉），切除里脊肉外表的肥油和边条肉及白色筋膜，直刀切成厚 2 厘米左右的肉块，将肉的横断面朝上，用手按平，再用肉锤或刀背拍成厚 1.5 厘米左右的肉饼，最后用刀将肉的四周收拢整齐即可
实训组织	教师演示	内容：拍猪扒 方式：操作演示 时间：20 分钟
	学生实训	内容：拍猪扒 分组：10 人一组 时间：30 分钟
	教师点评	小结、评分
实训准备	场地	实操室
	工具	砧板、刀具、肉锤、废料斗、碟子
	材料	猪里脊肉

续表

实训项目	拍猪扒
思考题	（1）拍猪扒时要注意什么？ （2）由于拍的手法不同，拍又分为哪几种？
相关菜品	比吉打猪扒等

2. 削胡萝卜

<table>
<tr><th colspan="2">实训项目</th><th>削胡萝卜</th></tr>
<tr><td colspan="2">目的与要求</td><td>（1）初步认识削的运刀技巧
（2）掌握削胡萝卜的方法</td></tr>
<tr><td colspan="2">技术理论与原理</td><td>削是将原料捏在手里去皮的操作方法，适用于根茎和瓜果类蔬菜的去皮加工，如胡萝卜、马铃薯、黄瓜等原料去皮
削有两种方法
一种是左手持原料，右手持刀，对准需削的部位，向里或向外削，削时要用拇指和食指抵住原料，掌握削皮的厚度
另一种是传统的削法，称为压刀削，即削时一刀压一刀的痕迹削，这种方法主要用于削马铃薯皮，也可以削水果皮。具体方法是：左手持原料，右手持刀先将原料两端削去，然后左手拇指执原料下端，食指执上端，中指、无名指拢在原料外侧，捏住原料，这时右手持刀由原料上端靠里侧一面贴外皮进刀，向斜下方削去，每削一刀，中指和无名指将原料向逆刀方向移动一次，这样一刀压一刀地削，两手密切配合，操作自如，节奏和谐，将原料削成所需要的形状，如鼓形、梨形、球形等</td></tr>
<tr><td rowspan="2">实训方法</td><td>工艺流程</td><td>将胡萝卜洗净→削去皮</td></tr>
<tr><td>操作过程及方法</td><td>将胡萝卜洗净，左手持胡萝卜，右手持刀，对准需削的部位，向里或向外削，削时要用拇指和食指抵住原料，掌握削皮的厚度</td></tr>
<tr><td rowspan="3">实训组织</td><td>教师演示</td><td>内容：削胡萝卜
方式：操作演示
时间：15 分钟</td></tr>
<tr><td>学生实训</td><td>内容：削胡萝卜
分组：10 人一组
时间：20 分钟</td></tr>
<tr><td>教师点评</td><td>小结、评分</td></tr>
<tr><td rowspan="3">实训准备</td><td>场地</td><td>实操室</td></tr>
<tr><td>工具</td><td>砧板、刀具、废料斗、碟子</td></tr>
<tr><td>材料</td><td>胡萝卜</td></tr>
<tr><td colspan="2">思考题</td><td>（1）削胡萝卜时要注意什么？
（2）削的手法可分为哪几种？</td></tr>
</table>

3. 旋苹果

<table>
<tr><th colspan="2">实训项目</th><th colspan="2">旋苹果</th></tr>
<tr><td colspan="2">目的与要求</td><td colspan="2">（1）初步认识旋法的运刀技巧
（2）掌握旋苹果的方法</td></tr>
<tr><td colspan="2">技术理论与原理</td><td colspan="2">旋也是在手上操作的去皮方法，作用与削相同，但方法有异，原料去掉外皮后的形状也不一样。削的皮一般较碎，而旋下的皮堆放时多为圈状，抻开则为长条。旋主要适用于加工水果及茄果原料</td></tr>
<tr><td colspan="2" rowspan="2">实训方法</td><td>工艺流程</td><td>将苹果洗净→旋去皮</td></tr>
<tr><td>操作过程及方法</td><td>苹果洗净，左手执苹果，右手持刀，在原料上端里侧进刀，向左运动，左手执的苹果向右转动，双手配合协调，直到将皮旋光为止</td></tr>
<tr><td colspan="2" rowspan="3">实训组织</td><td>教师演示</td><td>内容：旋苹果
方式：操作演示
时间：15 分钟</td></tr>
<tr><td>学生实训</td><td>内容：旋苹果
分组：10 人一组
时间：30 分钟</td></tr>
<tr><td>教师点评</td><td>小结、评分</td></tr>
<tr><td rowspan="3">实训准备</td><td>场地</td><td colspan="2">实操室</td></tr>
<tr><td>工具</td><td colspan="2">砧板、小刀、废料斗、碟子</td></tr>
<tr><td>材料</td><td colspan="2">苹果</td></tr>
<tr><td colspan="2">思考题</td><td colspan="2">（1）旋苹果时要注意什么？
（2）旋与削的区别是什么？</td></tr>
</table>

4. 剜番茄

<table>
<tr><th>实训项目</th><th>剜番茄</th></tr>
<tr><td>目的与要求</td><td>（1）初步认识剜法的运刀技巧
（2）掌握剜番茄的方法</td></tr>
<tr><td>技术理论与原理</td><td>剜法有三种：第一种是将原料的内瓤剜出成空壳，便于填入馅心，如鲜番茄、嫩西葫芦等；第二种是取出原料内的肉，如文蛤、海螺等；第三种是用特殊的工具（带刃的圆勺），在体大的瓜果蔬菜上剜下圆球形果肉，作为佐食肉类的配菜，如萝卜球、冬瓜球等</td></tr>
</table>

续表

实训项目	剜番茄	
实训方法	工艺流程	将番茄洗净→剜出番茄籽、肉
	操作过程及方法	将番茄洗净，在番茄的 1/4 处用刀切开后，用刀将番茄内瓤剜出成空壳
实训组织	教师演示	内容：剜番茄 方式：操作演示 时间：15 分钟
	学生实训	内容：剜番茄 分组：10 人一组 时间：30 分钟
	教师点评	小结、评分
实训准备	场地	实操室
	工具	砧板、小刀、废料斗、碟子
	材料	番茄
思考题		（1）剜番茄时要注意什么？ （2）剜法分为哪几种？

5. 其他几种刀法介绍

（1）剔

剔一般适用于加工需要去骨的原料，如整鸡、整鱼等原料的出骨工艺等。

（2）刮

刮一般适用于去除原料表面的污垢、皮毛、鳞片等。刮有顺刮和逆刮两种，顺刮适用于刮污垢、皮毛；逆刮适用于刮鱼鳞。有时两种方法可以交替使用。

（3）敲

敲也叫锤砸，即用木制或铝制的榔头敲碎原料的硬壳，如螃蟹的螯足（钳足）及龙虾壳等。

（4）撬

撬是指用刀将两扇连在一起的原料撬开，以便取肉，如生牡蛎、蚬蛤、扇贝等。

模块 4

西餐烹调基础实训

本模块实训基本信息

实训总学时：60 学时

学习对象：一年级西餐烹饪专业学生

实训项目与任务：西餐常用配菜制作实训、西餐基础汤制作实训、西餐基础热少司制作实训

一、西餐常用配菜制作实训

1. 法式炸马铃薯条（French Fried Potatoes）

<table>
<tr><th>实训项目</th><th colspan="2">法式炸马铃薯条</th></tr>
<tr><td>目的与要求</td><td colspan="2">（1）通过学习法式炸马铃薯条，掌握其原料配比、加工方法、炸制方法等制作过程和操作要点
（2）熟知法式炸马铃薯条的成品特点和制作注意事项</td></tr>
<tr><td>技术理论与原理</td><td colspan="2">马铃薯在西餐中的作用可与畜肉、家禽和海鲜相比，具有非常重要的地位。马铃薯含有丰富的淀粉和营养素，包括蛋白质、矿物质、维生素 B 和维生素 C 等，适用于多种烹调方法，如烤（炸）制成马铃薯丸子、马铃薯条和马铃薯饺子等。根据厨师们的经验，马铃薯类菜肴的质量与马铃薯的储藏温度有密切关系，马铃薯的储藏温度应为 7 ~ 16℃，否则其含糖量和营养成分会下降而影响菜肴的质量
炸马铃薯条的变化品种：如将马铃薯切成 2 ~ 3 毫米见方的条状，做法与法式炸马铃薯条相同，则称为火柴马铃薯（Match Stick Potatoes）；如将马铃薯切成 5 ~ 6 毫米见方的条状，做法与法式炸马铃薯条相同，则称为免翁马铃薯（Mignonnet Potatoes）</td></tr>
<tr><td rowspan="2">实训方法</td><td>工艺流程</td><td>将马铃薯洗净、去皮→切条→第一次油炸→第二次油炸</td></tr>
<tr><td>操作过程及方法</td><td>（1）将马铃薯洗净、去皮，切成 1 厘米见方、5 ~ 6 厘米长的条状
（2）用清水将马铃薯条洗净，再用布将马铃薯条上的水分揾干
（3）将马铃薯条放入 130℃的油锅中，炸至其变软并轻微上色，捞出备用
（4）使用时，再将马铃薯条放入 160 ~ 170℃的油锅中，炸至脆、金黄，捞出撒盐调味即成</td></tr>
</table>

续表

实训项目	法式炸马铃薯条	
实训方法	操作要领	（1）应选用淀粉含量高、水分少的马铃薯 （2）进行马铃薯条初步热加工时，油温不要过高，以防止马铃薯条表面过早结壳上色，影响马铃薯条的口感 （3）进行初步热加工时，马铃薯条与炸油的比例要适当，避免因放入的马铃薯条过多而造成油温过低，使马铃薯条出现“吃油”易碎的现象 （4）进行初步热加工时，炸马铃薯条的色泽不要过深，以免无法进行第二次炸制 （5）要将初步热加工过的马铃薯条晾凉后，再进行第二次炸制 （6）二次炸制马铃薯条时油温要高，以防止马铃薯条出现“吃油”现象
实训组织	教师演示	内容：法式炸马铃薯条 方式：操作演示 时间：30 分钟
	学生实训	内容：法式炸马铃薯条 分组：2 人一组 时间：40 分钟
	教师点评	小结、评分
实训准备	场地	实操室
	工具	燃气灶、炸炉、分刀、砧板、不锈钢圆盘
	材料	植物油 1 升，马铃薯 500 克，精盐适量
思考题	（1）制作法式炸马铃薯条，在马铃薯的选择上应注意什么？ （2）制作法式炸马铃薯条时为什么要经过二次炸制？	
考核评价与成绩评定	实训成品成绩占 70%，作业成绩占 30% 学生自我评价表另附	

2. 马铃薯泥（Mashed Potato）

实训项目	马铃薯泥
目的与要求	（1）通过学习制作马铃薯泥，掌握其原料配比、加工方法和制作过程及操作要点 （2）熟知马铃薯泥的成品特点和制作注意事项
技术理论与原理	制作马铃薯泥一般多选用含淀粉高的马铃薯。制作好的马铃薯泥可用于拌、炸、焗等烹调方法，可与多种原料搭配使用，也可挤制成圆形、橄榄形、棒子形等。马铃薯泥的成品质量标准：无颗粒、色泽鲜明、味道鲜美

续表

<table>
<tr><th>实训项目</th><th colspan="3">马铃薯泥</th></tr>
<tr><td rowspan="3" colspan="2">实训方法</td><td>工艺流程</td><td>将马铃薯洗净、去皮→煮熟→压茸→拌匀</td></tr>
<tr><td>操作过程及方法</td><td>（1）将马铃薯洗净、去皮，切成块，放入厚底锅中，在盐水中煮熟、煮透
（2）将厚底锅中的水分控干，再放入低温烤箱或灶上，使马铃薯块干燥
（3）将煮熟的马铃薯块过细筛压制成茸状
（4）调入熔化的牛油
（5）逐渐加入热牛奶，并用蛋抽不断搅拌至软糊状，调入精盐、胡椒粉即成</td></tr>
<tr><td>操作要领</td><td>（1）每千克马铃薯泥内一般要调入 50 克左右的牛油
（2）要向马铃薯泥内加入热牛奶，使马铃薯泥内的淀粉充分糊化，否则会出现过多的疙瘩</td></tr>
<tr><td rowspan="3" colspan="2">实训组织</td><td>教师演示</td><td>内容：马铃薯泥
方式：操作演示
时间：30 分钟</td></tr>
<tr><td>学生实训</td><td>内容：马铃薯泥
分组：2 人一组
时间：30 分钟</td></tr>
<tr><td>教师点评</td><td>小结、评分</td></tr>
<tr><td rowspan="3">实训准备</td><td>场地</td><td colspan="2">实操室</td></tr>
<tr><td>工具</td><td colspan="2">燃气灶、厚底锅、木铲、烤箱、蛋抽、分刀、砧板、不锈钢圆盆、压茸器</td></tr>
<tr><td>材料</td><td colspan="2">马铃薯 500 克，牛油 25 克，牛奶 50 毫升，精盐、胡椒粉适量</td></tr>
<tr><td colspan="2">思考题</td><td colspan="2">（1）制作马铃薯泥时应注意什么？
（2）怎样防止马铃薯泥出现颗粒、疙瘩？</td></tr>
<tr><td colspan="2">考核评价与成绩评定</td><td colspan="2">实训成品成绩占 70%，作业成绩占 30%
学生自我评价表另附</td></tr>
</table>

3. 煮马铃薯（Boiled Potato）

实训项目	煮马铃薯
目的与要求	（1）进一步认识马铃薯配菜的不同烹调方法 （2）了解煮马铃薯的成品特点和制作注意事项

续表

实训项目	煮马铃薯	
技术理论与原理	马铃薯块茎肥大，形状有扁形和圆形，肉质紧密，皮薄肉厚。马铃薯根据其皮色可分为白皮、红皮和黄皮三种：白皮马铃薯表皮光滑，为乳白色，呈扁圆或圆形，肉为黄色，水分较多；红皮马铃薯表皮为暗紫色，质地紧密，肉呈淡黄色，水分适中；黄皮马铃薯块大，呈椭圆形，表皮光滑，呈暗黄色，淀粉含量高，口味好，品质优 制作煮马铃薯时选用白皮或黄皮马铃薯均可，以白皮马铃薯较美观。选用的马铃薯不宜过大，以比鸡蛋略大者最适宜	
实训方法	工艺流程	将马铃薯洗净、去皮→煮熟
	操作过程及方法	将马铃薯洗净、去皮，剔除芽眼，按马铃薯的形状削成橄榄形或酒桶形（在餐厅用的煮马铃薯形状要求其美观，而家庭用的不必太讲究，将马铃薯皮削干净即可），然后用足够的清水加少许精盐将马铃薯煮熟，调入精盐、胡椒粉即成
	操作要领	（1）煮马铃薯的水一定要没过原料 （2）煮马铃薯时要计算好时间，不要煮过火
实训组织	教师演示	内容：煮马铃薯 方式：操作演示 时间：30 分钟
	学生实训	内容：煮马铃薯 分组：2 人一组 时间：30 分钟
	教师点评	小结、评分
实训准备	场地	实操室
	工具	燃气灶、厚底锅、木铲、分刀、砧板、不锈钢圆盘
	材料	马铃薯 500 克，精盐、胡椒粉适量
思考题	（1）煮马铃薯时应注意什么？ （2）怎样防止马铃薯没煮熟或煮过熟？	
考核评价与成绩评定	实训成品成绩占 70%，作业成绩占 30% 学生自我评价表另附	

4. 瑞士马铃薯饼（Swiss Potatoes）

实训项目	瑞士马铃薯饼
目的与要求	（1）进一步认识马铃薯配菜的不同烹调方法 （2）了解瑞士马铃薯饼的成品特点和制作注意事项

续表

<table>
<tr><th colspan="2">实训项目</th><th colspan="2">瑞士马铃薯饼</th></tr>
<tr><td colspan="2">技术理论与原理</td><td colspan="2">马铃薯的变色及保存原理：酶引起的褐变多发生在颜色较浅的水果和蔬菜中，如苹果、香蕉、马铃薯等。当它们的组织被碰伤、切开、削皮、遭受病害或处在不正常的环境下，食物酶很容易促使其褐变。在实际操作中，可采用热处理法、酸处理法和空气隔绝法等防止食物的褐变，因为酶的活力在45%以上、pH值在3.0以下，以及将经过加工的原料浸泡在清水中、糖水中或盐水中都能防止酶促褐变的发生
马铃薯饼颜色的形成：淀粉很容易水解，当它与水一起加热时，即可引起部分分子的裂解，在淀粉不完全水解过程中会产生大量的糊精，糊精在高温下由于焦化作用生成焦糊精，食品在烘烤或炸制过程中便可产生黄色或棕红色</td></tr>
<tr><td colspan="2" rowspan="3">实训方法</td><td>工艺流程</td><td>将马铃薯洗净、去皮→切丝→炒制→用模具定型煎制</td></tr>
<tr><td>操作过程及方法</td><td>（1）将净马铃薯切成丝，洋葱、烟肉切成末
（2）用牛油把洋葱、烟肉炒香，放入马铃薯丝稍炒，再调入精盐、胡椒粉
（3）待马铃薯丝炒软后放入圆形的模具中，再煎至两面金黄色即成</td></tr>
<tr><td>操作要领</td><td>（1）马铃薯丝不能切得太粗或太细
（2）定型后煎制的火候要控制好，不能太大
（3）要控制好油的用量</td></tr>
<tr><td colspan="2" rowspan="3">实训组织</td><td>教师演示</td><td>内容：瑞士马铃薯饼
方式：操作演示
时间：30分钟</td></tr>
<tr><td>学生实训</td><td>内容：瑞士马铃薯饼
分组：2人一组
时间：40分钟</td></tr>
<tr><td>教师点评</td><td>小结、评分</td></tr>
<tr><td rowspan="3">实训准备</td><td>场地</td><td colspan="2">实操室</td></tr>
<tr><td>工具</td><td colspan="2">燃气灶、煎盘、木铲、圆形模具、分刀、砧板、碟子、不锈钢圆盆</td></tr>
<tr><td>材料</td><td colspan="2">净马铃薯500克，洋葱80克，烟肉80克，牛油5克，精盐、胡椒粉少许</td></tr>
<tr><td colspan="2">思考题</td><td colspan="2">（1）如何防止马铃薯变成褐色？
（2）煎制马铃薯饼时如何控制其熟度？</td></tr>
<tr><td colspan="2">考核评价与成绩评定</td><td colspan="2">实训成品成绩占70%，作业成绩占30%
学生自我评价表另附</td></tr>
</table>

5. 法式炸洋葱圈（Batter Fried Onion）

实训项目	法式炸洋葱圈	
目的与要求	（1）通过学习制作法式炸洋葱圈，掌握其原料配比、加工方法、制作过程和操作要点 （2）熟知法式炸洋葱圈的成品特点和制作注意事项	
技术理论与原理	洋葱根据其外皮颜色可分为红皮洋葱、黄皮洋葱和白皮洋葱三种。红皮洋葱呈扁圆形，鳞片肉稍带红色，肉质密实，辣味浓，纤维较粗。黄皮洋葱鳞片肉较薄、微黄，肉质柔嫩、组织紧密，水分较少，微辣、微甜。白皮洋葱皮白或略带绿色，有扁圆形和纺锤形两种，扁圆形洋葱个体较小，水分较多，肉质柔嫩，味稍辣；纺锤形洋葱个体大，鳞片肉洁白且较厚，水分多，质地鲜嫩，味微甜 脆浆调制（弗打浆）方法 原料：面粉 250 克，干酵母 10 克，鸡蛋 1 只，水 250 毫升，植物油 50 毫升，精盐约 2 克，糖 5 克 制作工艺：将干酵母倒入水中，加入糖，待其发酵约 10 分钟，然后将水慢慢倒入面粉（过筛）中，加入鸡蛋搅成糊状，加入精盐，用之前慢慢搅动，加入植物油	
实训方法	工艺流程	将洋葱洗净→切洋葱圈→拍面粉、蘸弗打浆→炸制
	操作过程及方法	（1）将洋葱洗净，剥去外表老皮，切成 2 毫米厚的片 （2）将洋葱片抖撒成洋葱圈，放入牛奶中稍腌 （3）取出洋葱圈，用盐调味，拍上面粉 （4）抖去多余的面粉，蘸上弗打浆，放入 170 ~ 180℃的油锅中炸至上色成熟即成
	操作要领	（1）加工洋葱圈要薄厚均匀 （2）洋葱圈要用牛奶腌渍 （3）面粉要拍得薄厚均匀，多余的面粉要抖去 （4）炸制洋葱圈时要均匀搅动，以防止粘连
实训组织	教师演示	内容：法式炸洋葱圈 方式：操作演示 时间：30 分钟
	学生实训	内容：法式炸洋葱圈 分组：2 人一组 时间：40 分钟
	教师点评	小结、评分

续表

实训项目		法式炸洋葱圈
实训准备	场地	实操室
	工具	燃气灶、炸炉、分刀、砧板、不锈钢圆盘、不锈钢圆盆
	材料	洋葱 500 克，牛奶 100 毫升，面粉 100 克，精盐、弗打浆适量
思考题		（1）制作法式炸洋葱圈时应注意什么？ （2）制作法式炸洋葱圈应选用什么类型的洋葱为原料？为什么？
考核评价与成绩评定		实训成品成绩占 70%，作业成绩占 30% 学生自我评价表另附

6. 芝士焗番茄（Gratin Tomato with Cheese）

实训项目		芝士焗番茄
目的与要求		（1）通过学习制作芝士焗番茄，掌握其原料配比、加工方法、制作过程和操作要点 （2）熟知芝士焗番茄的成品特点和制作注意事项
技术理论与原理		番茄是扁圆形或圆形多汁的浆果，皮极薄，果肉丰富，其颜色可分为红色、粉色、黄色三种，此菜肴选用红色番茄，颜色火红，呈扁圆形，肉厚、汁多、味甜，质量最好 芝士即干酪，这里用的是帕尔玛干酪（Parmesan），其质地坚硬，呈奶油色或浅棕色，颗粒状，熟化期为 14 ~ 24 个月，味道非常浓郁，并带有辛辣味 焗也称为明火烤，热源一般是在原料的上方，是指将加工成熟的原料浇上各种浓少司，或用面包糠和芝士碎撒在其表面，再用明火炉烘烤至成熟、上色，并形成一层脆皮的烹调方法
实训方法	工艺流程	将番茄洗净→刀工处理→熟制处理
	操作过程及方法	（1）将番茄洗净、去蒂，撒上盐、胡椒粉、芝士片 （2）将番茄放在刷了牛油的烤盘上，放入约 200℃的明火炉中焗至熟即成
	操作要领	（1）番茄不能加工得太薄 （2）烤盘一定要刷油，以防止粘底 （3）注意明火炉的温度不能过高，以防止将番茄烤干或芝士烤焦
实训组织	教师演示	内容：芝士焗番茄 方式：操作演示 时间：30 分钟
	学生实训	内容：芝士焗番茄 分组：2 人一组 时间：30 分钟
	教师点评	小结、评分

续表

实训项目		芝士焗番茄
实训准备	场地	实操室
	工具	明火炉、分刀、砧板、不锈钢烤盘、油刷
	材料	番茄 2 个，芝士片 2 片，牛油 5 克，精盐、胡椒粉少许
思考题		（1）制作芝士焗番茄时应注意哪些问题？ （2）制作芝士焗番茄应选用哪种番茄作原料？为什么？
考核评价与成绩评定		实训成品成绩占 70%，作业成绩占 30% 学生自我评价表另附

7. 忌廉菠菜泥（Cream Spinach Puree）

实训项目		忌廉菠菜泥
目的与要求		（1）通过学习制作忌廉菠菜泥，掌握其原料配比、加工方法、制作过程和操作要点。 （2）熟知忌廉菠菜泥的成品特点和制作注意事项
技术理论与原理		菠菜按其叶片的形状可以分为圆叶和尖叶两个品种。春夏季节上市的菠菜质地较嫩，叶片大而肥厚，呈卵形或椭圆形，称为圆叶菠菜。尖叶菠菜叶片为箭头形，叶柄长、叶肉薄，含纤维素较多 选择菠菜时要选择新鲜、叶绿、根红者
实训方法	工艺流程	将菠菜洗净→焯水→打茸→过滤、煮制
	操作过程及方法	（1）将新鲜的菠菜叶去梗、去烂叶，洗净 （2）煮锅中放入清水，加入少许精盐，烧沸后放入已洗好的菠菜叶，水再沸时迅速将菠菜捞出，放入冷水中冲凉，以免菜叶发黄 （3）待菠菜叶冷却后捞出，挤干水分，放入打碎机中打碎，再过滤掉菜渣，即成泥状 （4）将忌廉放入锅中烧开，放入菠菜泥，加入精盐、胡椒粉调味，并迅速拌均匀，加入牛油拌均匀后即成
	操作要领	（1）菠菜不能在热水中煮制时间过长 （2）焯水后的菠菜要用冷水冲凉 （3）忌廉不能放入过多，以免影响菠菜泥的颜色
实训组织	教师演示	内容：忌廉菠菜泥 方式：操作演示 时间：30 分钟

续表

<table>
<tr><th colspan="2">实训项目</th><th colspan="2">忌廉菠菜泥</th></tr>
<tr><td colspan="2" rowspan="2">实训组织</td><td>学生实训</td><td>内容：忌廉菠菜泥
分组：2 人一组
时间：30 分钟</td></tr>
<tr><td>教师点评</td><td>小结、评分</td></tr>
<tr><td rowspan="3">实训准备</td><td>场地</td><td colspan="2">实操室</td></tr>
<tr><td>工具</td><td colspan="2">炉灶、分刀、漏斗、打碎机、煮锅</td></tr>
<tr><td>材料</td><td colspan="2">菠菜叶 500 克，忌廉 50 克，牛油 25 克，精盐 10 克，胡椒粉少量</td></tr>
<tr><td colspan="2">思考题</td><td colspan="2">（1）制作忌廉菠菜泥时应注意哪些问题？
（2）制作忌廉菠菜泥应选用什么类型的忌廉作为原料？为什么？</td></tr>
<tr><td colspan="2">考核评价与成绩评定</td><td colspan="2">实训成品成绩占 70%，作业成绩占 30%
学生自我评价表另附</td></tr>
</table>

8. 牛油米饭（Butter Rice）

<table>
<tr><th>实训项目</th><th colspan="2">牛油米饭</th></tr>
<tr><td>目的与要求</td><td colspan="2">（1）通过学习制作牛油米饭，掌握其原料配比、加工方法、制作过程和操作要点
（2）熟知牛油米饭的成品特点和制作注意事项</td></tr>
<tr><td>技术理论与原理</td><td colspan="2">牛油是从奶油中分离出来的油脂，分为鲜牛油和清牛油两种。鲜牛油含脂率在 85% 左右，口味香醇，可直接食用。清牛油含脂率在 97% 左右，比较耐高温，可用于烹调热菜
牛油在常温下为浅黄色固体，熔点为 28 ~ 34℃，其硬度随温度变化很大。牛油含有丰富的维生素 A、维生素 D 及无机盐，加热后熔化，并有明显的乳香味。牛油具有良好的起酥性、乳化性和一定的可塑性，但储存稳定性较差
牛油的油脂含量很高，比奶油容易保存。如长期储存应放在 −10℃的冰箱中冻藏，短期保存可放在 5℃左右的冰箱中冷藏。因牛油易氧化，所以在存放时应注意避免光线直射，且应密封保存</td></tr>
<tr><td rowspan="2">实训方法</td><td>工艺流程</td><td>清洗大米→煮制米饭→烤熟米饭</td></tr>
<tr><td>操作过程及方法</td><td>（1）将番茄、黑橄榄切成米粒大小的丁，备用
（2）将香米洗净，放入锅中，加入清水，水与米的比例为 3 ∶ 1，加入少许精盐煮熟
（3）将煮好的米饭捞出并控去水分
（4）炒锅内放入牛油，待其熔化后加入煮熟的米饭及胡椒粉、香菜末、番茄丁、黑橄榄丁搅拌均匀，将米饭炒热即可
（5）在小碗内均匀抹上一层牛油，放入炒热的米饭，用手压实，再放入烤箱烤熟，扣入盘中即成</td></tr>
</table>

续表

实训项目	牛油米饭	
实训方法	操作要领	（1）煮米饭时水不能过多 （2）烤制前要在碗内刷油，以防止粘碗底
实训组织	教师演示	内容：牛油米饭 方式：操作演示 时间：30 分钟
	学生实训	内容：牛油米饭 分组：2 人一组 时间：40 分钟
	教师点评	小结、评分
实训准备	场地	实操室
	工具	烤箱、分刀、砧板、不锈钢烤盘、油刷、小碗、煮锅、炒锅
	材料	香米 250 克，牛油 50 克，精盐 15 克，黑橄榄 20 克，番茄 50 克，胡椒粉、香菜末各少许
思考题		（1）制作牛油米饭时应注意哪些问题？ （2）制作牛油米饭最好选用什么类型的大米为原料？
考核评价与成绩评定		实训成品成绩占 70%，作业成绩占 30% 学生自我评价表另附

二、西餐基础汤制作实训

1. 牛基础汤（Beef Stock）

实训项目	牛基础汤	
目的与要求		（1）了解制作牛基础汤的工艺过程和操作要点 （2）熟知牛基础汤的成品特点和制作注意事项
技术理论与原理		牛基础汤是以牛肉、牛骨为汤料煮制成的汤类。由于牛的生长期较长，牛肉中含有较多的呈味物质和肌红蛋白，所以煮制的时间应长些，以便把汤料中的有效成分充分溶解在汤中，同时牛基础汤口味也较浓，色泽也略深。牛基础汤用途很广泛，可以调制多种汤类和少司
实训方法	工艺流程	原料初加工→冷水煮→大火煮开，去除浮沫→转小火煮 6 ~ 8 小时→过滤、冷却

续表

实训项目	牛基础汤	
实训方法	操作过程及方法	（1）将牛骨、牛小腿肉洗净，剁成长度不超过 8 厘米的块 （2）将调味蔬菜洗净，切成 3 厘米的方块 （3）将牛骨、牛小腿肉和调味蔬菜放入汤锅，放入清水和调味香料袋 （4）用旺火煮沸后转小火，清除浮沫 （5）煮 6 ～ 8 小时即成，过滤、冷却后待用
	特点	汤色清澈，气味清香
	操作要领	（1）应使用新鲜的骨头、肉类和调味蔬菜等原料。骨头、肉类原料含有核苷酸、肽、琥珀酸等鲜味成分。不新鲜的原料鲜味成分减退，而且还有异味，尤其是水产品，稍不新鲜即有腥臭味，所以不能用于煮汤 （2）要使汤料与水同步升温。制汤时要把汤料放在冷水中加热，使汤料与水同步升温，这样才能使汤料中的蛋白质等鲜味成分充分溶出。如果把汤料放在沸水中加热，汤料表面骤然受热，使蛋白质变性，原料内部的鲜味成分就不易溶出，而降低汤的鲜醇风味。另外，煮汤时水分要一次加足，中途不宜加水，因为汤料与水在共热过程中热量是均匀、持续地向内传递的，水分子也就较有规律地相互渗透。如果中途加入冷水，汤液温度突然下降，就破坏了原来的均衡状态，当温度再升高时，热量向原料内部传递，就会受到原料表层已凝固蛋白质的阻碍，汤料内部可溶性物质的外渗也将受到阻碍 （3）要掌握制汤的火力大小。火力的运用是制汤的关键，开始阶段可以用旺火，以最短的时间使汤的温度上升。当温度上升至 95℃以上时，要及时改用微火，使汤保持微沸状态即可。因为汤料中含有一些残留的血污和脂肪等，如果继续用旺火加热，就会使血污中的蛋白质分子相互撞击，并与汤中的其他杂质一起形成多分子组成的微粒悬浮在汤中。与此同时，汤中的脂肪也会因分子的撞击形成微粒，成为乳浊液，这样就使汤失去了清澈的特点。但火力过弱，汤液达不到微沸的状态，汤料中的蛋白质等鲜味成分不易溶出，也会影响汤的鲜味 （4）要及时撇去汤中的浮沫。汤中的浮沫主要是汤料中的血红蛋白和一些杂物，当水温升到 70 ～ 80℃时，蛋白质开始凝固，血红蛋白呈絮状混合其他杂质一起浮至汤面。由于汤料都是热的不良导体，所以汤料内部的温度是逐渐上升的，汤中的浮沫也随着温度的升高而逐渐增多，如不把这些浮沫及时除去，就容易形成数量众多的分子集合体而悬浮在汤中，使汤成为不透明的悬浊液 浮沫除净后，汤料中的脂肪也因温度的升高和分子撞击作用逐渐外溢，浮至汤面。如果不把这些浮油及时除去，也会因水分子的撞击作用形成大量的分子集合体而悬浮在汤中，使汤成为不透明的浮浊液

续表

<table>
<tr><th colspan="2">实训项目</th><th colspan="2">牛基础汤</th></tr>
<tr><td colspan="2">实训方法</td><td>操作要领</td><td>（5）煮汤时不要先放盐。因盐是强电解质，容易促使汤料中的蛋白质凝固，使汤料不易酥烂，鲜味成分也不易溶出。此外，溶于汤中的蛋白质都有一层水化层，可使蛋白质在溶液中保持稳定状态，过早加盐，就会剥去蛋白质表面的水化层，使蛋白质沉淀，不但影响汤汁鲜醇，还使汤色变得灰暗
（6）胡萝卜、洋葱、西芹等原料宜切成大块，以避免汤液混浊。胡萝卜、洋葱、西芹等蔬菜原料均含有天然色素，如蔬菜切得过细，容易煮烂，将天然色素溶入汤中，影响汤的清澈
（7）基础汤制成后，必须用几层过滤布将基础汤过滤，使其清澈，然后撇去汤中的浮油，防止其变味
（8）储存基础汤前，首先应将装满基础汤的桶置于流动的凉水中，使基础汤快速降温，然后再将其放入冰箱内冷藏，保存期通常为 3 天。如将基础汤冷冻储存，可存放 3 个月</td></tr>
<tr><td colspan="2" rowspan="3">实训组织</td><td>教师演示</td><td>内容：牛基础汤
方式：操作演示
时间：30 分钟</td></tr>
<tr><td>学生实训</td><td>内容：牛基础汤
分组：10 人一组
时间：40 分钟</td></tr>
<tr><td>教师点评</td><td>小结、评分</td></tr>
<tr><td rowspan="3">实训准备</td><td>场地</td><td colspan="2">实操室</td></tr>
<tr><td>工具</td><td colspan="2">燃气灶、汤锅、分刀、砧板、漏斗</td></tr>
<tr><td>材料</td><td colspan="2">牛骨 5 千克，牛小腿肉 1 千克，清水 15 千克，调味蔬菜 700 克（胡萝卜 150 克、洋葱 400 克、西芹 150 克），调味香料袋（香叶 1 片、百里香 1 根、番芫荽 5 根、丁香 2 粒、黑胡椒粒 2 克）</td></tr>
<tr><td colspan="2">思考题</td><td colspan="2">（1）制作牛基础汤在原料的选择上应注意哪些问题？
（2）制作牛基础汤时，调味蔬菜之间的比例是怎样的？</td></tr>
<tr><td colspan="2">考核评价与成绩评定</td><td colspan="2">实训成品成绩占 70%，作业成绩占 30%
学生自我评价表另附</td></tr>
</table>

2. 鱼基础汤（Fish Stock）

实训项目	鱼基础汤
目的与要求	（1）了解制作鱼基础汤的工艺过程和操作要点 （2）进一步了解白色基础汤的不同类型

续表

实训项目		鱼基础汤
技术理论与原理		鱼基础汤是用鱼或鱼骨煮制成的汤类，由于鱼组织中含有氨基酸酰胺、肌甘酸等鲜味成分，所以具有独特的鲜美气味，但鱼组织中血管分布少，血红蛋白也少，所以汤色很浅。另外，鱼组织中含的水分较多，在加热中其香味成分能很快溶入水中，所以鱼基础汤煮制的时间要短些
实训方法	工艺流程	原料初加工→冷水煮→大火煮开，去除浮沫→转小火煮 40 分钟→过滤、冷却
	操作过程及方法	（1）将鱼骨洗净、切成大段。洗净调味蔬菜，洋葱、冬葱分别切丝，鲜蘑菇切成片，西芹切成大段 （2）将鱼骨放入锅中，加入白葡萄酒，煮沸后加入清水和其余原料 （3）用旺火加热至沸腾，撇去浮沫，转小火煮 40 分钟左右 （4）在漏斗中放入叠好的过滤布过滤即成
	特点	汤色清澈，气味清香
	操作要领	（1）胡萝卜、洋葱、西芹等蔬菜原料含有天然色素，在熬制白色基础汤时常把胡萝卜去掉，而换成相同数量的鲜蘑菇，以使基础汤不产生颜色 （2）调味料中可放入柠檬去除腥味
实训组织	教师演示	内容：鱼基础汤 方式：操作演示 时间：30 分钟
	学生实训	内容：鱼基础汤 分组：10 人一组 时间：40 分钟
	教师点评	小结、评分
实训准备	场地	实操室
	工具	燃气灶、汤锅、分刀、砧板、漏斗、过滤布
	材料	鱼骨 2 千克，清水 6 升，白葡萄酒 100 毫升，调味蔬菜 300 克（洋葱 120 克，西芹、冬葱、鲜蘑菇各 60 克），调味香料袋（香叶 1 片、黑胡椒粒 1 克、百里香 1 克、番芫荽 5 克、莳萝 1 克）
思考题		（1）制作鱼基础汤时，在原料的选择上应注意哪些问题？ （2）制作鱼基础汤时，调味蔬菜之间的比例是怎样的？
考核评价与成绩评定		实训成品成绩占 70%，作业成绩占 30% 学生自我评价表另附

3. 牛褐色基础汤（Beef Brown Stock）

实训项目		牛褐色基础汤
目的与要求		（1）了解制作牛褐色基础汤的工艺过程和操作要点 （2）了解褐色基础汤的不同类型
技术理论与原理		褐色基础汤是把煮汤的原料先烤香、烤上色，然后再加水煮制成的汤类，这类汤制成后呈褐色，故称褐色基础汤，英文为 Brown Stock，也习惯称其为布朗汤。布朗汤又可分为牛布朗汤、猪布朗汤、鸡布朗汤、虾布朗汤等，分别用来制作不同类别的菜肴。例如，制作牛肉类菜肴用牛布朗汤，制作猪肉类菜肴用猪布朗汤，制作鱼虾类菜肴用虾布朗汤。但为了工作方便，在制作禽畜类菜肴时也经常使用牛布朗汤
实训方法	工艺流程	原料初加工→烤上色→大火煮开，去除浮沫→转小火煮 6 ~ 8 小时→冷却、过滤
	操作过程及方法	（1）将各种原料洗净 （2）将牛骨锯断，放在烤盘内，放入 200℃的烤炉中烘烤，定时翻动，烤成浅褐色 （3）把调味蔬菜放入烤盘内，烤成褐色取出 （4）把烤盘中牛骨和原汁、调味蔬菜、番茄膏、调味香料袋倒入汤锅内，加水后用旺火加热，沸后改为文火，并不断撇去浮油，煮 6 ~ 8 小时，经冷却、过滤即成
	操作要领	（1）烤牛骨时炉温要控制好，不要烤焦 （2）基础汤熬好后要放在室温内自然冷却后再过滤、冷藏
实训组织	教师演示	内容：牛褐色基础汤 方式：操作演示 时间：40 分钟
	学生实训	内容：牛褐色基础汤 分组：10 人一组 时间：60 分钟
	教师点评	小结、评分
实训准备	场地	实操室
	工具	燃气灶、汤锅、分刀、砧板、烤炉、烤盘、漏斗、过滤布
	材料	牛骨、调味蔬菜、清水的数量、调味香料袋与牛基础汤用料相同，番茄膏 250 克
思考题		（1）如何防止将牛骨烤焦？ （2）牛骨应如何加工？
考核评价与成绩评定		实训成品成绩占 70%，作业成绩占 30% 学生自我评价表另附

4. 虾褐色基础汤（Shrimp Brown Stock）

<table>
<tr><th colspan="2">实训项目</th><th colspan="2">虾褐色基础汤</th></tr>
<tr><td colspan="2">目的与要求</td><td colspan="2">（1）了解制作虾褐色基础汤的工艺过程和操作要点
（2）进一步了解褐色基础汤的不同类型</td></tr>
<tr><td colspan="2">技术理论与原理</td><td colspan="2">虾褐色基础汤是把煮汤的虾壳先烤香、烤上色，然后再加水煮制的汤类</td></tr>
<tr><td colspan="2" rowspan="3">实训方法</td><td>工艺流程</td><td>原料初加工→烤上色→大火煮开，去除浮沫→转小火煮 2 ~ 3 小时→冷却、过滤</td></tr>
<tr><td>操作过程及方法</td><td>（1）将牛油、虾壳放在烤盘内，放入 180℃的烤炉中烘烤，定时翻动，烤成浅褐色后淋入白兰地酒
（2）把调味蔬菜放入烤盘，烤成褐色取出
（3）把烤盘中的虾壳、油和原汁、调味蔬菜、番茄膏、香料包倒入汤锅内，加水后用旺火加热，沸后改为文火，并不断撇去浮油，煮 2 ~ 3 小时，经冷却、过滤即成</td></tr>
<tr><td>操作要领</td><td>（1）烤虾壳时应不时翻动，使其烤出均匀色泽，并注意不要将原料烤焦
（2）加入水量应充足，必须没过所有原料</td></tr>
<tr><td colspan="2" rowspan="3">实训组织</td><td>教师演示</td><td>内容：虾褐色基础汤
方式：操作演示
时间：40 分钟</td></tr>
<tr><td>学生实训</td><td>内容：虾褐色基础汤
分组：10 人一组
时间：60 分钟</td></tr>
<tr><td>教师点评</td><td>小结、评分</td></tr>
<tr><td rowspan="3">实训准备</td><td>场地</td><td colspan="2">实操室</td></tr>
<tr><td>工具</td><td colspan="2">燃气灶、汤锅、分刀、砧板、烤炉、烤盘、漏斗、过滤布</td></tr>
<tr><td>材料</td><td colspan="2">虾壳 500 克，调味蔬菜 120 克（洋葱 60 克，西芹、胡萝卜、洋大蒜各 20 克），清水 1500 克，牛油 120 克，番茄膏 100 克，白兰地酒 60 克，香料包（香叶 1 片、百里香 1 克、黑胡椒粒 2 克、莳萝 1 克）</td></tr>
<tr><td colspan="2">思考题</td><td colspan="2">（1）如何防止将虾壳烤焦？
（2）如何去除虾的腥味？</td></tr>
<tr><td colspan="2">考核评价与成绩评定</td><td colspan="2">实训成品成绩占 70%，作业成绩占 30%
学生自我评价表另附</td></tr>
</table>

三、西餐基础热少司制作实训

1. 牛奶少司（Bechamel Sauce）

实训项目	牛奶少司	
目的与要求	（1）了解制作牛奶少司的工艺过程和操作要点 （2）熟知牛奶少司的成品特点和制作注意事项 （3）了解以牛奶少司为基础制成的调味少司	
技术理论与原理	牛奶少司（Bechamel Sauce）是由牛奶、白色油面酱及调味品制成的少司 油面酱也称为面粉糊，在广东称为“面捞”，通常以 50% 熔化的油脂加上 50% 的普通面粉配制而成，用低温煸炒制成糊状，因此常被称为“面粉糊”。制作油面酱使用的油脂可以是牛油、鸡油、人造黄油或植物油，但以牛油为原料的油面酱配制的少司味道最佳，以鸡油与面粉制成的油面酱用于配制鸡肉菜肴少司，以人造黄油或植物油与面粉制成的油面酱配制的少司味道不理想。按照油面酱颜色的不同，可以将其分为白色、金黄色和褐色三种，这是由于烹调的时间长短与炉温的高低不同而形成了不同颜色的油面酱。白色油面酱用作奶油少司原料，金黄色油面酱用作白色少司原料，褐色油面酱适用于制作褐色少司。由于褐色油面酱煸炒时间过长，故它的粘连性能较差	
实训方法	工艺流程	炒制面捞→加入牛奶搅拌均匀→大火煮开，去除浮沫→转小火煮 15 ~ 30 分钟→过滤、保温
	操作过程及方法	（1）将牛油放入厚底少司锅内，用微火熔化，然后放入高筋面粉炒均匀至熟，并保持面粉本色 （2）将牛奶煮沸，逐渐倒入炒好的面粉中，用抽子不停地抽打，使其完全融合在一起，并观察其黏稠度 （3）煮沸后改用小火煮，用抽子不断地抽打 （4）将香叶和丁香插在小葱头上一起放入少司中，用小火煮 15 ~ 30 分钟，偶尔搅拌 （5）检查其黏稠度，如果需要，可再放入一些热牛奶 （6）用精盐、胡椒粉、豆蔻调味，但香料气味不要过浓，口味应清淡 （7）过滤，盖上盖子，在少司表面上放一些牛油以防止其表面干裂
	成品特点	乳白色，有光泽，60℃以上为半流体，有牛奶香味，微咸，浓香滑口
	操作要领	（1）炒面捞时的火候不能太大，以防止牛油变黑 （2）煮制少司时要不断搅拌，以防止煳锅底 （3）炒好的面捞最好放凉再使用

续表

<table>
<tr><th colspan="2">实训项目</th><th colspan="2">牛奶少司</th></tr>
<tr><td colspan="2" rowspan="3">实训组织</td><td>教师演示</td><td>内容：牛奶少司
方式：操作演示
时间：30 分钟</td></tr>
<tr><td>学生实训</td><td>内容：牛奶少司
分组：10 人一组
时间：40 分钟</td></tr>
<tr><td>教师点评</td><td>小结、评分</td></tr>
<tr><td rowspan="3">实训准备</td><td>场地</td><td colspan="2">实操室</td></tr>
<tr><td>工具</td><td colspan="2">燃气灶、少司锅、勺子、漏斗、抽子</td></tr>
<tr><td>材料</td><td colspan="2">牛油 225 克，面粉（高筋）225 克，牛奶 4 升，去皮小葱头 50 克，丁香 1 粒，香叶 1 片，精盐、胡椒粉、豆蔻各少许</td></tr>
<tr><td colspan="2">思考题</td><td colspan="2">（1）制作牛奶少司时应注意哪些问题?
（2）调制面捞时面粉和牛油之间的比例如何?
（3）以牛奶少司为基础少司可以制作多少种类型的少司?</td></tr>
<tr><td colspan="2">考核评价与成绩评定</td><td colspan="2">实训成品成绩占 70%，作业成绩占 30%
学生自我评价表另附</td></tr>
</table>

2. 车达芝士少司（Cheddar Cheese Sauce）

<table>
<tr><th>实训项目</th><th colspan="2">车达芝士少司</th></tr>
<tr><td>目的与要求</td><td colspan="2">（1）了解制作车达芝士少司的工艺过程和操作要点
（2）熟知车达芝士少司的成品特点和制作注意事项
（3）进一步了解以牛奶少司为基础制成的调味少司</td></tr>
<tr><td>技术理论与原理</td><td colspan="2">车达芝士产于英国，其表面光滑，质地坚硬，颜色有白色和橘黄色两种，熟化期为 1 ~ 12 个月。熟化期短的味香醇，熟化期长的则味浓郁
芝士的使用很有讲究。首先，芝士应当保鲜并冷藏储存。通常，硬度较大的各种芝士比硬度小的品种容易储存。质地软的各类芝士容易变质，储存期也较短。经熟化的芝士可在冷藏箱中储存数个星期，但芝士在常温下味道最佳。为了避免芝士的黏性增加，在烹调时应使用适当的火候，尽量缩短烹制时间，芝士常用的烹调温度为 60℃。在制作调味汁时，芝士是最后放入的原料。烹调芝士前应先将其切碎，这样可以使其均匀地熔化</td></tr>
<tr><td>实训方法</td><td>工艺流程</td><td>将牛奶少司煮热→加入车达芝士搅拌均匀→小火煮开→调味</td></tr>
</table>

续表

实训项目	车达芝士少司	
实训方法	操作过程及方法	（1）将牛奶少司放入锅中加热，逐渐加入车达芝士、芥末粉，并搅拌均匀 （2）用精盐、胡椒粉、辣酱油调味即成
	成品特点	浅黄色，有光泽，60℃以上为半流体，有车达芝士香味，微咸，浓香滑口
	操作要领	（1）将车达芝士最好切成碎状 （2）煮制少司时要用小火煮，并不断搅拌 （3）煮好的少司最好放在隔温水中保温
实训组织	教师演示	内容：车达芝士少司 方式：操作演示 时间：30 分钟
	学生实训	内容：车达芝士少司 分组：10 人一组 时间：40 分钟
	教师点评	小结、评分
实训准备	场地	实操室
	工具	燃气灶、少司锅、勺子、漏斗
	材料	牛奶少司 1 千克，车达芝士 250 克，芥末粉 1 克，精盐、胡椒粉少许，辣酱油（Worcetershire Sauce）10 克
思考题	（1）制作车达芝士少司时应注意哪些问题？ （2）车达芝士少司用什么方法储存？ （3）车达芝士少司可应用于哪些菜肴？	
考核评价与成绩评定	实训成品成绩占 70%，作业成绩占 30% 学生自我评价表另附	

3. 莫内少司（Mornay Sauce）

实训项目	莫内少司
目的与要求	（1）了解制作莫内少司的工艺过程和操作要点 （2）熟知莫内少司的成品特点和制作注意事项 （3）进一步了解以牛奶少司为基础制成的调味少司

续表

实训项目	莫内少司	
技术理论与原理	增稠剂是制作少司时的最基本原料之一，有许多种类。少司必须经稠化才可以产生黏性，否则，少司不会黏附在菜肴上。因此，稠化技术是制作少司的关键技术 蛋黄忌廉芡由鸡蛋黄与忌廉混合在一起构成，尽管这类芡的粘连性不如其他增稠剂，但它可以丰富少司的味道，因此它适用于少司制作的最后阶段，起调味、增稠和增加亮度三重作用	
实训方法	工艺流程	将牛奶少司煮热→加入忌廉搅拌均匀→小火煮开→调味
	操作过程及方法	（1）将牛奶少司放入锅中煮沸，逐渐加入忌廉、Swiss 和 Parmesan 芝士碎、芥末粉，并搅拌均匀 （2）离火，调入生鸡蛋黄，用精盐、胡椒粉调味即成
	成品特点	黄色，有光泽，60℃以上为半流体，有奶酪和黄芥末香味，微咸，浓香滑口
	操作要领	（1）加入忌廉时要用小火煮，并不断搅拌 （2）离火后才能加入生鸡蛋黄 （3）煮好的少司最好放在隔温水中保温
实训组织	教师演示	内容：莫内少司 方式：操作演示 时间：30 分钟
	学生实训	内容：莫内少司 分组：10 人一组 时间：40 分钟
	教师点评	小结、评分
实训准备	场地	实操室
	工具	燃气灶、少司锅、抽子、漏斗
	材料	牛奶少司 1 千克，忌廉 120 ~ 240 克，Swiss 和 Parmesan 芝士碎 250 克，芥末粉 1 克，生鸡蛋黄 2 个，精盐、胡椒粉各少许
思考题	（1）制作莫内少司时应注意哪些问题？ （2）加入忌廉时能否用大火煮沸？ （3）能否在煮沸的少司中立即加入鸡蛋黄？	
考核评价与成绩评定	实训成品成绩占 70%，作业成绩占 30% 学生自我评价表另附	

4. 番红花奶油少司（Saffron Cream Sauce）

<table>
<tr><th colspan="2">实训项目</th><th>番红花奶油少司</th></tr>
<tr><td colspan="2">目的与要求</td><td>（1）了解制作番红花奶油少司的工艺过程和操作要点
（2）熟知番红花奶油少司的成品特点和制作注意事项
（3）进一步了解以牛奶少司为基础制成的调味少司</td></tr>
<tr><td colspan="2">技术理论与原理</td><td>番红花是世界上最贵的香料，其花柱为橘黄色，使用时量不宜太多，否则会有药味
白葡萄酒（White Wine）是用青黄色的葡萄为原料酿制而成，由于在酿造过程中去除了果皮，所以颜色较浅。白葡萄酒干型的较多，清冽爽口，适宜吃海鲜类菜肴时饮用。白葡萄酒在西餐烹调中使用广泛，常用于烹制海鲜、牛仔肉、鸡肉等白汁类菜式，能去除原料的不良气味，突出其鲜美的原味，如白葡萄酒青口、白葡萄酒汁石斑等。烹调时最好选用干型白葡萄酒，因其含有较高的酸度，调制成的菜肴格外清香</td></tr>
<tr><td rowspan="4">实训方法</td><td>工艺流程</td><td>将番红花和白葡萄酒煮开→牛奶少司煮热，加入忌廉搅拌均匀→小火煮开→调味</td></tr>
<tr><td>操作过程及方法</td><td>（1）将番红花用白葡萄酒煮出色
（2）将牛奶少司放入锅中煮沸，逐渐加入奶油和（1）中的原料，并搅拌均匀
（3）用精盐、胡椒粉调味即成</td></tr>
<tr><td>成品特点</td><td>黄色，有光泽，60℃以上为半流体，有番红花的香味，微咸，浓香滑口</td></tr>
<tr><td>操作要领</td><td>（1）先用白葡萄酒浸泡番红花一会儿，之后再煮味道会更好
（2）最好选用干型白葡萄酒
（3）煮好的少司最好放在隔温水中保温</td></tr>
<tr><td rowspan="3">实训组织</td><td>教师演示</td><td>内容：番红花奶油少司
方式：操作演示
时间：30 分钟</td></tr>
<tr><td>学生实训</td><td>内容：番红花奶油少司
分组：10 人一组
时间：40 分钟</td></tr>
<tr><td>教师点评</td><td>小结、评分</td></tr>
<tr><td rowspan="3">实训准备</td><td>场地</td><td>实操室</td></tr>
<tr><td>工具</td><td>燃气灶、少司锅、勺子、漏斗</td></tr>
<tr><td>材料</td><td>番红花 1 克，牛奶少司 200 克，奶油 100 克，白葡萄酒 100 克，精盐、胡椒粉各少许</td></tr>
</table>

续表

实训项目	番红花奶油少司
思考题	（1）制作番红花奶油少司时应注意哪些问题？ （2）番红花奶油少司的颜色标准是什么？
考核评价与成绩评定	实训成品成绩占 70%，作业成绩占 30% 学生自我评价表另附

5. 白色牛少司（Beef Veloute Sauce）

<table>
<tr><th>实训项目</th><th colspan="2">白色牛少司</th></tr>
<tr><td>目的与要求</td><td colspan="2">（1）了解制作白色牛少司的工艺过程和操作要点
（2）熟知白色牛少司的成品特点和制作注意事项
（3）了解以白色少司为基础制成的调味少司</td></tr>
<tr><td>技术理论与原理</td><td colspan="2">白色少司（Veloute Sauce）是由白色牛原汤（白色鸡原汤或白色鱼原汤）加上白色或金黄色的油面酱及调味品制成的少司</td></tr>
<tr><td rowspan="4">实训方法</td><td>工艺流程</td><td>炒制面捞→加入牛基础汤，搅拌均匀→大火煮开，去除浮沫→转小火煮 60 分钟→过滤、保温</td></tr>
<tr><td>操作过程及方法</td><td>（1）将牛油放入厚底少司锅内，用微火熔化，然后放入高筋面粉，炒均匀至浅黄色，晾凉
（2）将白色牛基础汤逐渐倒入炒好的面粉中，并用抽子不停地抽打，使其完全融合在一起，并观察其黏稠度
（3）煮沸后改用小火煮，用抽子不断地抽打
（4）将香叶和丁香插在小葱头上一起放入少司中，用小火煮 1 小时，偶尔搅拌
（5）检查其黏稠度，如果需要，可再放一些白色牛基础汤
（6）过滤，盖上盖子，在少司表面放一些牛油以防止其表面干裂。使用时应保持其热度</td></tr>
<tr><td>成品特点</td><td>浅黄色，有光泽，60℃以上为半流体，有面粉的清香味，微咸，浓香滑口</td></tr>
<tr><td>操作要领</td><td>（1）炒面捞的火候不能太大，以防止牛油变黑
（2）煮制少司时要不停地搅拌，以防止煳锅底
（3）炒好的面捞最好放凉再使用
（4）香叶和丁香不能放多，否则会影响少司的风味</td></tr>
<tr><td>实训组织</td><td>教师演示</td><td>内容：白色牛少司
方式：操作演示
时间：30 分钟</td></tr>
</table>

续表

实训项目	白色牛少司	
实训组织	学生实训	内容：白色牛少司 分组：10 人一组 时间：40 分钟
	教师点评	小结、评分
实训准备	场地	实操室
	工具	燃气灶、少司锅、抽子、漏斗
	材料	牛油 225 克，面粉（高筋）225 克，白色牛基础汤 4 升，去皮小葱头 50 克，丁香 1 粒，香叶 1 片
思考题	（1）制作白色牛少司时应注意哪些问题？ （2）如何更好地调制面捞？ （3）以白色少司为基础少司可以制作多少种类型的少司？	
考核评价与成绩评定	实训成品成绩占 70%，作业成绩占 30% 学生自我评价表另附	

6. 咖喱少司（Curry Sauce）

实训项目	咖喱少司	
目的与要求	（1）了解制作咖喱少司的工艺过程和操作要点 （2）熟知咖喱少司的成品特点和制作注意事项 （3）进一步了解以白色少司为基础制成的调味少司	
技术理论与原理	咖喱是由不同辛香料混合调制成的复合调味品，咖喱的味道完全取决于制造者使用的辛香味	
实训方法	工艺流程	切配各种原料→炒制各种原料→加入基础汤，大火煮开→转小火熬煮 3 ~ 4 小时→调制少司
	操作过程及方法	（1）将油咖喱、咖喱粉、黄姜粉用盛器装好待用 （2）将蒜肉、老姜（去皮、洗净）、洋葱、红辣椒洗净后，分别剁成细粒 （3）将苹果去皮、去籽，香蕉去皮，柠檬切开，马铃薯洗净，番茄切开待用 （4）用油依次将洋葱、蒜肉、老姜、红辣椒炒至够香 （5）加入油咖喱、咖喱粉、黄姜粉略炒 （6）用煲盛好，加入鸡基础汤上炉熬煮。熬煮时，将苹果、香蕉、柠檬、马铃薯、香叶、番茄等一起加入煮沸后，移至慢火上熬煮 3 ~ 4 小时 （7）用漏斗连同熬煮的原料一起压挤过滤

续表

实训项目	咖喱少司	
实训方法	操作过程及方法	（8）撇出熬煮后在汤面的浮油（咖喱油） （9）将白色牛少司（或白色鸡少司）加入咖喱汤内，待煮沸后，再用慢火将咖喱汁熬煮至稠滑，加入椰汁和忌廉搅拌均匀，用精盐、砂糖调味后即成
	成品特点	黄色，有光泽，60℃以上为半流体，有咖喱的辛香味，微咸、辣，浓香滑口
	操作要领	（1）炒制咖喱配料时火候不能太大，以防止炒焦 （2）煮制咖喱香料时，要不停地搅拌，以防止煳锅底 （3）撇出煮好的咖喱汤面上的浮油，另做其他用途
实训组织	教师演示	内容：咖喱少司 方式：操作演示 时间：30 分钟
	学生实训	内容：咖喱少司 分组：10 人一组 时间：40 分钟
	教师点评	小结、评分
实训准备	场地	实操室
	工具	燃气灶、少司锅、木铲、漏斗、剁刀、砧板
	材料	白色牛少司（或白色鸡少司）1 千克，忌廉 120 毫升，油咖喱约 100 克，咖喱粉 300 克，黄姜粉约 200 克，蒜肉 250 克，老姜 500 克，洋葱 500 克，红辣椒 500 克（辣的），番茄 300 克，苹果 500 克，香蕉 250 克，柠檬 100 克，香叶 6 片，马铃薯 1 千克（去皮），椰汁 500 克，鸡基础汤约 6 千克，精盐、砂糖适量
思考题	（1）制作咖喱少司时应注意哪些问题？ （2）咖喱少司适合与哪些类型的菜肴搭配？	
考核评价与成绩评定	实训成品成绩占 70%，作业成绩占 30% 学生自我评价表另附	

7. 龙虾奶油少司（Lobster Cream Sauce）

实训项目	龙虾奶油少司
目的与要求	（1）了解制作龙虾奶油少司的工艺过程和操作要点 （2）熟知龙虾奶油少司的成品特点和制作注意事项 （3）进一步了解以白色少司为基础制成的调味少司

续表

<table>
<tr><th colspan="2">实训项目</th><th colspan="2">龙虾奶油少司</th></tr>
<tr><td colspan="2">技术理论与原理</td><td colspan="2">龙虾油是把龙虾壳、香料、调味蔬菜先烤香、烤上色，再加入少量的水和白兰地酒烤制后经过滤得到的油
白色少司（Veloute Sauce）由白色鱼原汤加上白色或金黄色的油面酱及调味品制成的少司</td></tr>
<tr><td colspan="2" rowspan="4">实训方法</td><td>工艺流程</td><td>烤制龙虾油→调制少司</td></tr>
<tr><td>操作过程及方法</td><td>（1）把龙虾壳、切碎的调味蔬菜（洋葱、胡萝卜、西芹）、香叶、迷迭香、牛油放入烤箱烤上色，然后加入少量的清水和白兰地酒，再烤 30 分钟取出，将虾油过滤备用
（2）在白色鱼少司中加入虾油、忌廉搅拌均匀并煮开即成</td></tr>
<tr><td>成品特点</td><td>浅红色，60℃以上为半流体，有龙虾的香味，咸鲜，口感细腻、滑口</td></tr>
<tr><td>操作要领</td><td>（1）烤制龙虾油时炉温不能过高，以防止烤焦
（2）煮制少司时要不断地搅拌，以防止煳锅底
（3）加入的龙虾油不能过多</td></tr>
<tr><td colspan="2" rowspan="3">实训组织</td><td>教师演示</td><td>内容：龙虾奶油少司
方式：操作演示
时间：30 分钟</td></tr>
<tr><td>学生实训</td><td>内容：龙虾奶油少司
分组：10 人一组
时间：40 分钟</td></tr>
<tr><td>教师点评</td><td>小结、评分</td></tr>
<tr><td rowspan="3">实训准备</td><td>场地</td><td colspan="2">实操室</td></tr>
<tr><td>工具</td><td colspan="2">燃气灶、少司锅、漏斗、烤盘、烤箱</td></tr>
<tr><td>材料</td><td colspan="2">白色鱼少司 500 克，忌廉 100 克，龙虾壳 300 克，调味蔬菜（洋葱 100 克、胡萝卜 50 克、西芹 50 克），香叶 1 片，迷迭香 2 克，牛油 100 克，白兰地酒 20 克，清水适量</td></tr>
<tr><td colspan="2">思考题</td><td colspan="2">（1）制作龙虾奶油少司时应注意哪些问题？
（2）龙虾奶油少司适合与哪些类型的菜肴搭配？</td></tr>
<tr><td colspan="2">考核评价与成绩评定</td><td colspan="2">实训成品成绩占 70%，作业成绩占 30%
学生自我评价表另附</td></tr>
</table>

8. 褐色少司（Brown Sauce 或 Espagnole）

实训项目	褐色少司	
目的与要求	（1）了解制作褐色少司的工艺过程和操作要点 （2）熟知褐色少司的成品特点和制作注意事项 （3）了解以褐色少司为基础制成的调味少司	
技术理论与原理	褐色少司是由褐色牛原汤加上浅褐色的油面酱及调味品制成的少司	
实训方法	工艺流程	炒制原料→加入褐色基础汤后大火煮开，去除浮沫→转小火熬煮 1 ~ 2 小时→调制少司
	操作过程及方法	（1）用牛油将洋葱、胡萝卜、西芹炒成金黄色 （2）将高筋面粉倒入炒好的调味蔬菜中，用中火继续炒至面粉呈浅褐色，加入番茄酱炒至呈深红色 （3）把炒好的调味蔬菜、香料袋放入褐色基础汤中煮开后，撇去浮沫，用微火煮 1 ~ 2 小时 （4）过滤，盖上盖子，在少司表面放一些牛油，以防止其表面干裂。使用时应保持其热度
	成品特点	棕褐色，有一定浓度，近似流体，浓香，微咸、酸，口感细腻、滑口
	操作要领	（1）炒制调味蔬菜时火候不能太大，以防止炒过火 （2）番茄酱要炒过，以去除其过多的酸味 （3）水要一次性加充足，最好不要中途加水
实训组织	教师演示	内容：褐色少司 方式：操作演示 时间：30 分钟
	学生实训	内容：褐色少司 分组：10 人一组 时间：40 分钟
	教师点评	小结、评分
实训准备	场地	实操室
	工具	燃气灶、少司锅、漏斗
	材料	褐色基础汤 6 升，调味蔬菜（洋葱、胡萝卜、西芹）500 克，番茄酱 250 克，牛油 200 克，面粉（高筋）200 克，香料袋（香叶 1 片、百里香 1 克、番芫荽梗 5 根）

续表

实训项目	褐色少司
思考题	（1）制作褐色少司时应注意哪些问题？ （2）褐色少司适合与哪些类型的菜肴搭配？ （3）以褐色少司为基础少司可以制作多少种类型的少司？
考核评价与成绩评定	实训成品成绩占70%，作业成绩占30% 学生自我评价表另附

9. 烧汁（Gravy）

<table>
<tr><th colspan="2">实训项目</th><th colspan="2">烧汁</th></tr>
<tr><td colspan="2">目的与要求</td><td colspan="2">（1）了解制作烧汁的工艺过程和操作要点
（2）熟知烧汁的成品特点和制作注意事项
（3）进一步了解以褐色少司为基础制成的调味少司</td></tr>
<tr><td colspan="2">技术理论与原理</td><td colspan="2">烧汁是长时间用小火将烤香的牛骨、肉和基础汤熬浓缩后制成的少司，可使肉汁味道更浓郁，增加稠度
烧汁味醇厚、浓郁，冷却后呈凝固状，热时呈半流体，是常用于烧烤菜肴的少司</td></tr>
<tr><td colspan="2" rowspan="4">实训方法</td><td>工艺流程</td><td>烤制原料→加入褐色少司大火煮开，去除浮沫→转小火熬煮4小时→调制少司</td></tr>
<tr><td>操作过程及方法</td><td>（1）在褐色少司内加入烤成褐色的牛骨（鸡骨）、牛腱子肉等
（2）用小火熬成浓稠的汁液后过滤即成</td></tr>
<tr><td>成品特点</td><td>深棕色，60℃以上为半流体，浓香，微咸，口感细腻、滑口</td></tr>
<tr><td>操作要领</td><td>（1）褐色少司不能加入过多，要按配方要求加入
（2）在熬煮过程中应用勺子搅拌，以防止煳锅底
（3）凉后的烧汁应是胶状的</td></tr>
<tr><td colspan="2" rowspan="3">实训组织</td><td>教师演示</td><td>内容：烧汁
方式：操作演示
时间：30分钟</td></tr>
<tr><td>学生实训</td><td>内容：烧汁
分组：10人一组
时间：40分钟</td></tr>
<tr><td>教师点评</td><td>小结、评分</td></tr>
<tr><td rowspan="3">实训准备</td><td>场地</td><td colspan="2">实操室</td></tr>
<tr><td>工具</td><td colspan="2">燃气灶、少司锅、勺子、漏斗</td></tr>
<tr><td>材料</td><td colspan="2">褐色少司1千克，牛骨、牛腱子肉各500克</td></tr>
</table>

续表

实训项目	烧汁
思考题	（1）制作烧汁时应注意哪些问题？ （2）烧汁适合与哪些类型的菜肴搭配？ （3）如何保存烧汁？
考核评价与成绩评定	实训成品成绩占 70%，作业成绩占 30% 学生自我评价表另附

10. 蜂蜜少司（Honey Sauce）

实训项目		蜂蜜少司
目的与要求		（1）了解制作蜂蜜少司的工艺过程和操作要点 （2）熟知蜂蜜少司的成品特点和制作注意事项 （3）进一步了解以褐色少司为基础制成的调味少司
技术理论与原理		糖类在没有氨基化合物存在的条件下，加热熔化后，如温度继续升高，则会变成黑褐色的焦糖，这个过程称为焦糖化反应，是食品行业中熬制糖色的过程。如果在加热的同时有氨基化合物存在，则发生羰氨反应，是食物产生非酶褐变的一种反应 蜂蜜少司常用于制作丁香烤火腿
实训方法	工艺流程	炒糖色→加入褐色少司大火煮开，去除浮沫→转小火熬煮→调制少司
	操作过程及方法	（1）用煎锅把糖炒成糖色 （2）加入褐色少司，调入蜂蜜并放入火腿片，用微火煮出味即成
	成品特点	深褐色，60℃以上为半流体，浓香，微甜，口感细腻、滑口
	操作要领	（1）炒糖色时火候不能太大，否则糖色不好 （2）蜂蜜的调入量应看少司的量
实训组织	教师演示	内容：蜂蜜少司 方式：操作演示 时间：30 分钟
	学生实训	内容：蜂蜜少司 分组：10 人一组 时间：40 分钟
	教师点评	小结、评分
实训准备	场地	实操室
	工具	燃气灶、少司锅、木铲、煎锅
	材料	褐色少司 1 千克，蜂蜜 100 克，火腿片 100 克，糖适量

续表

实训项目	蜂蜜少司
思考题	（1）制作蜂蜜少司时应注意哪些问题？ （2）蜂蜜少司适合与哪种类型的菜肴搭配？ （3）如何炒制糖色？
考核评价与成绩评定	实训成品成绩占 70%，作业成绩占 30% 学生自我评价表另附

11. 蘑菇少司（Mushroom Sauce）

实训项目		蘑菇少司
目的与要求		（1）了解制作蘑菇少司的工艺过程和操作要点 （2）熟知蘑菇少司的成品特点和制作注意事项 （3）进一步了解以褐色少司为基础制成的调味少司
技术理论与原理		蘑菇的形状为半球形，边缘内卷，菌伞不张开，颜色呈白色或淡黄色。蘑菇按产期的不同可分为冬菇、花菇和薄菇 冬菇产于冬季，菌盖比花菇大，背面凸起，伞边下卷，无花纹，菇肉厚，故又称厚菇，质量较花菇差 花菇是冬季雪后初晴的产品，菇肉厚，质地嫩，香味浓郁，因表面有花纹而被称为花菇，质量最好 薄菇，顾名思义，是因为菌面薄平而得名，也叫平菇，产于春季，较老，味淡，属下品 蘑菇营养丰富，蛋白质含量高于一般蔬菜，在西餐烹调中经常用来作少司或配菜。选用时以菇形完整均匀，菇肉厚、质地脆嫩，色泽洁白、味香浓者为优质品
实训方法	工艺流程	炒香原料→加入褐色少司大火煮，去除浮沫→转小火熬煮 30 分钟左右→调制少司
	操作过程及方法	（1）用牛油将洋葱碎、蒜碎炒香，加入蘑菇片炒至软熟，烹入红葡萄酒微煮一会儿 （2）加入褐色少司，用小火煮 30 分钟左右，熬成浓稠的汁 （3）用胡椒粉、精盐调味即成
	成品特点	棕褐色，有一定的浓度，近似流体，蘑菇香味浓郁，微咸回甘，口感细腻、滑口，蘑菇爽口
	操作要领	（1）先炒洋葱碎后炒蒜碎 （2）调入红葡萄酒后一定要收汁
实训组织	教师演示	内容：蘑菇少司 方式：操作演示 时间：30 分钟

续表

实训项目	蘑菇少司	
实训组织	学生实训	内容：蘑菇少司 分组：10 人一组 时间：40 分钟
	教师点评	小结、评分
实训准备	场地	实操室
	工具	燃气灶、少司锅、木铲
	材料	褐色少司 1 千克，红葡萄酒 50 克，牛油 30 克，蒜头 30 克，洋葱 30 克，蘑菇片 100 克，胡椒粉、精盐适量
思考题	（1）制作蘑菇少司时应注意哪些问题？ （2）蘑菇少司适合与哪种类型的菜肴搭配？ （3）如何选择蘑菇？	
考核评价与成绩评定	实训成品成绩占 70%，作业成绩占 30% 学生自我评价表另附	

12. 迷迭香少司（Rosemarry Sauce）

实训项目	迷迭香少司	
目的与要求	（1）了解制作迷迭香少司的工艺过程和操作要点 （2）熟知迷迭香少司的成品特点和制作注意事项 （3）进一步了解以褐色少司为基础制成的调味少司	
技术理论与原理	迷迭香产于法国、西班牙及葡萄牙，起源于地中海，现被广泛种植于欧洲和美国。从其花、叶、茎都可以提取芳香油，其茎、叶也可用于调味，但用量不要太多，以免味道过浓而有苦味。迷迭香少司常用于配烤鸡	
实训方法	工艺流程	将褐色少司煮开→放入迷迭香等原料煮出味→调制少司
	操作过程及方法	（1）先将褐色少司煮开 （2）加入烤鸡原汁，再放入鲜迷迭香、红葡萄酒煮沸并调味即成
	成品特点	深褐色，有一定的浓度，近似流体，迷迭香味浓郁，微咸回甘，口感细腻、滑口
	操作要领	（1）迷迭香不能放得太多 （2）最好选用干型红葡萄酒

续表

<table>
<tr><th colspan="2">实训项目</th><th colspan="2">迷迭香少司</th></tr>
<tr><td colspan="2" rowspan="3">实训组织</td><td>教师演示</td><td>内容：迷迭香少司
方式：操作演示
时间：30 分钟</td></tr>
<tr><td>学生实训</td><td>内容：迷迭香少司
分组：10 人一组
时间：40 分钟</td></tr>
<tr><td>教师点评</td><td>小结、评分</td></tr>
<tr><td rowspan="3">实训准备</td><td>场地</td><td colspan="2">实操室</td></tr>
<tr><td>工具</td><td colspan="2">燃气灶、少司锅、漏斗、勺子</td></tr>
<tr><td>材料</td><td colspan="2">褐色少司 1 千克，红葡萄酒 50 克，迷迭香 30 克，烤鸡原汁 100 克，精盐、胡椒粉适量</td></tr>
<tr><td colspan="2">思考题</td><td colspan="2">（1）制作迷迭香少司时应注意哪些问题？
（2）迷迭香少司适合与哪种类型的菜肴搭配？
（3）干的迷迭香与鲜的迷迭香有什么区别？</td></tr>
<tr><td colspan="2">考核评价与成绩评定</td><td colspan="2">实训成品成绩占 70%，作业成绩占 30%
学生自我评价表另附</td></tr>
</table>

13. 红酒少司（Red Wine Sauce）

<table>
<tr><th>实训项目</th><th colspan="2">红酒少司</th></tr>
<tr><td>目的与要求</td><td colspan="2">（1）了解制作红酒少司的工艺过程和操作要点
（2）熟知红酒少司的成品特点和制作注意事项
（3）进一步了解以褐色少司为基础制成的调味少司</td></tr>
<tr><td>技术理论与原理</td><td colspan="2">红葡萄酒（Red wine）简称红酒，是用颜色较深的红葡萄或紫葡萄酿造而成的。由于酿造时果汁、果皮一起发酵，所以红酒颜色较深。红酒分为甜型和干型两种，西餐烹调中多使用干型红酒，且在制作肉类、禽类及野味类菜肴中使用非常普遍，可去除原料中不良的气味，增加菜肴的浓香味。红酒不宜与鱼类、蛋品及鲜蚝等原料搭配。红酒少司常用于配牛扒</td></tr>
<tr><td rowspan="2">实训方法</td><td>工艺流程</td><td>用牛油炒香洋葱碎→放入红葡萄酒收汁→调入褐色少司煮开→调制少司</td></tr>
<tr><td>操作过程及方法</td><td>（1）用牛油将洋葱碎炒香
（2）加入红葡萄酒煮开，收汁至 1/2 时，加入褐色少司，用精盐、胡椒粉调味即成</td></tr>
</table>

续表

实训项目		红酒少司
实训方法	成品特点	棕红色，有一定的浓度，近似流体，红酒香味浓郁，微咸、酸，口感细腻、滑口，有红酒的涩口感
	操作要领	（1）洋葱不能炒得太干 （2）红葡萄酒的量一定要够
实训组织	教师演示	内容：红酒少司 方式：操作演示 时间：30 分钟
	学生实训	内容：红酒少司 分组：10 人一组 时间：40 分钟
	教师点评	小结、评分
实训准备	场地	实操室
	工具	燃气灶、少司锅、木铲
	材料	褐色少司 1 千克，红葡萄酒 200 克，洋葱碎 30 克，牛油 30 克，精盐、胡椒粉适量
思考题		（1）制作红酒少司时应注意哪些问题？ （2）红酒少司适合与哪种类型的菜肴搭配？ （3）甜型红葡萄酒与干型红葡萄酒的区别及应用有哪些？
考核评价与成绩评定		实训成品成绩占 70%，作业成绩占 30% 学生自我评价表另附

14. 黑胡椒少司（Black Pepper Sauce）

实训项目		黑胡椒少司
目的与要求		（1）了解制作黑胡椒少司的工艺过程和操作要点 （2）熟知黑胡椒少司的成品特点和制作注意事项 （3）进一步了解以褐色少司为基础制成的调味少司
技术理论与原理		胡椒按品质及加工方法的不同可分为黑胡椒（Black Pepper）和白胡椒（White Pepper）。黑胡椒是用未成熟的或是行将落下的果实，经堆放发酵，再经曝晒，使其表皮皱缩变黑而成。白胡椒是用成熟的果实，经冲洗、去除外皮、洗净晒干而成。优质的胡椒颗粒均匀、硬实，香味浓烈。黑胡椒少司常用于煎肉扒
实训方法	工艺流程	用牛油炒香洋葱碎、蒜碎→放入黑胡椒碎、红葡萄酒收汁→调入褐色少司煮开→调制少司

续表

<table>
<tr><th colspan="2">实训项目</th><th colspan="2">黑胡椒少司</th></tr>
<tr><td colspan="2" rowspan="3">实训方法</td><td>操作过程及方法</td><td>（1）用牛油将洋葱碎、蒜碎炒香
（2）加入黑胡椒碎，炒香后烹入白兰地酒点燃，再加入红葡萄酒煮沸
（3）加入褐色少司煮沸后，再加入忌廉调剂浓度即成</td></tr>
<tr><td>成品特点</td><td>浅黑色，有一定的浓度，近似流体，黑胡椒味浓郁，微咸辣回甘，口感细腻，有黑胡椒碎的颗粒感</td></tr>
<tr><td>操作要领</td><td>（1）加入黑胡椒碎时火候不能太大，否则煮出来的汁颜色较黑
（2）一定要让白兰地酒充分燃烧
（3）最后调入的忌廉不能过多，并且要在离火的情况下调入</td></tr>
<tr><td colspan="2" rowspan="3">实训组织</td><td>教师演示</td><td>内容：黑胡椒少司
方式：操作演示
时间：30 分钟</td></tr>
<tr><td>学生实训</td><td>内容：黑胡椒少司
分组：10 人一组
时间：40 分钟</td></tr>
<tr><td>教师点评</td><td>小结、评分</td></tr>
<tr><td rowspan="3">实训准备</td><td>场地</td><td colspan="2">实操室</td></tr>
<tr><td>工具</td><td colspan="2">燃气灶、少司锅、漏斗、木铲</td></tr>
<tr><td>材料</td><td colspan="2">褐色少司 1 千克，红葡萄酒 200 克，洋葱碎 30 克，蒜碎 30 克，白兰地酒 20 克，黑胡椒碎 60 克，牛油 30 克，忌廉适量</td></tr>
<tr><td colspan="2">思考题</td><td colspan="2">（1）制作黑胡椒少司时应注意哪些问题？
（2）黑胡椒少司适合与哪种类型的菜肴搭配？
（3）如何才能使白兰地酒烹调时点燃？</td></tr>
<tr><td colspan="2">考核评价与成绩评定</td><td colspan="2">实训成品成绩占 70%，作业成绩占 30%
学生自我评价表另附</td></tr>
</table>

15. 番茄少司（Tomato Sauce）

实训项目	番茄少司
目的与要求	（1）了解制作番茄少司的工艺过程和操作要点 （2）熟知番茄少司的成品特点和制作注意事项 （3）了解以番茄少司为基础制成的调味少司

续表

<table>
<tr><th colspan="2">实训项目</th><th colspan="2">番茄少司</th></tr>
<tr><td colspan="2">技术理论与原理</td><td colspan="2">番茄少司是由褐色牛原汤加上番茄酱，适量加入褐色油面酱及调味品制成的少司
番茄酱由红透的番茄搅碎熬煮，然后酌量加入食用色素制成。品质好的番茄酱浓度适中，细腻无杂质</td></tr>
<tr><td colspan="2" rowspan="4">实训方法</td><td>工艺流程</td><td>鲜番茄去皮、去籽、打碎→用牛油炒香洋葱碎、蒜碎→调入番茄汁→小火煮 30 分钟左右→调制少司</td></tr>
<tr><td>操作过程及方法</td><td>（1）将番茄洗净，在沸水中氽一下捞出，去皮去蒂去籽，用粉碎机打碎
（2）将洋葱和蒜头切碎，用色拉油炒香，加入番茄酱炒出色，加入高筋面粉炒透后再加入番茄汁，用抽子搅匀，然后加入其余调料，在小火上煮 30 分钟左右即成</td></tr>
<tr><td>成品特点</td><td>艳红色，半流体，浓香，酸甜，口感细腻，有新鲜番茄的颗粒感</td></tr>
<tr><td>操作要领</td><td>（1）要选用比较熟的番茄
（2）调入的面粉不宜过多
（3）应用小火煮浓汁</td></tr>
<tr><td colspan="2" rowspan="3">实训组织</td><td>教师演示</td><td>内容：番茄少司
方式：操作演示
时间：30 分钟</td></tr>
<tr><td>学生实训</td><td>内容：番茄少司
分组：10 人一组
时间：40 分钟</td></tr>
<tr><td>教师点评</td><td>小结、评分</td></tr>
<tr><td rowspan="3">实训准备</td><td>场地</td><td colspan="2">实操室</td></tr>
<tr><td>工具</td><td colspan="2">燃气灶、少司锅、抽子、漏斗</td></tr>
<tr><td>材料</td><td colspan="2">番茄 500 克，番茄酱 60 克，色拉油 20 克，面粉（高筋）20 克，洋葱 60 克，蒜头 20 克，糖 10 克，香料袋（百里香 1 克、罗勒 1 克、香叶 2 片），精盐、胡椒粉适量</td></tr>
<tr><td colspan="2">思考题</td><td colspan="2">（1）制作番茄少司时应注意哪些问题？
（2）番茄的去皮方法是怎样的？
（3）如何选择番茄？</td></tr>
<tr><td colspan="2">考核评价与成绩评定</td><td colspan="2">实训成品成绩占 70%，作业成绩占 30%
学生自我评价表另附</td></tr>
</table>

16. 荷兰少司（Hollandasie Sauce）

<table>
<tr><th colspan="2">实训项目</th><th colspan="2">荷兰少司</th></tr>
<tr><td colspan="2">目的与要求</td><td colspan="2">（1）了解制作荷兰少司的工艺过程和操作要点
（2）熟知荷兰少司的成品特点和制作注意事项</td></tr>
<tr><td colspan="2">技术理论与原理</td><td colspan="2">蛋黄中的卵磷脂是良好的乳化剂，可使油和水结合在一起
牛油在常温下为浅黄色固体，熔点为 28 ～ 34℃，硬度随温度变化很大</td></tr>
<tr><td colspan="2" rowspan="4">实训方法</td><td>工艺流程</td><td>将蛋黄放入少司锅→慢慢加入清牛油抽打→调入调味品→保存少司</td></tr>
<tr><td>操作过程及方法</td><td>（1）将蛋黄放入少司锅内，再把少司锅放在 50℃左右的热水内，用抽子搅打蛋黄至起泡后，逐渐加入温热的清牛油，并不断搅拌使之融为一体
（2）调入精盐、胡椒粉、柠檬汁、温水搅匀，置于温热处保存即成</td></tr>
<tr><td>成品特点</td><td>浅黄色，膏状，口味清香，黄油味浓郁，微咸、酸，口感细腻</td></tr>
<tr><td>操作要领</td><td>（1）必须选用清牛油
（2）隔热水的温度不能过高或过低
（3）要边搅打边加油，不能一次性加入油过多</td></tr>
<tr><td colspan="2" rowspan="3">实训组织</td><td>教师演示</td><td>内容：荷兰少司
方式：操作演示
时间：30 分钟</td></tr>
<tr><td>学生实训</td><td>内容：荷兰少司
分组：10 人一组
时间：40 分钟</td></tr>
<tr><td>教师点评</td><td>小结、评分</td></tr>
<tr><td rowspan="3">实训准备</td><td>场地</td><td colspan="2">实操室</td></tr>
<tr><td>工具</td><td colspan="2">燃气灶、少司锅、勺子、抽子</td></tr>
<tr><td>材料</td><td colspan="2">清牛油 450 克，鸡蛋黄 6 个，温水 50 克，柠檬汁、精盐、胡椒粉适量</td></tr>
<tr><td colspan="2">思考题</td><td colspan="2">（1）制作荷兰少司时应注意哪些问题?
（2）制备清牛油的方法是怎样的?
（3）如何保存荷兰少司?</td></tr>
<tr><td colspan="2">考核评价与成绩评定</td><td colspan="2">实训成品成绩占 70%，作业成绩占 30%
学生自我评价表另附</td></tr>
</table>

17. 红椒少司（Paprika Sauce）

<table>
<tr><th colspan="2">实训项目</th><th colspan="2">红椒少司</th></tr>
<tr><td colspan="2">目的与要求</td><td colspan="2">（1）了解制作红椒少司的工艺过程和操作要点
（2）熟知红椒少司的成品特点和制作注意事项</td></tr>
<tr><td colspan="2">技术理论与原理</td><td colspan="2">蔬菜、水果少司是现代人为追求健康、提倡素食而兴起的一类少司，是以蔬菜或水果为主料，用打碎机打成汁状制成的，这类少司主要用于配各种蔬菜类菜肴，也可以配禽肉类菜肴</td></tr>
<tr><td colspan="2" rowspan="4">实训方法</td><td>工艺流程</td><td>将蔬菜扒软、去皮→放入打碎机打成浓汁→保存少司</td></tr>
<tr><td>操作过程及方法</td><td>（1）将红色甜圆椒放在扒炉上扒至外皮变软，然后剥去外皮
（2）将去皮的红色甜圆椒及所有调料放入打碎机内，搅打成浓汁后调味即成</td></tr>
<tr><td>成品特点</td><td>鲜红色，半流体，鲜香，咸酸微辣，口感细腻、滑爽</td></tr>
<tr><td>操作要领</td><td>（1）必须选用鲜嫩的红色甜圆椒
（2）扒红色甜圆椒时最好用暗火炉
（3）打好的少司最好当餐用完</td></tr>
<tr><td colspan="2" rowspan="3">实训组织</td><td>教师演示</td><td>内容：红椒少司
方式：操作演示
时间：30 分钟</td></tr>
<tr><td>学生实训</td><td>内容：红椒少司
分组：10 人一组
时间：40 分钟</td></tr>
<tr><td>教师点评</td><td>小结、评分</td></tr>
<tr><td rowspan="3">实训准备</td><td>场地</td><td colspan="2">实操室</td></tr>
<tr><td>工具</td><td colspan="2">燃气灶、少司锅、勺子、打碎机</td></tr>
<tr><td>材料</td><td colspan="2">红色甜圆椒 500 克，红椒粉 5 克，忌廉 50 克，橄榄油 10 克，白葡萄酒 20 克，柠檬汁 10 克，精盐 5 克，鲜杂香草 2 克</td></tr>
<tr><td colspan="2">思考题</td><td colspan="2">（1）制作红椒少司时应注意哪些问题？
（2）扒蔬菜的方法有哪些？
（3）蔬菜少司的变化品种有哪些？</td></tr>
<tr><td colspan="2">考核评价与成绩评定</td><td colspan="2">实训成品成绩占 70%，作业成绩占 30%
学生自我评价表另附</td></tr>
</table>

模块 5

西餐开胃菜制作实训

本模块实训基本信息

实训总学时：30 学时

学习对象：一年级西餐烹饪专业学生

实训项目与任务：开那批类开胃菜制作实训、咯嗲类开胃菜制作实训、迪普类开胃菜制作实训、鱼子酱类开胃菜制作实训、批类开胃菜制作实训、其他类开胃菜制作实训

一、开那批类开胃菜制作实训

1. 熏三文鱼慕斯开那批（Smoked Salmon Mousse Barqouttes）

实训项目	熏三文鱼慕斯开那批	
目的与要求	（1）通过学习熏三文鱼慕斯开那批的制作，掌握开那批类开胃菜的组成 （2）熟知熏三文鱼慕斯开那批的成品特点和制作注意事项	
技术理论与原理	开那批（Canapé）类开胃菜是以脆面包片、脆饼干等为底托，底托上面放有各种少量或有特色的小块冷肉、冷鱼、鸡蛋片、酸黄瓜、鹅肝酱或鱼子酱等	
实训方法	工艺流程	煮胶冻汁→打碎熏三文鱼→挤成各种形状→保存
	操作过程及方法	（1）取一半的鱼基础汤将鱼胶片泡软并煮溶，加入另一半的鱼基础汤中 （2）将煮好的鱼基础汤和熏三文鱼碎放入食物打碎机，打成糊状，用精盐、胡椒粉调味 （3）将三文鱼胶冻糊取出后与打起的忌廉搅拌，然后放入裱花袋中挤成花形，再放入冰箱使其变硬，上菜时取出，放在船形奶油千层酥底托上即成
	成品特点	粉红色，花型规格一致、整齐，口味微咸微辣，口感细腻、松脆，入口即化

续表

实训项目		熏三文鱼慕斯开那批
实训方法	操作要领	（1）煮胶冻汁时水分不能过多 （2）要注意操作卫生
实训组织	教师演示	内容：熏三文鱼慕斯开那批 方式：操作演示 时间：30 分钟
	学生实训	内容：熏三文鱼慕斯开那批 分组：2 人一组 时间：40 分钟
	教师点评	小结、评分
实训准备	场地	实操室
	工具	燃气灶、码斗、分刀、砧板、打碎机、裱花袋
	材料	鱼基础汤 150 克，熏三文鱼碎 120 克，鱼胶片 30 克，打起的忌廉 100 克，船形奶油千层酥底托 10 个，精盐、胡椒粉适量
思考题		（1）制作熏三文鱼慕斯开那批时，在熏三文鱼的选择上应注意哪些问题？ （2）如何保存熏三文鱼慕斯开那批？
考核评价与成绩评定		实训成品成绩占 70%，作业成绩占 30% 学生自我评价表另附

2. 鸡肉蘑菇开那批（Chicken Mushroom Patties）

实训项目		鸡肉蘑菇开那批
目的与要求		（1）通过学习鸡肉蘑菇开那批的制作方法，掌握开那批类开胃菜的组成 （2）熟知鸡肉蘑菇开那批的成品特点和制作注意事项
技术理论与原理		开那批类开胃菜由底托、调味酱、主体菜和装饰菜四部分组成 底托就是垫底的食品。开那批类开胃菜的底托常常是面包片、脆饼干、酥脆面皮和嫩蔬菜片等，被放置于开那批的底部 调味酱是开那批中的调味品，是由精盐和胡椒粉及调味的牛油、芝士、熟肉类或鱼类制作的各种调味酱 主体菜的原料是鸡肉、蘑菇 装饰菜在开那批中起装饰的作用，选择装饰菜原料时应注意颜色、质地、味道和形状
实训方法	工艺流程	炒制鸡肉、蘑菇→调制调味酱→摆饰
	操作过程及方法	（1）用牛油低温炒洋葱丁，不要炒上色，放入熟鸡肉丁和熟蘑菇丁，再炒 5 分钟

续表

实训项目	鸡肉蘑菇开那批	
实训方法	操作过程及方法	（2）淋入白葡萄酒、白汁，煮沸，用忌廉、精盐、胡椒粉和柠檬汁调味 （3）将煮好的鸡肉丁和蘑菇丁放入一个容器内，并用热水保温，在鸡肉面上淋入适量牛油，以防止干燥 （4）上菜之前，将小脆饼干放入烘炉中烤至酥脆取出，在小脆饼干上面放上炒熟的鸡肉丁和蘑菇丁即成
	成品特点	丁白色、底托金黄色，口味咸鲜回甘，口感酥脆，鸡肉嫩滑多汁
	操作要领	（1）鸡肉蘑菇馅料要防止干燥 （2）摆好盘后要立即出菜 （3）馅料不能有太多水分，要收汁
实训组织	教师演示	内容：鸡肉蘑菇开那批 方式：操作演示 时间：30 分钟
	学生实训	内容：鸡肉蘑菇开那批 分组：2 人一组 时间：40 分钟
	教师点评	小结、评分
实训准备	场地	实操室
	工具	燃气灶、码斗、分刀、砧板、烘炉
	材料	小脆饼干 10 个，熟鸡肉丁 400 克，熟蘑菇丁 200 克，白汁 500 克，洋葱丁 50 克，牛油 50 克，白葡萄酒 100 克，忌廉、精盐、胡椒粉、柠檬汁适量
思考题	（1）制作鸡肉蘑菇开那批时应注意哪些问题？ （2）如何更好地使鸡肉保持嫩滑？	
考核评价与成绩评定	实训成品成绩占 70%，作业成绩占 30% 学生自我评价表另附	

二、咯嗲类开胃菜制作实训

1. 虾仁咯嗲杯（Shrimp Cocktail）

实训项目	虾仁咯嗲杯
目的与要求	（1）通过学习虾仁咯嗲杯的制作方法，掌握咯嗲类开胃菜的组成 （2）熟知虾仁咯嗲杯的成品特点和制作注意事项

续表

实训项目	虾仁咯嗲杯	
技术理论与原理	西餐中，“Cocktail”一词不仅用于酒水，也常用于西餐的开胃菜。咯嗲类开胃菜指以海鲜或水果为主要原料，配以酸味或浓味的调味酱制成的开胃菜	
实训方法	工艺流程	将鲜虾煮熟→准备生菜→装盘→装饰
	操作过程及方法	（1）将鲜虾洗净，用水煮熟，晾凉 （2）将少许橄榄油、精盐、胡椒粉混合均匀。将生菜丝装入咯嗲杯中垫底 （3）将虾仁摆在生菜丝上面，淋入沙拉调味酱 （4）在咯嗲杯边放一块鲜柠檬角、圣女果角、红樱桃即成
	成品特点	红白相间，底菜红色、绿色，原料层次感分明，口味咸鲜微酸，口感鲜嫩爽口
	操作要领	（1）要选用新鲜的虾，煮熟后立即用冰块过冷 （2）注意各种原料的摆放要突出层次感
实训组织	教师演示	内容：虾仁咯嗲杯 方式：操作演示 时间：15 分钟
	学生实训	内容：虾仁咯嗲杯 分组：2 人一组 时间：30 分钟
	教师点评	小结、评分
实训准备	场地	实操室
	工具	燃气灶、码斗、分刀、砧板、咯嗲杯
	材料	鲜虾 600 克，生菜丝 100 克，沙拉调味酱 150 克，柠檬 2 个，小圣女果 10 个，红樱桃 10 个，橄榄油、精盐、胡椒粉适量
思考题	（1）制作虾仁咯嗲杯时，在虾的选择上应注意哪些问题？ （2）如何突出虾仁咯嗲杯的颜色及层次感？	
考核评价与成绩评定	实训成品成绩占 70%，作业成绩占 30% 学生自我评价表另附	

2. 咯嗲哈密瓜钵酒（Melon Cocktail with Port Wine）

实训项目	咯嗲哈密瓜钵酒
目的与要求	（1）通过学习咯嗲哈密瓜钵酒的制作方法，掌握咯嗲类开胃菜的组成 （2）熟知咯嗲哈密瓜钵酒的成品特点和制作注意事项

续表

<table>
<tr><th colspan="2">实训项目</th><th colspan="2">咯嗲哈密瓜钵酒</th></tr>
<tr><td colspan="2">技术理论与原理</td><td colspan="2">底菜指用于咯嗲类开胃菜垫底的食品，主要由绿色的蔬菜构成，最常用的是绿色的生菜。选择底菜原料时必须卫生、脆嫩和凉爽
调味酱是为咯嗲类开胃菜调味的酱汁。咯嗲类开胃菜通常用沙拉调味酱、千岛汁、鞑靼汁、法汁等调味酱，要求调味酱必须新鲜、凉爽
咯嗲类开胃菜的主体菜通常是熏熟、扒熟和烤熟的海鲜肉及各种新鲜的水果丁等原料
放在咯嗲类开胃菜上的装饰菜常选用颜色鲜艳的蔬菜、水果及芝士或干果。装饰菜原料要求与主体菜的颜色、味道和质地有差异性与互补性
钵酒是葡萄原汁酒与葡萄蒸馏酒勾兑而成的，在生产工艺上吸取了不少威士忌酒的酿造经验。钵酒可分为黑红、深红、宝石红、茶红四种类型</td></tr>
<tr><td colspan="2" rowspan="4">实训方法</td><td>工艺流程</td><td>切哈密瓜→腌渍→装盘→摆饰</td></tr>
<tr><td>操作过程及方法</td><td>（1）将哈密瓜对半切开，去皮去籽，然后切成丁，放入玻璃器皿内
（2）在哈密瓜丁中加入白糖、柠檬汁，冷藏 1 小时后加入钵酒
（3）将腌渍好的哈密瓜丁装入咯嗲杯中，加入少许腌汁，将红樱桃放在每个咯嗲杯上作装饰即成</td></tr>
<tr><td>成品特点</td><td>底菜红色、黄色，有立体感，口味酸甜，口感冰凉爽口</td></tr>
<tr><td>操作要领</td><td>（1）选用的哈密瓜不能过生
（2）加入的钵酒不能过多，否则会盖住哈密瓜的味道</td></tr>
<tr><td colspan="2" rowspan="3">实训组织</td><td>教师演示</td><td>内容：咯嗲哈密瓜钵酒
方式：操作演示
时间：15 分钟</td></tr>
<tr><td>学生实训</td><td>内容：咯嗲哈密瓜钵酒
分组：2 人一组
时间：30 分钟</td></tr>
<tr><td>教师点评</td><td>小结、评分</td></tr>
<tr><td rowspan="3">实训准备</td><td>场地</td><td colspan="2">实操室</td></tr>
<tr><td>工具</td><td colspan="2">码斗、分刀、砧板、咯嗲杯、玻璃器皿</td></tr>
<tr><td>材料</td><td colspan="2">熟哈密瓜 2 个，白糖 50 克，红樱桃 10 个，钵酒 200 克，柠檬汁适量</td></tr>
<tr><td colspan="2">思考题</td><td colspan="2">（1）如何挑选哈密瓜？
（2）钵酒在西餐菜肴中的用途是什么？</td></tr>
<tr><td colspan="2">考核评价与成绩评定</td><td colspan="2">实训成品成绩占 70%，作业成绩占 30%
学生自我评价表另附</td></tr>
</table>

三、迪普类开胃菜制作实训

1. 蓝芝士迪普（Blue Cheese Dip）

实训项目		蓝芝士迪普
目的与要求		（1）通过学习蓝芝士迪普的制作方法，掌握迪普类开胃菜的组成 （2）熟知蓝芝士迪普的成品特点和制作注意事项
技术理论与原理		迪普类开胃菜的主体菜通常选用各种新鲜、脆嫩的蔬菜和锅巴、脆饼干。主体菜的选择要求是颜色美观 调味酱是主体菜的调味品，由酸忌廉、酸芝士、万尼汁、豆泥、精盐、胡椒粉组成。选择调味酱的要求：要使用的原料必须新鲜，并注意调味酱的颜色、气味、味道和浓度，要突出调味酱的开胃作用
实训方法	工艺流程	搅拌芝士→调入其他原料→冷藏→切件摆饰
	操作过程及方法	（1）用搅拌机将软芝士搅拌至柔软光滑，加入牛奶，用慢速继续搅拌 （2）加入万尼汁、辣椒酱、辣酱油、柠檬汁、洋葱碎和蓝芝士碎等所有配料继续搅拌，直至搅拌均匀为止。用精盐和胡椒粉调味后取出，放入冰箱中冷藏 （3）上菜时，将制作好的迪普放在一个小玻璃器皿内，并将小玻璃器皿放在开胃菜盘的中央，四周摆好新鲜的蔬菜条和炸薯片即成
	成品特点	淡黄色，原料层次感分明，酱稠状，口味咸鲜、微酸辣，蔬菜鲜嫩爽口，芝士酱细腻滑口
	操作要领	（1）搅拌原料时应用慢速挡 （2）注意各式原料的摆放要突出层次感
实训组织	教师演示	内容：蓝芝士迪普 方式：操作演示 时间：30 分钟
	学生实训	内容：蓝芝士迪普 分组：2 人一组 时间：40 分钟
	教师点评	小结、评分
实训准备	场地	实操室
	工具	搅拌机、码斗、分刀、砧板、小玻璃器皿、冰箱

续表

<table>
<tr><th colspan="2">实训项目</th><th>蓝芝士迪普</th></tr>
<tr><td>实训准备</td><td>材料</td><td>软芝士 300 克，牛奶 100 克，万尼汁 110 克，辣椒酱 10 克，辣酱油 1 克，柠檬汁 10 克，洋葱碎 10 克，蓝芝士碎 250 克，西芹条、胡萝卜条、黄瓜条、红甜圆椒条适量，炸薯片 100 克，精盐、胡椒粉适量</td></tr>
<tr><td colspan="2">思考题</td><td>（1）蓝芝士属于哪一种类型的芝士？
（2）如何区别各种芝士及其用途？</td></tr>
<tr><td colspan="2">考核评价与成绩评定</td><td>实训成品成绩占 70%，作业成绩占 30%
学生自我评价表另附</td></tr>
</table>

2. 胡姆斯迪普（Hummus Dip）

<table>
<tr><th>实训项目</th><th colspan="2">胡姆斯迪普</th></tr>
<tr><td>目的与要求</td><td colspan="2">（1）通过学习胡姆斯迪普的制作方法，掌握迪普类开胃菜的组成
（2）熟知胡姆斯迪普的成品特点和制作注意事项</td></tr>
<tr><td>技术理论与原理</td><td colspan="2">鹰嘴豆（Chick Pea）因其面形奇特，尖如鹰嘴，故名，为豆科草本植物，别名桃尔豆、鸡豆、鸡心豆等，是印度和巴基斯坦重要的蔬菜种类之一。食用鹰嘴豆在欧洲也十分普遍，鹰嘴豆主要分布于地中海沿岸、亚洲、非洲、美洲等地</td></tr>
<tr><td rowspan="4">实训方法</td><td>工艺流程</td><td>搅拌原料→调入其他原料→冷藏→切件摆饰</td></tr>
<tr><td>操作过程及方法</td><td>（1）把熟鹰嘴豆、芝麻酱、蒜碎、柠檬汁和橄榄油混合，并用搅拌机搅拌成糊状，加入少许精盐、胡椒粉调味
（2）放入冰箱中冷藏 1 小时，上菜时，在上面淋入少许橄榄油，并装入一个小玻璃器皿内
（3）将小玻璃器皿放在开胃菜盘的中央，盘四周摆放上新鲜的蔬菜条即成</td></tr>
<tr><td>成品特点</td><td>黄色，原料层次感分明，酱稀稠状，口味咸鲜回甘，蔬菜鲜嫩爽口，酱细腻滑口</td></tr>
<tr><td>操作要领</td><td>（1）搅拌原料时应用慢速挡
（2）注意各式原料的摆放要突出层次感</td></tr>
<tr><td rowspan="3">实训组织</td><td>教师演示</td><td>内容：胡姆斯迪普
方式：操作演示
时间：30 分钟</td></tr>
<tr><td>学生实训</td><td>内容：胡姆斯迪普
分组：2 人一组
时间：40 分钟</td></tr>
<tr><td>教师点评</td><td>小结、评分</td></tr>
</table>

续表

<table>
<tr><th colspan="2">实训项目</th><th>胡姆斯迪普</th></tr>
<tr><td rowspan="3">实训准备</td><td>场地</td><td>实操室</td></tr>
<tr><td>工具</td><td>搅拌机、码斗、分刀、砧板、小玻璃器皿、冰箱</td></tr>
<tr><td>材料</td><td>熟鹰嘴豆500克，柠檬汁120克，橄榄油30克，精盐、胡椒粉适量，芝麻酱250克，蒜碎8克，西芹条、胡萝卜条、黄瓜条、红甜圆椒条适量</td></tr>
<tr><td colspan="2">思考题</td><td>（1）配菜蔬菜条的规格如何？
（2）如何更好地调配胡姆斯迪普酱？</td></tr>
<tr><td colspan="2">考核评价与成绩评定</td><td>实训成品成绩占70%，作业成绩占30%
学生自我评价表另附</td></tr>
</table>

四、鱼子酱类开胃菜制作实训

冷鱼子酱（Cold Caviar）

实训项目	冷鱼子酱
目的与要求	（1）通过学习冷鱼子酱的制作方法，掌握鱼子酱类开胃菜的组成 （2）熟知冷鱼子酱的成品特点和制作注意事项
技术理论与原理	西餐常用的鱼子酱 （1）欧洲鳇鱼子酱（Beluga Caviar），由人工养殖15年的欧洲鳇鱼卵制成，多为珍珠灰或铁灰色，卵粒均匀光滑，色泽光润，卵径3.5毫米以上，是鱼子酱中卵粒最大的品种，口感柔滑，有浓厚的黄油香味，回味持久 （2）达氏鳇鱼子酱（Kaluga Caviar），由鱼龄15年的达氏鳇鱼卵制成，多为棕黄色或棕灰色，卵粒均匀光滑，色泽光润，卵径3.2毫米以上，味道浓郁，回味香醇 （3）海博瑞鲟鱼子酱（Hybrid Sturgeon Caviar），由鱼龄7～8年及以上的海博瑞鲟鱼卵制成，颜色为棕黄色或淡灰色，鱼卵颗粒较大，卵径3.0毫米以上，卵膜较有韧性，入口有香浓的奶油味，回味悠长 （4）俄罗斯鲟鱼子酱（Russian Sturgeon Caviar），由鱼龄11年的俄罗斯鲟鱼卵制成，颜色多为淡黄色，也有金黄色的，卵径2.9毫米以上，卵膜较有弹性，胶原蛋白含量较高，入口有爆破感，有淡淡的果仁清香 （5）施氏鲟鱼子酱（Amer Sturgeon Caviar），由鱼龄6～7年及以上的施氏鲟鱼卵加工而成，颜色为棕黄色或淡灰色，卵径2.9毫米以上，滋味醇郁，略带新鲜水果的清香 （6）西伯利亚鲟鱼子酱（Siberian Sturgeon Caviar），由鱼龄5～7年及以上的西伯利亚鲟鱼卵制成，是目前国际鱼子酱市场供应量最多的品种，颜色多为褐色、灰色和黑色，晶莹剔透，卵径2.8毫米以上，入口滋味纯正，回味清淡爽口

续表

实训项目	冷鱼子酱	
实训方法	工艺流程	带壳煮鸡蛋→鸡蛋切片→摆放鱼子酱→装饰
	操作过程及方法	（1）用冷水将鸡蛋煮熟，取出剥壳，用切蛋器将熟鸡蛋切片 （2）在每个鸡蛋片上抹上万尼汁，盛入 10 个餐盘中 （3）分别在每一个蛋片上放一小茶匙鱼子酱 （4）将柠檬切 1/8 的角，摆放在鱼子酱旁边。食用时将柠檬汁挤在鱼子酱上即成
	成品特点	红白或黑白相间，原料层次感分明，口味咸鲜微酸，口感鲜嫩、有弹性
	操作要领	（1）冷水煮鸡蛋时应放入少许白醋 （2）注意保持鱼子酱新鲜
实训组织	教师演示	内容：冷鱼子酱 方式：操作演示 时间：30 分钟
	学生实训	内容：冷鱼子酱 分组：2 人一组 时间：40 分钟
	教师点评	小结、评分
实训准备	场地	实操室
	工具	切蛋器、码斗、砧板、餐盘
	材料	罐头红鱼子酱或黑鱼子酱 1 罐（250 克），新鲜鸡蛋 10 个，万尼汁 50 克，柠檬 2 个
思考题		（1）如何鉴别带壳煮鸡蛋的成熟度？ （2）如何保持鱼子酱新鲜？
考核评价与成绩评定		实训成品成绩占 70%，作业成绩占 30% 学生自我评价表另附

五、批类开胃菜制作实训

1. 鹅肝批（Goose Liver Pie）

实训项目	鹅肝批
目的与要求	（1）通过学习鹅肝批的制作方法，掌握批类开胃菜的组成 （2）熟知鹅肝批的成品特点和制作注意事项

续表

<table>
<tr><th colspan="2">实训项目</th><th colspan="2">鹅肝批</th></tr>
<tr><td colspan="2">技术理论与原理</td><td colspan="2">肥鹅肝中含有大量的脂肪，因此在烹调时不能使用急火，以免脂肪流失，使鹅肝的质地变干
肥鹅肝原则上应立刻使用，不宜久存。如果制作菜肴时剩余一部分肥鹅肝，可将其用于制作肉卷。如需新鲜保存，应将肥鹅肝放进保鲜薄膜袋中，待封口后置于冰水中</td></tr>
<tr><td colspan="2" rowspan="4">实训方法</td><td>工艺流程</td><td>鹅肝腌渍→鹅肝打茸→倒入模具内→隔水烤</td></tr>
<tr><td>操作过程及方法</td><td>（1）将鹅肝洗净，用鲜牛奶腌渍3小时
（2）从牛奶中取出鹅肝，再用精盐、胡椒粉、白兰地酒、杂香草腌渍入味
（3）把腌渍过的鹅肝1/2打茸、1/2切小丁，然后混合均匀
（4）将肥膘切成薄片，贴在模具边上，先放上1/2鹅肝酱，再放上黑菌丁，然后放上余下的1/2鹅肝酱，表面再贴肥膘，将模具放入200℃的烤炉，隔水烤1小时左右，取出
（5）待鹅肝批冷却后切片装盘，再浇上白兰地酒、胶冻汁，放入冰箱冷却后即成</td></tr>
<tr><td>成品特点</td><td>鹅肝棕色，相间黑菌色，汁粉红色，片状，整齐不碎，口味鲜香微咸，口感肥润软嫩</td></tr>
<tr><td>操作要领</td><td>（1）鹅肝一定要用牛奶腌渍
（2）隔水烤时明火温度不能过高，以防止将鹅肝烤干
（3）烤好后不要立即取出</td></tr>
<tr><td colspan="2" rowspan="3">实训组织</td><td>教师演示</td><td>内容：鹅肝批
方式：操作演示
时间：30分钟</td></tr>
<tr><td>学生实训</td><td>内容：鹅肝批
分组：2人一组
时间：40分钟</td></tr>
<tr><td>教师点评</td><td>小结、评分</td></tr>
<tr><td rowspan="3">实训准备</td><td>场地</td><td colspan="2">实操室</td></tr>
<tr><td>工具</td><td colspan="2">打碎机、码斗、砧板、模具、烤炉、烤盘、冰箱</td></tr>
<tr><td>材料</td><td colspan="2">鹅肝1500克，鲜牛奶1千克，肥膘500克，黑菌50克，胶冻汁100克，白兰地酒50克，精盐10克，杂香草、胡椒粉适量</td></tr>
<tr><td colspan="2">思考题</td><td colspan="2">（1）如何鉴别鹅肝的品质？
（2）制作鹅肝批时应注意哪些事项？</td></tr>
<tr><td colspan="2">考核评价与成绩评定</td><td colspan="2">实训成品成绩占70%，作业成绩占30%
学生自我评价表另附</td></tr>
</table>

2. 小牛肉火腿批（Veal and Ham Pie）

实训项目	小牛肉火腿批	
目的与要求	（1）通过学习小牛肉火腿批的制作方法，掌握批类开胃菜的组成 （2）熟知小牛肉火腿批的成品特点和制作注意事项	
技术理论与原理	小牛肉指饲养约 3 个月的牛犊肉。小牛在细心照顾下成长，且只用牛奶喂养，因此其肉色呈粉红色或淡玫瑰色，肉质细柔松弛、无脂肪。虽然小牛肉肉质细嫩，但其口味及营养价值较牛肉差。在选购时，注意其与牛肉的不同之处在于肉的颜色差异，肉的颜色越白表示喂养牛奶的越高，肉质也比较柔嫩。因小牛肉脂肪较少，很容易变干，所以烹调时必须有油脂的补充 批类开胃菜由各种禽类、肉类、肝类、海鲜、野味、蔬菜等加工成片或泥组成，其中包括包面皮和不包面皮两种 面皮：面粉 100%，牛油 60%，精盐 3%，水 30%，鸡蛋液 7% 例：面粉 500 克，牛油 300 克，精盐 15 克，水 150 克，鸡蛋 35 克 制作工艺：将面粉过筛后放在案板上，中间拔出面窝，放入牛油、鸡蛋、精盐、水拌和均匀，揉成面团，盖上湿布放置 2 小时即成	
实训方法	工艺流程	加工小牛肉→面皮放入模具内→叠摆原料→烤制
	操作过程及方法	（1）将小牛肉切成薄片，加入精盐、胡椒粉、白兰地酒腌渍入味 （2）在圆形的模具中刷上一层牛油，撒上面粉抹均匀 （3）把 3/4 面团擀成薄片，放入模具中 （4）将小牛肉片叠放在面皮上，撒上一层炒香的洋葱碎，再放上一层烟熏火腿片，把余下的面团擀成薄片盖在烟熏火腿片上，并封好连接处 （5）在面皮上刷一层鸡蛋液，放入 180℃的烤箱中烤至熟并上色，取出 （6）待肉批冷却后在上面扎一孔，注入胶冻汁，放进冰箱冷却 （7）上菜时将肉批扣出，切成厚片装盘，配上新鲜蔬菜装饰即成
	成品特点	金黄色，厚片状，整齐不碎，口味鲜香微咸，口感肉嫩多汁、外皮松脆
	操作要领	（1）烤之前，面皮上要扎一些小孔，放便放气 （2）隔水烤时明火温度不能过高，以防止烤干 （3）烤好后不能立即取出
实训组织	教师演示	内容：小牛肉火腿批 方式：操作演示 时间：30 分钟
	学生实训	内容：小牛肉火腿批 分组：2 人一组 时间：40 分钟

续表

<table>
<tr><th colspan="2">实训项目</th><th colspan="2">小牛肉火腿批</th></tr>
<tr><td colspan="2">实训组织</td><td>教师点评</td><td>小结、评分</td></tr>
<tr><td rowspan="3">实训准备</td><td>场地</td><td colspan="2">实操室</td></tr>
<tr><td>工具</td><td colspan="2">分刀、码斗、砧板、模具、烤箱、烤盘、擀面杖</td></tr>
<tr><td>材料</td><td colspan="2">小牛肉 1 千克，烟熏火腿片 850 克，面团 500 克，胶冻汁 500 克，精盐 10 克，胡椒粉 2 克，洋葱碎 100 克，牛油 50 克，白兰地酒 50 克，新鲜蔬菜适量</td></tr>
<tr><td colspan="2">思考题</td><td colspan="2">（1）如何鉴别小牛肉的品质？
（2）制作小牛肉火腿批时应注意哪些事项？</td></tr>
<tr><td colspan="2">考核评价与成绩评定</td><td colspan="2">实训成品成绩占 70%，作业成绩占 30%
学生自我评价表另附</td></tr>
</table>

六、其他类开胃菜制作实训

1. 火腿片哈密瓜球（Prosciutto and Melon Balls）

<table>
<tr><th>实训项目</th><th colspan="2">火腿片哈密瓜球</th></tr>
<tr><td>目的与要求</td><td colspan="2">（1）通过学习制作火腿片哈密瓜球，掌握其原料配比、制作过程和操作要点
（2）熟知火腿片哈密瓜球的成品特点和应用范围，同时逐渐了解并掌握意式菜肴的一般制作工艺特点</td></tr>
<tr><td>技术理论与原理</td><td colspan="2">火腿卷（Ham Roll）由一根鲜芦笋尖，或一块经过腌制的蔬菜，或一块慕斯（Mousse），外面包上一片非常薄的冷火腿肉组成
无骨火腿是选用猪后腿肉或脊肉，可带皮及少量肥膘，也可用净瘦肉制作而成。一般制作工艺是：先把猪肉用盐水和香料浸泡，腌渍入味，然后加水煮制（有的要进行烟熏处理后再煮制），这种火腿有圆形的和方形的，使用比较广泛</td></tr>
<tr><td rowspan="4">实训方法</td><td>工艺流程</td><td>加工哈密瓜→腌渍→火腿切成薄片→摆设</td></tr>
<tr><td>操作过程及方法</td><td>（1）用球形挖将哈密瓜挖成小球形状
（2）在球形哈密瓜上撒上青柠汁，腌渍 10 分钟
（3）用切片机将火腿切成薄片，并把大片改成两半
（4）上菜前，用每片火腿片包住一个哈密瓜球，用牙签固定住，摆盘，用鲜罗勒叶作装饰即成</td></tr>
<tr><td>成品特点</td><td>黄、红色相间，卷形条状，整齐不开裂，口味咸鲜、微甜酸，口感水果爽脆、火腿软熟</td></tr>
<tr><td>操作要领</td><td>（1）选择新鲜、正宗的意大利原料是制作本菜的关键
（2）巴玛神火腿片要切薄</td></tr>
</table>

续表

实训项目		火腿片哈密瓜球
实训组织	教师演示	内容：火腿片哈密瓜球 方式：操作演示 时间：30 分钟
	学生实训	内容：火腿片哈密瓜球 分组：2 人一组 时间：30 分钟
	教师点评	小结、评分
实训准备	场地	实操室
	工具	球形挖、砧板、切片机、牙签
	材料	巴玛神火腿片 8 片，哈密瓜 200 克，青柠汁 50 克，鲜罗勒叶适量
思考题		（1）如何鉴别火腿的品质？ （2）制作火腿片哈密瓜球时应注意哪些事项？
考核评价与成绩评定		实训成品成绩占 70%，作业成绩占 30% 学生自我评价表另附

2. 酿鸡蛋花（Stuffed Eggs with Yolk）

实训项目		酿鸡蛋花
目的与要求		（1）通过学习制作酿鸡蛋花，掌握其原料配比、制作过程和操作要点 （2）熟知酿鸡蛋花的成品特点和应用范围
技术理论与原理		浓味鸡蛋（Deviled Egg）是先将煮成全熟的鸡蛋切成两半，将鸡蛋黄取出后压成泥，加入芥末酱、辣椒酱、调味酱，最后再镶入鸡蛋中，上面摆上装饰品
实训方法	工艺流程	带壳煮鸡蛋→熟鸡蛋一开二→调制馅料→摆饰
	操作过程及方法	（1）用冷水煮鸡蛋至全熟取出，去壳，用刀对半切开，取出蛋黄压成泥，加入精盐、忌廉、万尼汁调成糊 （2）将鸡蛋黄糊装入有花嘴的裱花袋内，挤成花放在蛋白壳内 （3）上菜时，撒上香葱碎作装饰即成
	成品特点	黄、白、绿色相间，鸡蛋半圆形，口味咸鲜微酸，口感嫩滑细腻
	操作要领	（1）鸡蛋要煮全熟 （2）调制蛋黄糊不能过稀
实训组织	教师演示	内容：酿鸡蛋花 方式：操作演示 时间：30 分钟

续表

实训项目	酿鸡蛋花	
实训组织	学生实训	内容：酿鸡蛋花 分组：2 人一组 时间：30 分钟
	教师点评	小结、评分
实训准备	场地	实操室
	工具	燃气灶、少司锅、分刀、砧板、裱花袋、花嘴
	材料	鸡蛋 10 个，万尼汁 40 克，忌廉 40 克，精盐、香葱碎适量
思考题	（1）如何调制鸡蛋花？ （2）制作酿鸡蛋花时应注意哪些事项？	
考核评价与成绩评定	实训成品成绩占 70%，作业成绩占 30% 学生自我评价表另附	

3. 焗蜗牛（Baked Snails）

实训项目	焗蜗牛	
目的与要求	（1）通过学习焗蜗牛的制作方法，掌握开胃菜的冷热之分 （2）熟知焗蜗牛的成品特点和制作注意事项	
技术理论与原理	整体形状的开胃菜包括生蚝、芝士块、肉丸等，常配上牙签，方便食用。这类开胃菜有冷热之分 蜗牛的品种与特点：蜗牛肉质鲜美，营养丰富，焗蜗牛是法国和意大利的传统名菜，现已风靡全球。蜗牛的品种很多，目前食用的主要有法国蜗牛、意大利庭院蜗牛和玛瑙蜗牛三种。法国蜗牛又称苹果蜗牛、葡萄蜗牛，因其多生活在果园中，故名，欧洲中部地区均产。法国蜗牛壳厚重，呈茶褐色，有一条白带，肉白色，质量好。意大利庭院蜗牛多生活在庭院或灌木丛中，故名。此种蜗牛壳薄，呈黄褐色，有斑点，肉有褐色和白色，质量也很好。玛瑙蜗牛原产非洲，又称非洲大蜗牛，目前我国亦产。此种蜗牛壳大，呈黄褐色，有花纹，肉为浅褐色，肉质一般。蜗牛大多是鲜品，也有罐头制品	
实训方法	工艺流程	调制馅料→炒香蜗牛→装入蜗牛壳→烤制
	操作过程及方法	（1）将除蜗牛肉之外的所有原料放入搅拌机内搅拌成牛油糊 （2）用牛油炒香蜗牛肉，同时加入白兰地酒、百里香翻炒，用精盐、胡椒粉调味 （3）将少量牛油糊装入蜗牛壳内，放入蜗牛肉，上面再抹一层牛油糊封口 （4）将蜗牛放入明火炉烤至表面上色至熟即成
	成品特点	黄黑色，蜗牛形状，口味咸鲜，口感细腻嫩滑

续表

实训项目		焗蜗牛
实训方法	操作要领	(1)蜗牛肉要先炒制后，再用汁焖煮一会儿 (2)明火炉的温度不能太高也不能太低 (3)烤上色后即可取出
实训组织	教师演示	内容：焗蜗牛 方式：操作演示 时间：30 分钟
	学生实训	内容：焗蜗牛 分组：2 人一组 时间：40 分钟
	教师点评	小结、评分
实训准备	场地	实操室
	工具	搅拌机、分刀、码斗、砧板、明火炉、烤盘、燃气灶、少司锅
	材料	蜗牛 10 只，蒜茸 5 克，番芫荽碎 5 克，牛油 100 克，葱头碎 5 克，鸡蛋 1 个，百里香少量，咖喱粉、白兰地酒、精盐、胡椒粉适量
思考题		(1)为何蜗牛肉要经过炒焖的烹调过程? (2)制作焗蜗牛应注意哪些事项?
考核评价与成绩评定		实训成品成绩占 70%，作业成绩占 30% 学生自我评价表另附

模块 6

沙拉制作实训

本模块实训基本信息

实训总学时：30 学时

学习对象：一年级西餐烹饪专业学生

实训项目与任务：沙拉少司制作实训、沙拉制作实训

一、沙拉少司制作实训

1. 万尼汁（Mayonnaise Sauce）

<table>
<tr><th>实训项目</th><th colspan="2">万尼汁</th></tr>
<tr><td>目的与要求</td><td colspan="2">（1）通过学习制作万尼汁，掌握其原料配比、制作过程和操作要点
（2）熟知万尼汁的制作原理和成品特点</td></tr>
<tr><td>技术理论与原理</td><td colspan="2">制作万尼汁主要利用了脂肪的乳化作用。油与水是不亲和的，通过机械的搅拌可使其均匀分散成乳浊液，但静止后油与水就会分离，如果在乳浊液中加入乳化剂，就可以使乳浊液形成相对的稳定状态
在制作万尼汁时可以用生鸡蛋黄作为乳化剂，因为生鸡蛋黄本身就是乳化了的脂肪，其中又含有较高的卵磷脂，是一种天然的乳化剂，其分子结构中既有亲水基又有疏水基。在生鸡蛋黄内加入油搅拌时，油就会形成肉眼看不到的微小油滴，在这些小油滴表层乳化剂中的疏水基与其相对形成薄膜。与此同时，乳化剂中的亲水基可与水分子结合，吸收水分。当万尼汁很黏稠时，也就是油的比例过高时，就要加入适量的水，使油和水的比例得到重新调整，才可继续加油</td></tr>
<tr><td rowspan="2">实训方法</td><td>工艺流程</td><td>将原料放入碗内→抽打至膨胀→慢慢淋入油、醋→保存</td></tr>
<tr><td>操作过程及方法</td><td>（1）将鸡蛋黄、胡椒粉、精盐、芥末一同放入陶瓷器皿中
（2）用蛋抽打至膨胀（俗称“起”）成蛋黄酱，将色拉油逐匙倒入蛋黄酱内，再用抽子连续抽打，使蛋黄与油融为一体
（3）当抽打至黏度大、搅拌吃力时，可加入一些鲜柠檬汁、洋白醋和冷开水，这时蛋黄酱黏度降低、颜色变浅，然后继续加入色拉油，继续抽打，直至加完油为止，最后再加入其他辅料，搅匀即成</td></tr>
</table>

续表

实训项目	万尼汁	
实训方法	成品特点	浅黄色，有光泽，稠糊状，口味咸酸，口感细腻香滑
	操作要领	（1）原料要新鲜，注意原料之间的比例 （2）原料应放入陶瓷器皿中，忌用铝、铜器皿 （3）搅拌应顺着一个方向，先慢后快 （4）存放时要避免高温或冷冻、避免强烈振动，以防止脱油，并且要加盖
实训组织	教师演示	内容：万尼汁 方式：操作演示 时间：30 分钟
	学生实训	内容：万尼汁 分组：2 人一组 时间：40 分钟
	教师点评	小结、评分
实训准备	场地	实操室
	工具	蛋抽子、陶瓷器皿或不锈钢圆盆
	材料	色拉油（精菜油）500 毫升，洋白醋 20 毫升，鸡蛋黄 2 个，精盐 10 克，胡椒粉 2 克，芥末 20 克，鲜柠檬汁 60 毫升，冷开水 50 毫升
思考题	（1）制作万尼汁的操作要点和应注意的事项有哪些？ （2）制作万尼汁时对使用的油脂有哪些要求？为什么？	
考核评价与成绩评定	实训成品成绩占 70%，作业成绩占 30% 学生自我评价表另附	

2. 法国汁（French Dressing）

实训项目	法国汁	
目的与要求	（1）通过学习制作法国汁，掌握其原料配比、制作过程和操作要点 （2）熟知法国汁的成品特点和应用范围	
技术理论与原理	法国汁是以万尼汁为基础衍变而来的少司，常用于素菜沙拉，如黄瓜、番茄等	
实训方法	工艺流程	将配料切碎→原料搅拌均匀→慢慢加入油，搅拌成浮浊液→保存

续表

<table>
<tr><th colspan="2">实训项目</th><th colspan="2">法国汁</th></tr>
<tr><td colspan="2" rowspan="3">实训方法</td><td>操作过程及方法</td><td>（1）将洋葱、番芫荽切碎，大蒜捣成蒜泥
（2）将洋葱碎、蒜泥、番芫荽碎放入不锈钢盆内
（3）加入万尼汁、洋白醋、法式芥末、柠檬汁、辣酱油、精盐、胡椒粉搅拌均匀
（4）逐渐加入橄榄油（或色拉油），搅拌均匀，使其成乳浊液状态即成</td></tr>
<tr><td>成品特点</td><td>浅黄色，有光泽，稀糊状，口味咸酸、微辣，口感香滑细腻</td></tr>
<tr><td>操作要领</td><td>（1）制作法国汁用的油脂应选用脱色、无异味的橄榄油或色拉油
（2）法国汁放置一段时间后，会出现油醋分离现象，可以在使用时再搅拌成乳浊液
（3）可用鲜蛋黄代替万尼汁
（4）调制法国汁时如使用醋精，应将醋精稀释后再使用</td></tr>
<tr><td colspan="2" rowspan="3">实训组织</td><td>教师演示</td><td>内容：法国汁
方式：操作演示
时间：30 分钟</td></tr>
<tr><td>学生实训</td><td>内容：法国汁
分组：2 人一组
时间：30 分钟</td></tr>
<tr><td>教师点评</td><td>小结、评分</td></tr>
<tr><td rowspan="3">实训准备</td><td>场地</td><td colspan="2">实操室</td></tr>
<tr><td>工具</td><td colspan="2">抽子、分刀、砧板、陶瓷器皿或不锈钢圆盆</td></tr>
<tr><td>材料</td><td colspan="2">万尼汁 500 毫升，洋白醋 100 毫升，洋葱（切粒）50 克，大蒜 40 克，番芫荽 10 克，法式芥末 50 克，橄榄油（或色拉油）、精盐、胡椒粉、辣酱油、柠檬汁适量</td></tr>
<tr><td colspan="2">思考题</td><td colspan="2">（1）制作法国汁的操作要点和应注意的事项有哪些？
（2）法国汁的成品特点是什么？</td></tr>
<tr><td colspan="2">考核评价与成绩评定</td><td colspan="2">实训成品成绩占 70%，作业成绩占 30%
学生自我评价表另附</td></tr>
</table>

3. 千岛汁（Thousand Island Dressing）

实训项目	千岛汁
目的与要求	（1）通过学习制作千岛汁，掌握其原料配比、制作过程和操作要点 （2）熟知千岛汁的成品特点和应用范围

续表

实训项目	千岛汁	
技术理论与原理	千岛汁是以万尼汁为基础衍变而来的少司，常作为冷菜中贝类等海鲜菜肴的调味汁，也常用作部分热菜的少司，如炸虾球等	
实训方法	工艺流程	将原料切碎→原料搅拌均匀→调色→保存
	操作过程及方法	（1）将熟鸡蛋剥壳、剁碎如白豆大小，将酸黄瓜、甜青椒切成绿豆大小的粒状 （2）将全部原料一起拌入万尼汁中，并加入番茄少司，用抽子打匀，调至粉红色即成
	成品特点	粉红色，有光泽，半流体，口味酸甜，口感香滑细腻、有颗粒感
	操作要领	（1）制作千岛汁用的油脂应选用脱色、无异味的橄榄油或色拉油 （2）鸡蛋、甜青椒一定要切碎，颗粒不要过大 （3）汁的浓度要适当
实训组织	教师演示	内容：千岛汁 方式：操作演示 时间：30 分钟
	学生实训	内容：千岛汁 分组：2 人一组 时间：30 分钟
	教师点评	小结、评分
实训准备	场地	实操室
	工具	抽子、分刀、砧板、陶瓷器皿或不锈钢圆盆
	材料	万尼汁 500 毫升，熟鸡蛋 1 个，酸黄瓜 30 克，番茄少司 150 克，柠檬汁 5 克，甜青椒 5 克，白兰地酒、胡椒粉适量
思考题	（1）制作千岛汁的操作要点和应注意的事项有哪些？ （2）举例说明千岛汁适用于什么类型的菜肴调味	
考核评价与成绩评定	实训成品成绩占 70%，作业成绩占 30% 学生自我评价表另附	

4. 鞑靼汁（Tartar Sauce）

实训项目	鞑靼汁
目的与要求	（1）通过学习制作鞑靼汁，掌握其原料配比、制作过程和操作要点 （2）熟知鞑靼汁的成品特点和应用范围，同时复习万尼汁的制作工艺

续表

实训项目	鞑靼汁	
技术理论与原理	鞑靼汁是以万尼汁为基础衍变而来的少司，广泛用于炸鱼、炸虾、冷鱼、冷虾及各种海鲜类菜品的搭配	
实训方法	工艺流程	将原料切碎→原料搅拌均匀→调色→保存
	操作过程及方法	（1）将洋葱洗净切碎，酸黄瓜切碎，熟鸡蛋剥壳切小丁，水瓜柳切碎，番芫荽切碎 （2）将全部原料放入万尼汁中拌匀调味即成
	成品特点	黄色中带有黑点，半流体，口味酸甜，口感香滑细腻、有颗粒感
	操作要领	（1）酸黄瓜、水瓜柳切碎时，颗粒不要过大 （2）番芫荽切碎后应用纱布包裹，洗净其浆汁，挤干水分 （3）冷少司的浓度要适当，不要过稀，否则无法粘挂在原料上
实训组织	教师演示	内容：鞑靼汁 方式：操作演示 时间：30 分钟
	学生实训	内容：鞑靼汁 分组：2 人一组 时间：30 分钟
	教师点评	小结、评分
实训准备	场地	实操室
	工具	抽子、分刀、砧板、陶瓷器皿或不锈钢圆盆
	材料	万尼汁 250 毫升，洋葱 50 克，酸黄瓜 50 克，水瓜柳 25 克，番芫荽 5 克，精盐、胡椒粉适量
思考题	（1）制作鞑靼汁的操作要点和应注意的事项有哪些？ （2）鞑靼汁适用于什么类型的菜肴？其成品特点是什么？	
考核评价与成绩评定	实训成品成绩占 70%，作业成绩占 30% 学生自我评价表另附	

5. 芝士汁（Cheese Dressing）

实训项目	芝士汁
目的与要求	（1）通过学习制作芝士汁，掌握其原料配比、制作过程和操作要点 （2）熟知芝士汁的成品特点和应用范围
技术理论与原理	芝士汁是以万尼汁为基础衍变而来的少司。蓝芝士产自美国，半固体，带有蓝色花纹，熟化期 2 ~ 6 个月，有怪味，味浓郁、辛辣，主要用于开胃菜、沙拉、三明治和甜菜

续表

实训项目	芝士汁	
实训方法	工艺流程	将原料切碎→原料搅拌均匀→保存
	操作过程及方法	（1）将蓝芝士用搅拌机打碎 （2）将蓝芝士碎、万尼汁、洋葱碎、蒜茸、清汤、芥末、酸奶、白醋全部放在陶瓷器皿内，用抽子搅拌均匀即成
	成品特点	浅黄色，半流体，口味酸甜、带有蓝芝士的辛辣味，口感香滑细腻、有颗粒感
	操作要领	（1）要将蓝芝士捣碎成糊状 （2）加入清汤的量要适当，少司不要过稀
实训组织	教师演示	内容：芝士汁 方式：操作演示 时间：30 分钟
	学生实训	内容：芝士汁 分组：2 人一组 时间：30 分钟
	教师点评	小结、评分
实训准备	场地	实操室
	工具	搅拌机、抽子、分刀、砧板、陶瓷器皿或不锈钢圆盆
	材料	万尼汁 50 毫升，蓝芝士 70 克，洋葱碎 50 克，蒜茸 50 克，清汤 200 毫升，芥末 50 克，酸奶 70 毫升，白醋 20 毫升
思考题	（1）制作芝士汁的操作要点和应注意的事项有哪些？ （2）芝士汁的成品特点是什么？	
考核评价与成绩评定	实训成品成绩占 70%，作业成绩占 30% 学生自我评价表另附	

6. 油醋汁（Worcestershire Sauce）

实训项目	油醋汁
目的与要求	（1）通过学习制作油醋汁，掌握其原料配比、制作过程和操作要点 （2）熟知油醋汁的成品特点和应用范围
技术理论与原理	油醋汁由色拉油、酸性物质和调味品混合而成。油醋汁放置一段时间后，油和醋会出现分离现象，因此使用时必须用手摇均匀

续表

实训项目	油醋汁	
实训方法	工艺流程	将原料切碎→原料搅拌均匀至乳液状→保存
	操作过程及方法	（1）将洋葱碎、精盐、胡椒粉、杂香草加入白醋中 （2）加入色拉油，边加油边搅拌，直到把油加完，且有一定稠度即成
	成品特点	浅黑色，有光泽，乳液状，口味酸咸、微辣，口感香滑细腻、有颗粒感
	操作要领	（1）制作油醋汁用的油脂应选用脱色、无异味的橄榄油或色拉油 （2）油醋汁放置一段时间后会出现油醋分离现象，在使用时再搅拌成乳浊液即可 （3）调制油醋汁时，油与醋的比例一般为 2 ：1 （4）调制油醋汁时如使用醋精，应将醋精稀释后再使用 （5）油醋汁还可以根据需要，加入一些香葱、龙蒿、番芫荽末等香草
实训组织	教师演示	内容：油醋汁 方式：操作演示 时间：30 分钟
	学生实训	内容：油醋汁 分组：2 人一组 时间：30 分钟
	教师点评	小结、评分
实训准备	场地	实操室
	工具	抽子、分刀、砧板、陶瓷器皿或不锈钢圆盆
	材料	色拉油 200 毫升，白醋 50 毫升，洋葱碎 60 克，精盐 8 克，胡椒粉 1 克，杂香草少许
思考题	（1）制作油醋汁的操作要点和应注意的事项有哪些？ （2）为什么说油醋汁是最基础的冷调味汁？	
考核评价与成绩评定	实训成品成绩占 70%，作业成绩占 30% 学生自我评价表另附	

7. 意大利汁（Italy Dressing）

实训项目	意大利汁
目的与要求	（1）通过学习制作意大利汁，掌握其原料配比、制作过程和操作要点 （2）熟知意大利汁的成品特点和应用范围
技术理论与原理	意大利汁是以油醋汁为基础衍变而来的少司。意大利汁在油醋汁的基础上增加了乳化剂，其用途很广，既可为沙拉调味，还可以作为其他沙拉调味酱的基本原料，放入其他食品原料和调料后，可成为更有特色的沙拉酱

续表

实训项目	意大利汁	
实训方法	工艺流程	将原料切碎→原料搅拌均匀至乳液状→保存
	操作过程及方法	（1）把酸黄瓜、黑橄榄切碎 （2）把除红醋之外的所有原料加入油醋汁中，然后搅拌均匀，最后加入红醋即成
	成品特点	暗红色，有光泽，流体，口味酸咸微辣、香味浓郁，口感细腻、有颗粒感
	操作要领	（1）酸黄瓜要去籽后再切成碎末 （3）要注意各种香料、调料的搭配比例
实训组织	教师演示	内容：意大利汁 方式：操作演示 时间：30 分钟
	学生实训	内容：意大利汁 分组：2 人一组 时间：30 分钟
	教师点评	小结、评分
实训准备	场地	实操室
	工具	抽子、分刀、砧板、陶瓷器皿或不锈钢圆盆
	材料	油醋汁 100 毫升，芥末 10 克，洋葱碎 6 克，蒜茸 4 克，酸黄瓜 6 克，黑橄榄 6 克，番芫荽碎 2 克，红葡萄酒 10 毫升，红醋 10 毫升，柠檬汁 4 克，黑胡椒碎 2 克，辣酱油 2 毫升，精盐、糖适量
思考题	（1）制作意大利汁的操作要点和应注意的事项有哪些？ （2）制作意大利汁与法国汁有什么异同？	
考核评价与成绩评定	实训成品成绩占 70%，作业成绩占 30% 学生自我评价表另附	

二、沙拉制作实训

1. 生菜沙拉（Lettuce Salad）

实训项目	生菜沙拉
目的与要求	（1）通过学习制作生菜沙拉，掌握其原料配比、制作过程和操作要点 （2）熟知生菜沙拉的成品特点，同时逐渐了解并掌握沙拉菜肴的一般制作工艺

续表

<table>
<tr><th>实训项目</th><th colspan="2">生菜沙拉</th></tr>
<tr><td>技术理论与原理</td><td colspan="2">生菜按其叶子的形状可分为团生菜和花生菜两种
团生菜呈球形，叶内卷，质地细嫩，色泽鲜艳，口感极好。团生菜按其颜色不同，可分为绿、白、紫、红色几种。绿生菜也称青口菜，色绿、棵大，含纤维素较多；白生菜又称白口菜，因呈奶白色，又称奶油生菜，其叶片薄，品质细脆，故又被称为玻璃生菜；还有一种青白生菜，其颜色介于以上两种之间。红生菜和紫生菜质地鲜嫩、色泽鲜艳
花生菜叶长而薄，多褶皱，叶边有花瓣形或锯齿形凸凹，故又名花叶菜。花生菜叶散不结球，颜色有绿、白、红、紫色几种。花生菜较团生菜纤维素含量多
生菜主要用于制作各种冷菜，还可以用作各种菜肴的装饰品
制作蔬菜沙拉时，应用清水认真清洗蔬菜，除去叶子上的泥土和污物。应选用不锈钢材料制成的刀具进行操作，防止菜肴变色。所有的绿叶蔬菜沙拉都应经过冷藏后才能上桌，这样才能保证蔬菜清脆</td></tr>
<tr><td rowspan="4">实训方法</td><td>工艺流程</td><td>将生菜洗净、撕片→装盘→浇汁</td></tr>
<tr><td>操作过程及方法</td><td>（1）将各种生菜洗净，甩净生菜叶上的水分
（2）用手将生菜叶撕成小片，放入冰箱冷藏
（3）食用时，将生菜放入沙拉盘内，浇上法国汁即成</td></tr>
<tr><td>成品特点</td><td>生菜原色，汁浅黄色，有光泽，立体状，口味咸酸，口感香滑爽口</td></tr>
<tr><td>操作要领</td><td>（1）应选用鲜嫩、翠绿的生菜叶
（2）要甩净生菜叶上的水分
（3）生菜叶较鲜嫩，不宜用刀切，所以要用手撕成小片，以使其脆嫩的组织结构不被破坏
（4）撕成小片的生菜叶要放入冰箱冷藏一段时间，这样更能增加沙拉清爽的口感</td></tr>
<tr><td rowspan="3">实训组织</td><td>教师演示</td><td>内容：生菜沙拉
方式：操作演示
时间：30 分钟</td></tr>
<tr><td>学生实训</td><td>内容：生菜沙拉
分组：2 人一组
时间：30 分钟</td></tr>
<tr><td>教师点评</td><td>小结、评分</td></tr>
<tr><td rowspan="3">实训准备</td><td>场地</td><td>实操室</td></tr>
<tr><td>工具</td><td>冰箱、不锈钢圆盆、沙拉盘</td></tr>
<tr><td>材料</td><td>生菜 200 克（3 ~ 4 个品种），法国汁 75 毫升</td></tr>
</table>

续表

实训项目	生菜沙拉
思考题	（1）制作生菜沙拉时在生菜的选择上有哪些要求？为什么？ （2）生菜沙拉的成品特点是什么？
考核评价与成绩评定	实训成品成绩占 70%，作业成绩占 30% 学生自我评价表另附

2. 田园沙拉（Garden Salad）

实训项目	田园沙拉	
目的与要求	（1）通过学习制作田园沙拉，掌握其原料配比、制作过程和操作要点 （2）熟知田园沙拉的成品特点，同时逐渐了解并掌握沙拉菜肴的一般制作工艺	
技术理论与原理	制作一般蔬菜沙拉时，首先应将各种蔬菜清洗干净，切成统一的形状，其大小应当方便食用，以人们每一次进食的容量为标准。切菜的时间应接近开餐时间，要使用不锈钢刀具。加工好的沙拉原料应放入冷藏箱内冷藏，以使其脆嫩	
实训方法	工艺流程	将原料洗净、加工→装盆→原料搅拌均匀→装盘、装饰
	操作过程及方法	（1）将洋白菜、紫甘蓝、胡萝卜切成丝，洋葱切碎，菠萝切成小粒 （2）将蔬菜丝与洋葱碎、菠萝粒放入不锈钢圆盆内 （3）淋入沙拉酱、酸奶，混合均匀，加入精盐、白醋调味，搅拌均匀 （4）将沙拉装盘，装饰后即成
	成品特点	色彩丰富，有光泽，立体状，口味咸酸，口感香滑爽口
	操作要领	（1）蔬菜丝要切得细而均匀 （2）洋白菜、紫甘蓝要去掉叶梗，沿垂直纤维方向切成丝 （3）胡萝卜要顺纤维方向切成丝 （4）要完全控干蔬菜丝上的水分，再加入沙拉酱，以防酱汁变稀 （5）蔬菜丝内不要先放盐，否则会使蔬菜丝变软出水，影响沙拉的质感
实训组织	教师演示	内容：田园沙拉 方式：操作演示 时间：30 分钟
	学生实训	内容：田园沙拉 分组：2 人一组 时间：30 分钟
	教师点评	小结、评分

续表

实训项目		田园沙拉
实训准备	场地	实操室
	工具	分刀、砧板、不锈钢圆盆、沙拉盘
	材料	洋白菜350克，紫甘蓝100克，胡萝卜、菠萝（罐头）各50克，洋葱25克，沙拉酱75毫升，酸奶50毫升，白醋、精盐适量
思考题		（1）为什么叶菜类蔬菜切丝，要垂直纤维方向切？ （2）制作田园沙拉的操作要点和应注意的事项有哪些？
考核评价与成绩评定		实训成品成绩占70%，作业成绩占30% 学生自我评价表另附

3. 马铃薯沙拉（Potato Salad）

实训项目		马铃薯沙拉
目的与要求		（1）通过学习制作马铃薯沙拉，掌握其原料配比、制作过程和操作要点 （2）熟知马铃薯沙拉的成品特点，同时逐渐了解并掌握俄式菜肴的一般制作工艺
技术理论与原理		制作熟食沙拉时首先应使用凉透的或冷藏过的原料，并将它们切均匀。其次，制作熟食沙拉必须放一些调味的原料以增加它们的味道。同时，制作熟食沙拉应选择颜色鲜艳和质地酥脆的配料，以弥补主料质地不酥脆的缺陷。例如，西芹丁、黄瓜丁、腌渍的蔬菜丁或洋葱末等都是有特色的配料。最后，制作熟食沙拉时，必须认真搅拌食品原料与调味汁，动作要轻快，以防止破坏主体菜的形状
实训方法	工艺流程	将马铃薯洗净、煮熟→配料切丁→淋入汁→装盘、装饰
	操作过程及方法	（1）将马铃薯洗净、煮熟、晾凉，去皮后切成丁 （2）将胡萝卜去皮、切丁，与青豆一同煮熟待用；将酸黄瓜切丁待用 （3）将加工好的原料放入不锈钢圆盆中，加入所有调料搅拌均匀 （4）把沙拉摆在盘中央，周边用时令蔬菜作装饰即成
	成品特点	红、黄、绿色相间，不塌陷，装配美观，口味酸咸、鲜香适口，口感绵软、细腻
	操作要领	（1）马铃薯煮熟后要晾凉、控干水分后再加工 （2）拌沙拉的调味汁浓度要适宜 （3）装饰要合理，不要喧宾夺主
实训组织	教师演示	内容：马铃薯沙拉 方式：操作演示 时间：30分钟

续表

实训项目	马铃薯沙拉	
实训组织	学生实训	内容：马铃薯沙拉 分组：2 人一组 时间：30 分钟
	教师点评	小结、评分
实训准备	场地	实操室
	工具	燃气灶、不锈钢圆盆、分刀、砧板、沙拉盘
	材料	马铃薯 100 克，胡萝卜 20 克，酸黄瓜 10 克，青豆 15 克，万尼汁 30 克，白醋 5 克，精盐、胡椒粉少量
思考题	（1）马铃薯沙拉的成品特点是什么？ （2）俄式菜的主要特点是什么？	
考核评价与成绩评定	实训成品成绩占 70%，作业成绩占 30% 学生自我评价表另附	

4. 马铃薯培根沙拉（Potato & Bacon Salad）

实训项目	马铃薯培根沙拉	
目的与要求	（1）通过学习制作马铃薯培根沙拉，掌握其原料配比、制作过程和操作要点 （2）熟知马铃薯培根沙拉的成品特点，同时逐渐了解并掌握沙拉菜肴的一般制作工艺	
技术理论与原理	组合式沙拉可以由任何原料组成，关键是它们的颜色、味道和质地必须协调，形成互补 制作马铃薯培根沙拉运用的是混合法，即将各种沙拉原料混合在一起，然后浇上沙拉酱，轻轻地搅拌成一体而成	
实训方法	工艺流程	将马铃薯洗净、煮熟→配料加工→淋入汁→装盘、装饰
	操作过程及方法	（1）将马铃薯煮熟、去皮，切成大小均匀的片 （2）将洋葱、香葱切成碎 （3）将培根切成小片，用小火煎至干脆 （4）将马铃薯片、洋葱碎、培根片放入不锈钢圆盆中 （5）淋入法国汁，混合均匀，加入精盐、胡椒粉调味，搅拌均匀 （6）用生菜叶垫底，将沙拉装盘，撒上切碎的香葱即成
	成品特点	淡黄色，不塌陷，装配美观，口味酸咸、鲜香适口，口感绵软细腻

续表

<table>
<tr><th colspan="2">实训项目</th><th colspan="2">马铃薯培根沙拉</th></tr>
<tr><td colspan="2">实训方法</td><td>操作要领</td><td>（1）马铃薯要用小火煮熟、煮透，但不要将马铃薯煮烂
（2）培根要用小火煎至干脆，但不能焦煳
（3）煎培根的油脂要放入马铃薯片内
（4）要小心搅拌，不要将马铃薯片搅拌得过于散碎，影响沙拉的质感</td></tr>
<tr><td colspan="2" rowspan="3">实训组织</td><td>教师演示</td><td>内容：马铃薯培根沙拉
方式：操作演示
时间：30 分钟</td></tr>
<tr><td>学生实训</td><td>内容：马铃薯培根沙拉
分组：2 人一组
时间：30 分钟</td></tr>
<tr><td>教师点评</td><td>小结、评分</td></tr>
<tr><td rowspan="3">实训准备</td><td>场地</td><td colspan="2">实操室</td></tr>
<tr><td>工具</td><td colspan="2">燃气灶、汤锅、煎盘、分刀、砧板、不锈钢圆盆、沙拉盘</td></tr>
<tr><td>材料</td><td colspan="2">马铃薯500克，法国汁125毫升，培根100克，洋葱50克，香葱20克，生菜叶4片，植物油、精盐、胡椒粉适量</td></tr>
<tr><td colspan="2">思考题</td><td colspan="2">（1）如何制作马铃薯培根沙拉？其成品特点是什么？
（2）制作马铃薯培根沙拉的操作要点和应注意的事项有哪些？</td></tr>
<tr><td colspan="2">考核评价与成绩评定</td><td colspan="2">实训成品成绩占 70%，作业成绩占 30%
学生自我评价表另附</td></tr>
</table>

5. 华都夫沙拉（Waldorf Salad）

<table>
<tr><th>实训项目</th><th colspan="2">华都夫沙拉</th></tr>
<tr><td>目的与要求</td><td colspan="2">（1）通过学习制作华都夫沙拉，掌握其原料配比、制作过程和操作要点
（2）熟知华都夫沙拉的成品特点，同时逐渐了解并掌握沙拉菜肴的一般制作工艺</td></tr>
<tr><td>技术理论与原理</td><td colspan="2">主菜沙拉作为一餐中的主要菜肴，应当有份额大、食品原料丰富等特点。主菜沙拉的主体菜应选用蛋白质或淀粉原料，不仅如此，主菜沙拉的颜色或味道应当有特色
制作华都夫沙拉运用混合法，将各种沙拉原料混合在一起，然后浇上沙拉酱，轻轻地搅拌成一体</td></tr>
<tr><td rowspan="2">实训方法</td><td>工艺流程</td><td>加工各种原料→淋入汁→装盘、装饰</td></tr>
<tr><td>操作过程及方法</td><td>（1）将熟鸡脯肉切成丝，青苹果去皮、去核切成丝，嫩西芹去筋切成丝</td></tr>
</table>

续表

实训项目	华都夫沙拉	
实训方法	操作过程及方法	（2）核桃仁用开水泡过，剥去皮，晾干后，入烤箱烘烤至松脆 （3）将鸡肉丝、苹果丝、西芹丝放入不锈钢圆盆内，挤入柠檬汁 （4）加入沙拉酱和打起的奶油，并加入一半的核桃仁，搅拌均匀，放入冰箱冷藏 （5）沙拉盘用生菜垫底，放上沙拉 （6）将余下的核桃仁切碎，撒在沙拉上作装饰即成
	成品特点	原料色彩丰富，长条丝状，口味酸咸适口，口感鸡肉有咬劲但不硬、苹果爽口
	操作要领	（1）鸡脯肉应采用温煮的方法加工，这样才能保证熟鸡脯肉鲜嫩多汁 （2）熟鸡脯肉、西芹都要顺纤维的方向切丝 （3）烘烤核桃仁时要不停搅动，这样烤出的效果才理想 （4）调制好的沙拉应放入冰箱冷藏 1 小时再装盘，这样口感才更好
实训组织	教师演示	内容：华都夫沙拉 方式：操作演示 时间：30 分钟
	学生实训	内容：华都夫沙拉 分组：2 人一组 时间：30 分钟
	教师点评	小结、评分
实训准备	场地	实操室
	工具	分刀、砧板、不锈钢圆盆、沙拉盘、烤箱、冰箱
	材料	青苹果 100 克，嫩西芹 50 克，熟鸡脯肉 100 克，核桃仁 25 克，沙拉酱 75 毫升，奶油 50 毫升，柠檬 1 个，生菜叶 4 片，精盐、胡椒粉适量
思考题	华都夫沙拉的成品特点是什么？	
考核评价与成绩评定	实训成品成绩占 70%，作业成绩占 30% 学生自我评价表另附	

6. 厨师沙拉（Chef's Salad）

实训项目	厨师沙拉
目的与要求	（1）通过学习制作厨师沙拉，掌握其原料配比、制作过程和操作要点 （2）熟知厨师沙拉的成品特点，同时逐渐了解并掌握沙拉菜肴的一般制作工艺

续表

<table>
<tr><th colspan="2">实训项目</th><th colspan="2">厨师沙拉</th></tr>
<tr><td colspan="2">技术理论与原理</td><td colspan="2">沙拉（Salad）一词来自英语，经音译而成，其含义是一种冷菜。作为西餐传统的开胃菜肴，它的主要原料是绿叶蔬菜。现代沙拉在欧美人的饮食中所起的作用越来越重要，它可以作为任何一道菜肴，如开胃菜、主菜、甜菜、辅助菜等，制作沙拉的原料也包罗万象、丰富多彩，从传统单一的绿叶蔬菜发展为各种畜肉、家禽、水产品、蔬菜、鸡蛋、水果、干果、芝士，甚至谷物等
制作厨师沙拉运用的是组合法，即将各种沙拉原料分别装在沙拉盘中，不经过搅拌制成的沙拉，如先放底菜、主体菜，再放装饰菜，最后浇上沙拉酱</td></tr>
<tr><td colspan="2" rowspan="4">实训方法</td><td>工艺流程</td><td>加工各种原料→装盘、装饰→淋入汁</td></tr>
<tr><td>操作过程及方法</td><td>（1）将生菜叶撕成片，放入沙拉盘内垫底
（2）将芦笋切成段，熟牛肉、熟鸡脯肉、火腿、芝士均切成条，番茄、煮鸡蛋去壳，切成橘子瓣状
（3）将切成条的熟牛肉、熟鸡脯肉、火腿、芝士和芦笋段一起堆围在生菜叶上
（4）将切成橘子瓣状的番茄、煮鸡蛋相间码于沙拉盘四周作装饰
（5）上菜时，淋入法国汁或将法国汁放于少司盅内单跟上桌即成</td></tr>
<tr><td>成品特点</td><td>色彩多样、鲜艳明亮，形状疏而不散，口味咸鲜适口，口感有咬劲但不硬</td></tr>
<tr><td>操作要领</td><td>（1）熟牛肉和熟鸡脯肉要垂直纤维方向切成条
（2）芦笋要削去表皮、坚硬的老筋和尾部
（3）番茄应用沸水初步热加工，并剥去外皮
（4）煮鸡蛋要放入冷水中，待其完全冷却后再剥去外壳</td></tr>
<tr><td colspan="2" rowspan="3">实训组织</td><td>教师演示</td><td>内容：厨师沙拉
方式：操作演示
时间：30 分钟</td></tr>
<tr><td>学生实训</td><td>内容：厨师沙拉
分组：2 人一组
时间：30 分钟</td></tr>
<tr><td>教师点评</td><td>小结、评分</td></tr>
<tr><td rowspan="3">实训准备</td><td>场地</td><td colspan="2">实操室</td></tr>
<tr><td>工具</td><td colspan="2">分刀、砧板、不锈钢圆盆、少司盅、沙拉盘</td></tr>
<tr><td>材料</td><td colspan="2">熟牛肉、熟鸡脯肉、火腿各 150 克，芝士 75 克，芦笋 50 克，番茄 1 个，团生菜、红叶生菜各 1 棵，煮鸡蛋 2 个，法国汁 125 毫升</td></tr>
</table>

续表

实训项目	厨师沙拉
思考题	（1）如何制作厨师沙拉？厨师沙拉的成品特点是什么？ （2）制作厨师沙拉的操作要点和应注意的事项有哪些？
考核评价与成绩评定	实训成品成绩占 70%，作业成绩占 30% 学生自我评价表另附

7. 凯撒沙拉（Caesar Salad）

实训项目	凯撒沙拉	
目的与要求	（1）通过学习制作凯撒沙拉，掌握其原料配比、制作过程和操作要点 （2）熟知凯撒沙拉的成品特点，同时逐渐了解并掌握意式菜肴的一般制作工艺	
技术理论与原理	沙拉作为一道菜肴，一般包括四个组成部分：底菜、主体菜、装饰菜或配菜、调味酱。通常，这四个组成部分在沙拉中可以明显地分辨出来，有时混合在一起，有时省略底菜或装饰菜等。例如，制作凯撒沙拉运用的是混合法，即将各种沙拉原料混合在一起，然后浇上沙拉酱，轻轻搅拌成为一体	
实训方法	工艺流程	加工各种原料→淋入汁→装盘、装饰
	操作过程及方法	（1）把芝士擦成丝，鸡蛋煮成嫩蛋，蘑菇切成片 （2）把芥末、洋葱末、蒜末拌匀，加入柠檬汁、白葡萄醋等调味，再逐渐加入橄榄油，搅打成调味汁 （3）把生菜叶撕碎，放入盘内，撒上芝士丝，再放上银鱼柳、蘑菇片，淋入调味汁，最后撒上炸面包丁、培根丁 （4）盘边用圣女果、煮鸡蛋作装饰即成
	成品特点	色彩丰富，有光泽，立体状，口味咸酸，口感香滑爽口
	操作要领	（1）生菜叶一定要甩干水分后再使用 （2）搅拌调味汁时，橄榄油不要一次加得太多，否则汁和油容易分离 （3）调味汁要有一定的浓稠度
实训组织	教师演示	内容：凯撒沙拉 方式：操作演示 时间：30 分钟
	学生实训	内容：凯撒沙拉 分组：2 人一组 时间：30 分钟
	教师点评	小结、评分

续表

<table>
<tr><th colspan="2">实训项目</th><th>凯撒沙拉</th></tr>
<tr><td rowspan="3">实训准备</td><td>场地</td><td>实操室</td></tr>
<tr><td>工具</td><td>分刀、砧板、不锈钢圆盆、沙拉盘</td></tr>
<tr><td>材料</td><td>长叶生菜 500 克，芝士 200 克，银鱼柳 200 克，蘑菇 200 克，圣女果 5 个，炸面包丁 50 克，培根丁 10 克，橄榄油 50 毫升，柠檬汁 20 毫升，白葡萄醋 20 毫升，芥末、精盐、胡椒粉、洋葱末、蒜末适量</td></tr>
<tr><td colspan="2">思考题</td><td>（1）凯撒沙拉的成品特点是什么？
（2）意式菜肴的主要特点是什么？</td></tr>
<tr><td colspan="2">考核评价与成绩评定</td><td>实训成品成绩占 70%，作业成绩占 30%
学生自我评价表另附</td></tr>
</table>

8. 夏威夷鸡肉沙拉（Chicken Salad Hawaii）

<table>
<tr><th colspan="2">实训项目</th><th>夏威夷鸡肉沙拉</th></tr>
<tr><td colspan="2">目的与要求</td><td>（1）通过学习制作夏威夷鸡肉沙拉，掌握其原料配比、制作过程和操作要点
（2）熟知夏威夷鸡肉沙拉的成品特点，同时逐渐了解并掌握沙拉菜肴的一般制作工艺</td></tr>
<tr><td colspan="2">技术理论与原理</td><td>制作沙拉的原料必须新鲜，原料的外观必须整齐，颜色必须鲜艳，味道必须鲜美。同时，选用的各种食品原料的味道、质地和颜色等方面必须协调
制作夏威夷鸡肉沙拉运用的是混合法</td></tr>
<tr><td rowspan="4">实训方法</td><td>工艺流程</td><td>加工各种原料→淋入汁→装盘、装饰</td></tr>
<tr><td>操作过程及方法</td><td>（1）将熟鸡脯肉切成 0.5 厘米见方的粒，菠萝也切成 0.5 厘米见方的粒
（2）在万尼汁中加入柠檬汁、精盐和胡椒粉，拌匀后备用
（3）将生菜叶放入盘中垫底，把鸡肉粒、菠萝粒与万尼汁混合拌匀，放于生菜叶上，再撒上番芫荽碎作装饰即成</td></tr>
<tr><td>成品特点</td><td>原料的白、黄、绿色丰富，粒状，口味酸咸适口，口感鸡肉有咬劲但不硬、菠萝爽口</td></tr>
<tr><td>操作要领</td><td>（1）原料的选择比较灵活，可在上述原料的基础上进行变化，如可以加入火腿粒等
（2）要在上菜前拌味，以避免原料出水而影响风味</td></tr>
<tr><td>实训组织</td><td>教师演示</td><td>内容：夏威夷鸡肉沙拉
方式：操作演示
时间：30 分钟</td></tr>
</table>

续表

实训项目	夏威夷鸡肉沙拉	
实训组织	学生实训	内容：夏威夷鸡肉沙拉 分组：2 人一组 时间：30 分钟
	教师点评	小结、评分
实训准备	场地	实操室
	工具	分刀、砧板、冰箱、不锈钢圆盆、沙拉盘
	材料	熟鸡脯肉 50 克，菠萝 200 克，万尼汁 50 克，柠檬汁 10 毫升，直叶生菜、番芫荽碎、精盐和胡椒粉适量
思考题	（1）夏威夷鸡肉沙拉属于哪种类型的沙拉组合？ （2）如何更好地保持鸡肉嫩滑？	
考核评价与成绩评定	实训成品成绩占 70%，作业成绩占 30% 学生自我评价表另附	

9. 番茄酿鸡肉沙拉（Stuffed Tomato Salad with Chicken）

实训项目	番茄酿鸡肉沙拉	
目的与要求	（1）通过学习制作番茄酿鸡肉沙拉，掌握其原料配比、制作过程和操作要点 （2）熟知番茄酿鸡肉沙拉的成品特点，同时逐渐了解并掌握沙拉菜肴的一般制作工艺	
技术理论与原理	制作番茄酿鸡肉沙拉运用的是酿馅法，即将熟禽肉、熟畜肉或熟海鲜原料调制成馅，酿在果实类蔬菜中	
实训方法	工艺流程	加工各种原料→酿入果实类蔬菜中→装盘、装饰
	操作过程及方法	（1）将番茄洗净，从蒂部挖取其内心 （2）在挖空的番茄内部撒少许精盐，然后蒂部朝下，沥去水分 （3）将 60 克鸡肉馅酿入番茄中 （4）在每一个沙拉盘中放一片生菜叶垫底，将酿好的番茄放在生菜叶上，再在上面撒上香菜末作装饰即成
	成品特点	原料的白、黄、绿、红色丰富，碗状，口味酸咸适口，口感鸡肉有咬劲但不硬
	操作要领	（1）原料的选择比较灵活，可在上述原料的基础上进行变化，如可以用金枪鱼馅等 （2）要在上菜前拌味，以避免原料出水而影响风味

续表

实训项目	番茄酿鸡肉沙拉	
实训组织	教师演示	内容：番茄酿鸡肉沙拉 方式：操作演示 时间：30 分钟
	学生实训	内容：番茄酿鸡肉沙拉 分组：2 人一组 时间：30 分钟
	教师点评	小结、评分
实训准备	场地	实操室
	工具	分刀、砧板、不锈钢圆盆、沙拉盘
	材料	番茄 24 个，生菜叶 24 片，精盐、香菜末少许，鸡肉馅（熟鸡肉丁、西芹丁、万尼汁、柠檬汁、精盐、胡椒粉搅拌而成）1500 克
思考题	（1）番茄酿鸡肉沙拉属于哪种类型的沙拉组合？ （2）如何加工鸡肉馅？	
考核评价与成绩评定	实训成品成绩占 70%，作业成绩占 30% 学生自我评价表另附	

10. 意大利海鲜沙拉（Seafood Salad Italy）

实训项目	意大利海鲜沙拉	
目的与要求	（1）通过学习制作意大利海鲜沙拉，掌握其原料配比、制作过程和操作要点 （2）熟知意大利海鲜沙拉的成品特点，同时逐渐了解并掌握沙拉菜肴的一般制作工艺	
技术理论与原理	熟制原料沙拉是以熟制的原料为主料制作的沙拉，其特点是主料必须经过熟制，而且习惯以单一的原料作为主体菜。调味酱可有各种选择，以提高熟制原料沙拉的质量和口味	
实训方法	工艺流程	加工各种原料、熟制→淋入汁→装盘、装饰
	操作过程及方法	（1）将大虾去除沙肠、洗净，煮熟后取出虾仁 （2）将鲜带子、青口洗净，去除足丝，再将白葡萄酒、干葱碎和胡椒粒加入水中煮开，放入带子、青口煮至开壳后取肉备用 （3）将鲜鱿鱼和鳕鱼肉煮熟，用冰水浸泡备用 （4）将虾仁等海鲜原料与意大利油醋汁混合拌匀 （5）将生菜叶放入盘中垫底，把与意大利油醋汁拌匀的海鲜原料放在生菜叶上，再撒上各种蔬菜辅料粒作装饰即成
	成品特点	原料色彩丰富，立体状，口味酸咸适口，各种海鲜口感鲜嫩爽口

续表

实训项目	意大利海鲜沙拉	
实训方法	操作要领	（1）海鲜原料要新鲜，突出时令性，可变化多样 （2）鱼肉不要煮得过老，待其刚熟即放入冰水中浸泡，以保证肉质的弹性和嫩度 （3）摆放海鲜时要把名贵海鲜摆放在上层，以突出菜式用料的精细 （4）原料摆放要有立体感
实训组织	教师演示	内容：意大利海鲜沙拉 方式：操作演示 时间：30 分钟
	学生实训	内容：意大利海鲜沙拉 分组：2 人一组 时间：30 分钟
	教师点评	小结、评分
实训准备	场地	实操室
	工具	燃气灶、平底锅、少司锅、分刀、砧板、不锈钢圆盆、沙拉盘
	材料	大虾 8 只，青口 8 个，带子 4 个，鲜鱿鱼块 120 克，鳕鱼肉块 100 克，白葡萄酒 50 毫升，干葱碎 10 克，胡椒粒 10 克，意大利油醋汁 100 毫升，红椒粒、青椒粒、黄椒粒、生菜叶、洋葱粒、黑橄榄、番芫荽碎适量
思考题	（1）制作意大利海鲜沙拉时应如何保持海鲜原料鲜嫩？ （2）如何调制意大利油醋汁？	
考核评价与成绩评定	实训成品成绩占 70%，作业成绩占 30% 学生自我评价表另附	

11. 香橙沙拉（Orange Salad）

实训项目	香橙沙拉
目的与要求	（1）通过学习制作香橙沙拉，掌握其原料配比、制作过程和操作要点 （2）熟知香橙沙拉的成品特点，同时逐渐了解并掌握沙拉菜肴的一般制作工艺
技术理论与原理	制作水果沙拉时应认真清洗水果，挖去斑点，制作时间应尽量接近开餐时间。在水果沙拉里放一些柠檬汁、橘子汁等酸性果汁可保持水果的天然颜色及改善某些水果的味道，如改善苹果、梨和香蕉的味道。低质水果罐头原料不适宜制作水果沙拉。如果使用罐头水果，要沥去水分。切水果时，一定要使用不锈钢刀具，以免使水果变色

续表

实训项目	香橙沙拉	
实训方法	工艺流程	加工各种原料、熟制→淋入汁→装盘、装饰
	操作过程及方法	（1）将甜橙剥皮，撕去筋络，切成薄片 （2）将菠萝剥皮、去籽，切成块 （3）将白糖粉与可可粉混合，制成可可糖粉 （4）在盘中或杯中放一层甜橙片后，再码一层菠萝块，每层都撒上适量的可可糖粉，冷藏 2 小时后即可食用
	成品特点	黄色，块状，口味酸甜，口感冰凉爽口
	操作要领	（1）水果要新鲜，要突出时令性，可变化多样 （2）注意可可粉与白糖粉的搭配比例 （3）原料摆放要有立体感
实训组织	教师演示	内容：香橙沙拉 方式：操作演示 时间：30 分钟
	学生实训	内容：香橙沙拉 分组：2 人一组 时间：30 分钟
	教师点评	小结、评分
实训准备	场地	实操室
	工具	分刀、砧板、不锈钢圆盆、沙拉盘、冰箱
	材料	大甜橙 3 个，小菠萝 1 个，白糖粉 60 克，可可粉 120 克
思考题	（1）如何挑选新鲜水果？ （2）为什么菠萝在食用之前要用盐水泡一会儿？	
考核评价与成绩评定	实训成品成绩占 70%，作业成绩占 30% 学生自我评价表另附	

模块 7

西餐汤类制作实训

本模块实训基本信息

实训总学时：30 学时

学习对象：一年级西餐烹饪专业学生

实训项目与任务：奶油汤类制作实训、清汤类制作实训、菜茸汤类制作实训、特殊风味汤类制作实训

一、奶油汤类制作实训

1. 奶油汤（Cream Soup）

实训项目	奶油汤	
目的与要求	（1）通过学习制作奶油汤，掌握其原料配比、制作过程和操作要点 （2）熟知奶油汤的成品特点和制作注意事项	
技术理论与原理	奶油汤也称忌廉汤，是用牛油炒面粉作汤底，再加入奶油或牛奶及一些调味品调制而成的汤类。奶油汤是一种基础汤，以汤中的配料命名可制成多种奶油汤 制作奶油汤主要利用了脂肪的乳化和淀粉的糊化原理。水与油是不相溶的，但奶油汤从外观上看，牛奶、清汤、油与面粉却完全融为一体，这是因为在制作奶油汤的过程中，上述原料受到了机械的搅拌，使水与面粉及油脂均匀地分开，形成了水包油的乳态，与此同时，面粉中的淀粉受热发生糊化，形成黏稠状态，从而使油水均匀分散的现象稳定下来，形成了较稳定的乳化状态	
实训方法	工艺流程	炒面捞→加入冷基础汤→小火煮 30 分钟→调味→过滤
	操作过程及方法	（1）将牛油放入汤锅中加热熔化，放入面粉，温火炒香，但不要炒上色 （2）把白色冷基础汤倒入锅中，搅打均匀，待开锅后改小火煮 30 分钟 （3）加入鲜奶油、牛奶和精盐调味，煮开过滤后即成
	成品特点	乳白色，有光泽，乳状，60℃以上为流体，口味浓香微咸，口感细腻软滑

续表

<table>
<tr><th colspan="2">实训项目</th><th colspan="2">奶油汤</th></tr>
<tr><td colspan="2">实训方法</td><td>操作要领</td><td>（1）炒面捞时火候不能太大，以免炒上色
（2）要把基础汤、面粉搅打均匀，不能有面疙瘩
（3）熬煮时要用微火，以避免煳锅底</td></tr>
<tr><td colspan="2" rowspan="3">实训组织</td><td>教师演示</td><td>内容：奶油汤
方式：操作演示
时间：30 分钟</td></tr>
<tr><td>学生实训</td><td>内容：奶油汤
分组：2 人一组
时间：30 分钟</td></tr>
<tr><td>教师点评</td><td>小结、评分</td></tr>
<tr><td rowspan="3">实训准备</td><td>场地</td><td colspan="2">实操室</td></tr>
<tr><td>工具</td><td colspan="2">燃气灶、汤锅、汤箩、木铲、抽子</td></tr>
<tr><td>材料</td><td colspan="2">牛油 500 克，面粉 600 克，白色冷基础汤 800 毫升，鲜奶油 1 千克，牛奶 1 升，精盐 50 克</td></tr>
<tr><td colspan="2">思考题</td><td colspan="2">（1）制作奶油汤的操作要点和应注意的事项有哪些？
（2）奶油汤的成品特点是什么？</td></tr>
<tr><td colspan="2">考核评价与成绩评定</td><td colspan="2">实训成品成绩占 70%，作业成绩占 30%
学生自我评价表另附</td></tr>
</table>

2. 奶油蘑菇汤（Cream of Mushroom Soup）

<table>
<tr><th>实训项目</th><th colspan="2">奶油蘑菇汤</th></tr>
<tr><td>目的与要求</td><td colspan="2">（1）通过学习制作奶油蘑菇汤，掌握其原料配比、制作过程和操作要点
（2）熟知奶油蘑菇汤的成品特点和制作注意事项</td></tr>
<tr><td>技术理论与原理</td><td colspan="2">奶油汤是以汤中的配料命名的，如奶油蘑菇汤以蘑菇为配料，利用蘑菇浓郁的香味和奶油香味结合而成</td></tr>
<tr><td rowspan="2">实训方法</td><td>工艺流程</td><td>炒香蘑菇丁→加入冷基础汤→小火煮 30 分钟→调味→过滤</td></tr>
<tr><td>操作过程及方法</td><td>（1）把多种鲜蘑菇切成小丁
（2）用牛油把蘑菇丁和香叶炒香，再放入面粉炒香
（3）逐渐加入牛奶和牛基础汤，搅打均匀，让其开透
（4）调入奶油、精盐，再让其开透，盛在汤盘内，撒上或单配烤面包丁即成</td></tr>
</table>

续表

实训项目	奶油蘑菇汤		
实训方法	成品特点		乳白色，有光泽，乳状，60℃以上为流体，有浓郁的蘑菇香味及奶香味，微咸，口感细腻爽滑
	操作要领		（1）要把基础汤、牛奶、面粉搅打均匀，不能有面疙瘩 （2）熬煮时要用微火，以避免煳锅底
实训组织	教师演示		内容：奶油蘑菇汤 方式：操作演示 时间：30 分钟
	学生实训		内容：奶油蘑菇汤 分组：2 人一组 时间：30 分钟
	教师点评		小结、评分
实训准备	场地		实操室
	工具		燃气灶、汤锅、汤箩、搅板、分刀、砧板
	材料	主料	牛油 120 克，面粉 200 克，牛奶 1 升，牛基础汤 1 升
		汤料	多种鲜蘑菇 150 克，烤面包丁 50 克
		调料	奶油 200 毫升，精盐 20 克，香叶 2 片
思考题			（1）制作奶油蘑菇汤的操作要点和应注意的事项有哪些？ （2）奶油蘑菇汤的成品特点是什么？
考核评价与成绩评定			实训成品成绩占 70%，作业成绩占 30% 学生自我评价表另附

3. 海鲜周打汤（Mixed Seafood Chowder Soup）

实训项目	海鲜周打汤	
目的与要求	（1）通过学习制作海鲜周打汤，掌握其原料配比、制作过程和操作要点 （2）熟知海鲜周打汤的成品特点，同时逐渐了解并掌握意式菜肴的一般制作工艺	
技术理论与原理	周打汤是一种以多种食品原料制作成的浓汤，现今的周打汤中多含有海鲜、蔬菜等食品原料，并以牛奶为汤底	
实训方法	工艺流程	加工各种海鲜→加入奶油汤→小火煮 30 分钟→调味→装饰
	操作过程及方法	（1）将三文鱼肉切成小块，大虾洗净去壳取出虾肉，并将两者煮熟 （2）将花蛤和青口分别洗净放入锅中，加入白葡萄酒、洋葱碎、香叶、胡椒粉上火煮制，待花蛤、青口开壳时，离火取肉，再用煮汁浸泡备用

续表

<table>
<tr><th>实训项目</th><th colspan="3">海鲜周打汤</th></tr>
<tr><td rowspan="3">实训方法</td><td>操作过程及方法</td><td colspan="2">（3）将配料洋葱切碎，大蒜、马铃薯、番茄、西芹、蘑菇、培根均切成1厘米 ×1厘米的小片备用
（4）煎锅加热，放入培根片炒香，再放入洋葱碎、大蒜片、马铃薯片、番茄片、西芹片、蘑菇片炒香至熟备用
（5）锅内加入牛油烧热，放入洋葱粒炒香，加面粉炒匀，再分次加入鸡汤和青口汁、鲜奶煮沸后，加入香叶、莳萝熬煮出味，最后加入淡奶油制成奶油汤并过滤
（6）将炒香的配料（4）放入奶油汤中煮沸后，加入煮熟的三文鱼肉、虾肉、青口、干贝和花蛤，用精盐和胡椒粉调味成周打汤（Chowder）
（7）上汤时，撒上番芫荽碎并放上苏打饼干即成</td></tr>
<tr><td>成品特点</td><td colspan="2">色彩鲜艳，乳状，60℃以上为流体，有浓郁的海鲜味及奶香味，微咸，口感细腻爽滑</td></tr>
<tr><td>操作要领</td><td colspan="2">（1）海鲜原料的选择比较灵活，可在上述原料的基础上加以变化。例如，以海鲜类为主可称海鲜周打汤，以蟹肉为主的称蟹肉周打汤，以虾为主的称虾肉周打汤
（2）这款汤菜的关键在于奶油汤的制作。其制作要点是炒面捞时火候应小，鸡汤应分次加入，搅匀后再上火煮沸，边煮边搅动，最后加入奶油。为了使汤色更洁白，也可在汤中添加较多的牛奶，这样风味更佳
（3）配料的选择以增香、添色、美观为佳。还可以使用红、黄辣椒等蔬菜原料，效果也很不错
（4）也可以用西式的千层酥皮将汤盅边缘包裹后送入烤炉内烤制，待酥皮呈金黄色、酥香时取出上菜风味更佳，称为酥皮海鲜汤（上此汤时盛放七成满即可）</td></tr>
<tr><td rowspan="3">实训组织</td><td>教师演示</td><td colspan="2">内容：海鲜周打汤
方式：操作演示
时间：30分钟</td></tr>
<tr><td>学生实训</td><td colspan="2">内容：海鲜周打汤
分组：2人一组
时间：30分钟</td></tr>
<tr><td>教师点评</td><td colspan="2">小结、评分</td></tr>
<tr><td rowspan="4">实训准备</td><td>场地</td><td colspan="2">实操室</td></tr>
<tr><td>工具</td><td colspan="2">燃气灶、平底锅、少司锅、分刀、砧板、汤盅</td></tr>
<tr><td rowspan="2">材料</td><td>主料</td><td>三文鱼肉300克，花蛤200克，青口500克，干贝125克，大虾150克</td></tr>
<tr><td>辅料</td><td>洋葱50克，马铃薯30克，番茄30克，西芹30克，蘑菇20，培根20克，大蒜20克</td></tr>
</table>

续表

<table>
<tr><th colspan="3">实训项目</th><th>海鲜周打汤</th></tr>
<tr><td rowspan="2">实训准备</td><td rowspan="2">材料</td><td>调料</td><td>牛油 40 克，面粉 40 克，鸡汤或鱼汤 2 升，鲜奶 500 毫升，淡奶油 100 毫升，洋葱粒 20 克，白葡萄酒 150 毫升，鲜莳萝 10 克，香叶 1 片，盐、胡椒粉适量</td></tr>
<tr><td>装饰料</td><td>番芫荽碎 10 克，苏打饼干 2 个</td></tr>
<tr><td colspan="3">思考题</td><td>（1）制作海鲜周打汤的操作要点和应注意的事项有哪些？
（2）海鲜周打汤的成品特点是什么？</td></tr>
<tr><td colspan="3">考核评价与成绩评定</td><td>实训成品成绩占 70%，作业成绩占 30%
学生自我评价表另附</td></tr>
</table>

4. 南瓜奶油汤（Cream of Pumpkin Soup）

<table>
<tr><th colspan="2">实训项目</th><th>南瓜奶油汤</th></tr>
<tr><td colspan="2">目的与要求</td><td>（1）通过学习制作南瓜奶油汤，掌握其原料配比、制作过程和操作要点
（2）熟知南瓜奶油汤的成品特点，同时逐渐了解并掌握意式菜肴的一般制作工艺</td></tr>
<tr><td colspan="2">技术理论与原理</td><td>南瓜奶油汤主要利用了南瓜的色泽和清香味，黄色南瓜茸中冲入少许白色的奶油得到润滑的口感</td></tr>
<tr><td rowspan="4">实训方法</td><td>工艺流程</td><td>炒香原料→加入冷基础汤→小火煮 40 分钟→调味→过滤</td></tr>
<tr><td>操作过程及方法</td><td>（1）将南瓜去皮、去籽切成厚片，干葱和洋葱切成丝，大蒜拍碎
（2）将吐司面包片切成 1 厘米见方的丁，烘干（或放入热油中炸成金黄色后取出，沥干油分，成吐司粒）
（3）将牛油放入锅中熔化后炒香培根，加入干葱丝、洋葱丝和拍碎的大蒜炒香，加南瓜片炒匀，倒入鸡汤煮沸，加香叶，加盖焖煮 40 分钟，至南瓜软烂后，将汤倒入搅拌机中搅成茸汤，过滤后加入牛奶和淡奶油，再次上火煮沸，用肉豆蔻粉、白糖、精盐和胡椒粉调味，离火加少许牛油搅化，保温备用
（4）上菜前，将汤装入热的汤盘中，撒入番芫荽碎和吐司面包粒即成</td></tr>
<tr><td>成品特点</td><td>黄色，有光泽，乳状，60℃以上为流体，有浓郁的南瓜味及奶香味，微咸，口感细腻滑口</td></tr>
<tr><td>操作要领</td><td>（1）用小火炒制培根，让它充分发出香味，然后加入干葱丝和洋葱丝慢慢拌炒，待炒软、炒香、不变色后，再加入其他原料，以充分炒出蔬菜的香味
（2）炒南瓜时牛油的量需要较多。待南瓜吸足牛油呈半透明状时再加入鸡汤，这样做出来的南瓜汤口味更加香浓
（3）牛奶用于调节南瓜汤的浓稠度，淡奶油用于增加香味，不宜久煮
（4）吐司面包粒如果用炸的方法处理，油温不能过高，160℃即可，待吐司面包粒变黄就要取出</td></tr>
</table>

续表

<table>
<tr><th colspan="2">实训项目</th><th colspan="2">南瓜奶油汤</th></tr>
<tr><td colspan="2" rowspan="3">实训组织</td><td colspan="2">教师演示</td><td>内容：南瓜奶油汤
方式：操作演示
时间：30 分钟</td></tr>
<tr><td colspan="2">学生实训</td><td>内容：南瓜奶油汤
分组：2 人一组
时间：30 分钟</td></tr>
<tr><td colspan="2">教师点评</td><td>小结、评分</td></tr>
<tr><td rowspan="5">实训准备</td><td>场地</td><td colspan="3">实操室</td></tr>
<tr><td>工具</td><td colspan="3">燃气灶、平底锅、少司锅、分刀、砧板、汤盘</td></tr>
<tr><td rowspan="3">材料</td><td>主料</td><td colspan="2">牛油 100 克，干葱 100 克，洋葱 100 克，大蒜 20 克，南瓜 2 千克，鸡汤 500 毫升，牛奶 300 毫升，淡奶油 100 毫升，培根 100 克</td></tr>
<tr><td>调料</td><td colspan="2">肉豆蔻粉 10 克，精盐、白糖和胡椒粉适量</td></tr>
<tr><td>装饰料</td><td colspan="2">吐司面包片 20 克，番芫荽碎 20 克</td></tr>
<tr><td colspan="2">思考题</td><td colspan="3">（1）制作南瓜奶油汤的操作要点和应注意的事项有哪些？
（2）南瓜奶油汤的成品特点是什么？</td></tr>
<tr><td colspan="2">考核评价与成绩评定</td><td colspan="3">实训成品成绩占 70%，作业成绩占 30%
学生自我评价表另附</td></tr>
</table>

二、清汤类制作实训

1. 清汤（Comsommé Soup）

实训项目	清汤
目的与要求	（1）通过学习制作清汤，掌握其原料配比、制作过程和操作要点 （2）熟知清汤的成品特点和制作注意事项
技术理论与原理	清汤是指用含有鲜味成分的原料，加入清水或原汤煮制而成的清澈透明的汤，以及在此基础上加入简单配料所制成的汤类 制作清汤主要是利用了蛋白质和鸡蛋清加热变性的原理。首先把瘦肉、蛋清等加水搅匀放置 1 小时，使蛋白质溶于水中；接着把瘦肉、蛋清等加入基础汤内，用木铲搅动，使蛋白质与汤液充分接触，这样，当加热后蛋白质变性凝固的同时，也把汤液中其他的悬浮物凝固在一起，从而使汤液更加清澈

续表

实训项目	清汤	
实训方法	工艺流程	加工各种原料→加入清水中→小火煮 2 小时→过滤→调味
	操作过程及方法	（1）将洋葱、胡萝卜、西芹洗净切成片，其中洋葱留一半扒成黑焦体 （2）鸡蛋取蛋清与肉碎、蔬菜放在一起搅拌充足至起劲，再加入清水和基础汤，充分搅拌均匀 （3）用大火加热，并不停搅动，以防止煳锅底。在肉碎开始往上浮后，搅动要放慢、放轻。当肉碎浮至汤的表面时停止搅动，然后将扒好的洋葱放入汤锅中，改用小火煮 2 小时 （4）煮好后过滤，过滤时动作要轻，避免速度太快造成汤液浑浊 （5）过滤完撇去浮油，加入精盐调味即成
	成品特点	棕色液体，清澈透明，肉香味浓郁，微咸，口感鲜咸回甘
	操作要领	（1）调味蔬菜的搭配比例要合适，有色蔬菜不能过多，否则会影响清汤的颜色 （2）煮清汤的火候不能大，使汤面保持微沸状态即可
实训组织	教师演示	内容：清汤 方式：操作演示 时间：30 分钟
	学生实训	内容：清汤 分组：2 人一组 时间：30 分钟
	教师点评	小结、评分
实训准备	场地	实操室
	工具	燃气灶、汤锅、分刀、砧板、汤盘、不锈钢圆盘
	材料	肉碎（鸡、牛、鱼）2 千克，胡萝卜 100 克，洋葱 500 克，西芹 100 克，鸡蛋 6 个，清水 2 升，基础汤（鸡、牛、鱼）10 升，精盐 20 克
思考题	（1）制作清汤的操作要点和应注意的事项有哪些？ （2）清汤的成品特点是什么？	
考核评价与成绩评定	实训成品成绩占 70%，作业成绩占 30% 学生自我评价表另附	

2. 菜丝清汤（Consommé Julienne）

实训项目	菜丝清汤
目的与要求	（1）通过学习制作菜丝清汤，掌握其原料配比、制作过程和操作要点 （2）熟知菜丝清汤的成品特点和制作注意事项

续表

<table>
<tr><th colspan="3">实训项目</th><th colspan="2">菜丝清汤</th></tr>
<tr><td colspan="3">技术理论与原理</td><td colspan="2">Julienne 是“切成丝的”意思，指肉或蔬菜切成细丝的烹调方法，有时直接指菜丝汤，最早于 1785 年由法国著名厨师朱利安（Jean Julien）发明，因此也叫朱利安清汤</td></tr>
<tr><td colspan="2" rowspan="4">实训方法</td><td>工艺流程</td><td colspan="2">加工各种原料→清汤煮开→调味→加入熟菜丝</td></tr>
<tr><td>操作过程及方法</td><td colspan="2">（1）把胡萝卜、白萝卜、西芹、圆白菜都切成细丝，焯水冲凉，控干水分
（2）把牛清汤热开，放入精盐、胡椒粉调味，起汤时调入菜丝即成</td></tr>
<tr><td>成品特点</td><td colspan="2">色彩鲜艳，清澈透明，液体，肉香味浓郁，微咸，口感鲜咸回甘，蔬菜爽口脆嫩</td></tr>
<tr><td>操作要领</td><td colspan="2">（1）菜丝焯水后要马上用清水冲凉，以防止菜丝变烂变色
（2）待牛清汤口味调好后再加入菜丝，以避免菜丝不脆嫩</td></tr>
<tr><td colspan="2" rowspan="3">实训组织</td><td>教师演示</td><td colspan="2">内容：菜丝清汤
方式：操作演示
时间：30 分钟</td></tr>
<tr><td>学生实训</td><td colspan="2">内容：菜丝清汤
分组：2 人一组
时间：30 分钟</td></tr>
<tr><td>教师点评</td><td colspan="2">小结、评分</td></tr>
<tr><td rowspan="5">实训准备</td><td>场地</td><td colspan="3">实操室</td></tr>
<tr><td>工具</td><td colspan="3">燃气灶、汤锅、分刀、砧板、汤盘、不锈钢圆盘</td></tr>
<tr><td rowspan="3">材料</td><td colspan="2">主料</td><td>牛清汤 2 升</td></tr>
<tr><td colspan="2">汤料</td><td>胡萝卜 40 克，白萝卜 40 克，西芹 40 克，圆白菜 40 克</td></tr>
<tr><td colspan="2">调料</td><td>精盐 15 克，胡椒粉少量</td></tr>
<tr><td colspan="2">思考题</td><td colspan="3">（1）制作菜丝清汤的操作要点和应注意的事项有哪些？
（2）菜丝清汤的成品特点是什么？</td></tr>
<tr><td colspan="2">考核评价与成绩评定</td><td colspan="3">实训成品成绩占 70%，作业成绩占 30%
学生自我评价表另附</td></tr>
</table>

3. 什菜粒牛肉清汤（Beef Consommé with Vegetables & Beef “Brunoise”）

实训项目	什菜粒牛肉清汤
目的与要求	（1）通过学习制作什菜粒牛肉清汤，掌握其原料配比、制作过程和操作要点 （2）熟知什菜粒牛肉清汤的成品特点和应用范围，同时逐渐了解并掌握意式汤菜的一般制作工艺

续表

<table>
<tr><th>实训项目</th><th colspan="2">什菜粒牛肉清汤</th></tr>
<tr><td>技术理论与原理</td><td colspan="2">Brunoise 的意思是“蔬菜细丁”，指切成细丝或细丁状的各种蔬菜，如胡萝卜、干葱、西芹和洋葱等，可用作汤料或填馅料。该词也指用蔬菜细丁作配料的菜式</td></tr>
<tr><td rowspan="4">实训方法</td><td>工艺流程</td><td>加工各种原料→清汤煮开→调味→加入熟原料</td></tr>
<tr><td>操作过程及方法</td><td>（1）将牛腹肉洗净，去除筋和肥油，用线捆扎成型备用；将牛骨敲碎；将胡萝卜、洋葱、干葱、西芹等切片备用
（2）锅中加足清水，放入牛骨和牛腹肉，用大火煮沸后，转小火保持汤面微沸，加入胡萝卜、西芹、大蒜、洋葱、干葱和香料束，并注入清水 5 升煮沸（中途撇去浮沫和浮油），煮至汤鲜味浓时，盛出牛肉汤，过滤冷却备用（熟牛肉另作他用）
（3）将清汤料中的牛肉、胡萝卜、洋葱、西芹和番茄切碎，再将牛肉碎、胡萝卜碎、洋葱碎、西芹碎、番茄碎、鸡蛋液、黑胡椒、香叶、杂香草和适量的清水等一同搅匀，倒入冷的牛肉汤（2）中，加热煮沸后（中途撇去浮沫和浮油）转小火煮 3 小时，待汤清澈透明时过滤保温备用
（4）将装盘料中的胡萝卜、洋葱、西芹及熟牛肉切成 5 毫米的小粒，焯水后放入汤碗中，倒入热的牛肉清汤即成</td></tr>
<tr><td>成品特点</td><td>色彩鲜艳，清澈透明，液体，肉香味浓郁，微咸，口感鲜咸回甘，蔬菜爽口脆嫩，牛肉软熟</td></tr>
<tr><td>操作要领</td><td>（1）用于制作清汤的牛肉以新鲜、无筋、无油者为佳
（2）在熬制牛肉汤和清汤的过程中，应及时撇去浮沫及浮油，否则牛肉汤易浑浊，并带有异味
（3）煮汤时，应控制好火候。先用大火煮沸，再用小火保持微沸。在牛肉碎凝固后，不宜过多搅动，以免汤汁浑浊
（4）煮清汤时汤中应放入适量的盐，以促使汤中的蛋白质凝固，使汤更加清澈透明
（5）将汤过滤后，若汤面有浮油，可用洁净无味的吸水纸吸去浮油，以保证汤色纯正
（6）制作好的清汤应以色泽如浅茶色、透明清澈、味鲜醇浓为佳</td></tr>
<tr><td rowspan="3">实训组织</td><td>教师演示</td><td>内容：什菜粒牛肉清汤
方式：操作演示
时间：30 分钟</td></tr>
<tr><td>学生实训</td><td>内容：什菜粒牛肉清汤
分组：2 人一组
时间：30 分钟</td></tr>
<tr><td>教师点评</td><td>小结、评分</td></tr>
</table>

续表

实训项目		什菜粒牛肉清汤	
实训准备	场地	实操室	
	工具	燃气灶、平底锅、少司锅、分刀、砧板、汤碗、吸水纸	
	材料	主料	牛腹肉 2 千克，牛骨 1 千克，胡萝卜 200 克，洋葱 200 克，干葱 200 克，西芹 100 克，香叶 2 片，杂香草适量，黑胡椒 10 克，香料束、大蒜适量
		清汤料	精瘦牛肉 400 克，胡萝卜 80 克，香叶 2 克，西芹 40 克，洋葱 200 克，番茄 40 克，鸡蛋 2 个，杂香草、精盐、黑胡椒适量
		装盘料	胡萝卜 160 克，洋葱 160 克，西芹 80 克
思考题		（1）制作什菜粒牛肉清汤的操作要点和应注意的事项有哪些？ （2）什菜粒牛肉清汤的成品特点是什么？	
考核评价与成绩评定		实训成品成绩占 70%，作业成绩占 30% 学生自我评价表另附	

三、菜茸汤类制作实训

1. 胡萝卜茸汤（Puree of Carrot Soup）

实训项目	胡萝卜茸汤	
目的与要求	（1）通过学习制作胡萝卜茸汤，掌握其原料配比、制作过程和操作要点 （2）熟知胡萝卜茸汤的成品特点和制作注意事项	
技术理论与原理	茸汤类是将含有淀粉质的蔬菜（如马铃薯、胡萝卜、豌豆等）放入原汤中煮熟，然后放在搅拌机中打烂成泥，再煮沸、调味、装饰而成。茸汤不像奶油汤有明显的光泽，可以在其中加入牛奶，也可以不加牛奶。茸汤的颜色美观、味道鲜美、富有营养，在西方各国广为流行，经久不衰 茸汤主要是利用蔬菜颜色美观、营养丰富的特点制作而成的纯菜类健康饮食，特别适宜老少饮用	
实训方法	工艺流程	加工各种原料→加入清水煮熟→原料打碎→过滤、煮开→调味、装饰
	操作过程及方法	（1）将胡萝卜和洋葱用牛油炒香，但不要使其变色 （2）将鸡原汤加入炒胡萝卜和洋葱的锅中，再放入马铃薯丁煮至胡萝卜和马铃薯嫩熟状 （3）将汤和胡萝卜、马铃薯一起用搅拌机打烂成泥 （4）再放回锅中用小火煮，如汤太浓，可加一些鸡原汤稀释 （5）放入精盐、胡椒粉调味，上菜时用炸面包粒作装饰即成

续表

实训项目		胡萝卜茸汤
实训方法	成品特点	橘红色间白色，有光泽，稀糊状，60℃以上近似流体，口味鲜香，有明显的胡萝卜香味和适口的微咸味，菜茸软烂、细腻适口
	操作要领	（1）炒胡萝卜丁时不能炒过火，否则会影响汤的颜色 （2）一起煮制的原料一般都放在一起打碎，且量不能超过主料
实训组织	教师演示	内容：胡萝卜茸汤 方式：操作演示 时间：30 分钟
	学生实训	内容：胡萝卜茸汤 分组：2 人一组 时间：30 分钟
	教师点评	小结、评分
实训准备	场地	实操室
	工具	燃气灶、汤锅、分刀、砧板、汤盘、不锈钢圆盘、搅拌机
	材料	牛油 110 克、胡萝卜丁 1800 克、马铃薯丁 460 克、洋葱丁 460 克、鸡原汤 5 升，面包片 2 片（切粒炸上色）
思考题		（1）制作胡萝卜茸汤的操作要点和应注意的事项有哪些？ （2）胡萝卜茸汤的成品特点是什么？
考核评价与成绩评定		实训成品成绩占 70%，作业成绩占 30% 学生自我评价表另附

2. 青豆茸汤（Pureed Peas Soup）

实训项目		青豆茸汤
目的与要求		（1）通过学习制作青豆茸汤，掌握其原料配比、制作过程和操作要点 （2）熟知青豆茸汤的成品特点和制作注意事项
技术理论与原理		青豆（Green Pea）是一年生缠绕草本，高 90 ~ 180 厘米，全体无毛，小叶长圆形至卵圆形，长 3 ~ 5 厘米、宽 1 ~ 2 厘米，全缘。市场上有罐头青豆和新鲜青豆之分 青豆种植起源于亚洲西部和地中海地区，后传入印度北部，经中亚细亚传至中国，早在汉朝，我国就已开始种植
实训方法	工艺流程	加工各种原料→加入清水煮熟→原料打碎→过滤、煮开→调味、装饰
	操作过程及方法	（1）用牛油将青豆及洋葱粒略炒，放入马铃薯粒再略炒一会 （2）放入鸡汤、薄荷叶、黑胡椒粒，将青豆、洋葱、马铃薯煮熟

续表

实训项目		青豆茸汤
实训方法	操作过程及方法	（3）将汤和青豆、马铃薯粒等一起用搅拌机打烂成泥 （4）再放回锅中用小火煮，如汤太浓，可加一些鸡汤稀释 （5）放入精盐、胡椒粉调味，上菜时用炸面包粒和鲜奶油作装饰即成
	成品特点	青绿色，有光泽，稀糊状，60℃以上近似流体，口味微咸回甘，有浓郁的豆香，口感细腻适口
	操作要领	（1）将青豆煮至够软时才能打茸 （2）一起煮制的原料一般都放在一起打碎，且量不能超过主料
实训组织	教师演示	内容：青豆茸汤 方式：操作演示 时间：30 分钟
	学生实训	内容：青豆茸汤 分组：2 人一组 时间：30 分钟
	教师点评	小结、评分
实训准备	场地	实操室
	工具	燃气灶、汤锅、分刀、砧板、汤盘、不锈钢圆盘
	材料	青豆 500 克，马铃薯粒 200 克，鸡汤 1 升，牛油 30 克，薄荷叶 1 片，洋葱 1 个，黑胡椒粒 10 粒，胡椒粉、精盐、鲜奶油适量，面包片 2 片
思考题		（1）制作青豆茸汤的操作要点和应注意的事项有哪些？ （2）如何更好地保持青豆茸汤颜色鲜亮、有光泽？
考核评价与成绩评定		实训成品成绩占 70%，作业成绩占 30% 学生自我评价表另附

3. 菠菜茸汤（Pureed Spinach Soup）

实训项目	菠菜茸汤
目的与要求	（1）通过学习制作菠菜茸汤，掌握其原料配比、制作过程和操作要点 （2）熟知菠菜茸汤的成品特点和制作注意事项
技术理论与原理	菠菜（Spinach）又名波斯菜、赤根菜、鹦鹉菜、飞龙菜等，属苋科藜亚科菠菜属，一年生草本植物。菠菜植株高可达 1 米，根圆锥状，带红色，较少为白色，叶戟形至卵形，鲜绿色，全缘或有少数牙齿状裂片。菠菜的种类很多，按其种子的形态可分为有刺种和无刺种两个变种。优质的菠菜鲜嫩、翠绿，无枯黄叶和花斑叶，植株健壮、整齐而不断，捆扎成捆，根上无泥，捆内无杂物，不抽薹、无烂叶

续表

实训项目	菠菜茸汤	
实训方法	工艺流程	加工各种原料→加入清水煮熟→原料打碎→过滤、煮开→调味、装饰
	操作过程及方法	（1）把菠菜洗净、焯水、过冰水，用搅拌机打烂成泥 （2）用牛油把洋葱粒炒软，放入面粉炒香，逐渐加入牛肉汤搅拌均匀，待汤沸后调味，加入菠菜泥搅匀 （3）上菜时用炸面包粒和鲜奶油作装饰即成
	成品特点	浅绿色，有光泽，稀糊状，60℃以上为流体，口味鲜香，有明显的菠菜香味和适口的酸咸味，口感细腻适口
	操作要领	（1）菠菜焯水的时间不能太长 （2）菠菜焯水后应立即过凉水，以保持菠菜的绿色 （3）加入的奶油不能过多，否则会影响菜茸汤的色泽和口味
实训组织	教师演示	内容：菠菜茸汤 方式：操作演示 时间：30 分钟
	学生实训	内容：菠菜茸汤 分组：2 人一组 时间：30 分钟
	教师点评	小结、评分
实训准备	场地	实操室
	工具	燃气灶、汤锅、分刀、砧板、汤盘、不锈钢圆盘
	材料	菠菜 500 克，面粉 15 克，牛肉汤 1 千克，牛油 30 克，洋葱 1 个，鲜奶油 150 克，胡椒粉、精盐、柠檬汁适量，炸面包粒适量
思考题		（1）制作菠菜茸汤的操作要点和应注意的事项有哪些？ （2）如何更好地保持煮熟的菠菜颜色鲜艳？
考核评价与成绩评定		实训成品成绩占 70%，作业成绩占 30% 学生自我评价表另附

四、特殊风味汤类制作实训

1. 法国洋葱汤（French Onion Soup Gratine）

实训项目	法国洋葱汤
目的与要求	（1）通过学习制作法国洋葱汤，掌握其原料配比、制作过程和操作要点 （2）熟知法国洋葱汤的成品特点和制作注意事项

续表

<table>
<tr><th colspan="2">实训项目</th><th colspan="2">法国洋葱汤</th></tr>
<tr><td colspan="2">技术理论
与原理</td><td colspan="2">特殊风味汤是指根据世界各民族饮食习惯、烹调特点以及地方代表性的原材料特征和气候变化特征制作而成的汤类，其中也包含了热的蔬菜汤和冷的蔬菜汤。蔬菜汤是先用油和蔬菜制作汤码，然后再加入清汤调制而成的汤类。由于这类汤大多带有一些肉类，所以又称为肉类蔬菜汤
热的蔬菜汤类根据调制蔬菜汤使用的清汤品种不同，又可分为牛蔬菜汤、鸡蔬菜汤、鱼虾汤，其色泽鲜艳，口味多变，诱人食欲，故作为第一道热菜非常适宜
特殊风味汤是一款在制作方法或原料使用方面比一般的汤更具有代表性和特殊性的特色汤，最受本地方人们的青睐。这些美味的汤，也常经本地向外地传播</td></tr>
<tr><td colspan="2" rowspan="4">实训方法</td><td>工艺流程</td><td>炒香洋葱→加入基础汤煮制→面包片烤脆香放入汤中→烘烤</td></tr>
<tr><td>操作过程
及方法</td><td>（1）将洋葱切成细丝，用牛油在微火上炒香、炒干
（2）将油炒面粉放入汤锅中，冲入牛基础汤，调入波尔图酒、精盐、胡椒粉搅匀，并使其开透
（3）将面包的四边去掉，切成薄片，将一面烤至焦黄
（4）将汤盛入耐高温的瓦罐内，上面放上烤面包片，再撒上芝士粉，然后放入180℃的烤箱中烤15分钟即成</td></tr>
<tr><td>成品特点</td><td>深褐色，60℃以上近似流体，有浓郁的洋葱和芝士香味，微咸，口感浓、滑，洋葱软而不烂</td></tr>
<tr><td>操作要领</td><td>（1）洋葱丝要用小火炒香、炒干至微微有些焦煳即可
（2）汤中可不放油炒面粉，但要多放芝士粉，以调节汤的浓度</td></tr>
<tr><td colspan="2" rowspan="3">实训组织</td><td>教师演示</td><td>内容：法国洋葱汤
方式：操作演示
时间：30分钟</td></tr>
<tr><td>学生实训</td><td>内容：法国洋葱汤
分组：2人一组
时间：30分钟</td></tr>
<tr><td>教师点评</td><td>小结、评分</td></tr>
<tr><td rowspan="5">实训
准备</td><td>场地</td><td colspan="2">实操室</td></tr>
<tr><td>工具</td><td colspan="2">燃气灶、烤箱、汤锅、分刀、砧板、不锈钢圆盘、不锈钢圆盆、瓦罐</td></tr>
<tr><td rowspan="3">材料</td><td>主料</td><td>牛基础汤2升</td></tr>
<tr><td>汤料</td><td>洋葱750克，油炒面粉100克，面包250克，芝士粉50克，牛油50克</td></tr>
<tr><td>调料</td><td>波尔图酒50毫升，精盐20克，胡椒粉少量</td></tr>
<tr><td colspan="2">思考题</td><td colspan="2">（1）制作法国洋葱汤的操作要点和应注意的事项有哪些？
（2）为什么制作法国洋葱汤时要将洋葱“炒干”？</td></tr>
</table>

续表

实训项目	法国洋葱汤
考核评价与成绩评定	实训成品成绩占 70%，作业成绩占 30% 学生自我评价表另附

2. 罗宋汤（Russian Borsch）

实训项目	罗宋汤	
目的与要求	（1）通过学习制作罗宋汤，掌握其原料配比、制作过程和操作要点 （2）了解罗宋汤的成品特点，同时逐渐了解并掌握俄式汤菜的一般制作工艺	
技术理论与原理	Borsch 意为甜菜汤，是以发酵的或新鲜的甜红菜垫底，加入牛肉、马铃薯等煮成的浓汤，上桌时要加入酸牛奶食用	
实训方法	工艺流程	加工各种原料→加入基础汤煮制→调味→装盘
	操作过程及方法	（1）把牛肉洗净放入煮锅内，加入胡萝卜、洋葱、香料束和清水，煮 3 小时至牛肉熟软捞出，切成像拇指甲大小的片，用牛肉汤浸泡备用，余下的牛肉汤留用；将配料蔬菜也切成像拇指甲大小的片 （2）锅中加入牛油烧热熔化，放入洋葱片炒香，再加入胡萝卜片、西芹片、白萝卜片、卷心菜片和大蒜，炒软后加入番茄酱炒香，再加入面粉、马铃薯、番茄炒均匀，加入香叶和百里香炒匀后，将牛肉汤倒入煮锅中烧沸，加入辣椒，保持汤面微沸，用小火煮 40 分钟，中途要及时撇去浮沫 （3）用精盐、胡椒粉、糖和柠檬汁等调味，成菜前加入甜红菜头及其罐头汁，放入熟牛肉片稍煮 （4）将红菜头汤、牛肉片和蔬菜料一同盛入汤盘中，在汤面上淋少许酸奶油、撒上番芫荽碎即成
	成品特点	艳红色，有光泽，流体，表面有少量浮油，口味鲜香，酸、甜、咸、微辣，蔬菜软而不烂
	操作要领	（1）罗宋汤口味丰富，调味时要把握其咸、酸、甜、辣的味感层次。酸味较重，以柠檬汁或白酒醋来提味；咸味应足，否则酸味不正；甜味对酸味有中和作用，可用白糖和甜红菜头汁的甜味相补充；辣味略淡，不宜过浓，可用辣椒少司（Tabasco Sauce）替换辣椒调剂辣味 （2）牛肉应煮至熟烂后才能使用，这样既可以得到可口的牛肉，又可以得到香浓的牛肉汤，保证了汤中有浓厚的牛肉香味 （3）红菜头和罐装里的红菜头汁应在成菜前加入，且不宜久煮，否则会使汤色暗黑，成菜后色泽不美观 （4）辣椒应在步骤（2）中加入才更容易煮出辣味 （5）加入番茄酱和面粉后火候不能过大 （6）酸奶油要打成泡沫状，且待出汤后才淋入汤面

续表

<table>
<tr><th>实训项目</th><th colspan="3">罗宋汤</th></tr>
<tr><td rowspan="3">实训组织</td><td>教师演示</td><td colspan="2">内容：罗宋汤
方式：操作演示
时间：30 分钟</td></tr>
<tr><td>学生实训</td><td colspan="2">内容：罗宋汤
分组：2 人一组
时间：30 分钟</td></tr>
<tr><td>教师点评</td><td colspan="2">小结、评分</td></tr>
<tr><td rowspan="5">实训准备</td><td>场地</td><td colspan="2">实操室</td></tr>
<tr><td>工具</td><td colspan="2">燃气灶、平底锅、少司锅、分刀、砧板、汤盘</td></tr>
<tr><td rowspan="3">材料</td><td>主料</td><td>牛肉 200 克，胡萝卜 50 克，洋葱 50 克，香料束 1 束，牛油 50 克</td></tr>
<tr><td>辅料</td><td>胡萝卜 50 克，洋葱 100 克，西芹 50 克，白萝卜 50 克，马铃薯 50 克，甜红菜头（罐装）1 罐，卷心菜 20 克，番茄 30 克，香叶、百里香、面粉适量，番茄酱少许</td></tr>
<tr><td>调料</td><td>辣椒 5 克，糖 10 克，柠檬汁 10 克，大蒜 20 克，酸奶油 20 克，牛肉汤 100 毫升，精盐、番芫荽碎、胡椒粉适量</td></tr>
<tr><td>思考题</td><td colspan="3">（1）罗宋汤是哪个国家的菜肴？
（2）罗宋汤有哪几种味型？</td></tr>
<tr><td>考核评价与成绩评定</td><td colspan="3">实训成品成绩占 70%，作业成绩占 30%
学生自我评价表另附</td></tr>
</table>

3. 意大利蔬菜汤（Minestione）

<table>
<tr><th>实训项目</th><th colspan="2">意大利蔬菜汤</th></tr>
<tr><td>目的与要求</td><td colspan="2">（1）通过学习制作意大利蔬菜汤，掌握其原料配比、制作过程和操作要点
（2）熟知意大利蔬菜汤的成品特点，同时逐渐了解并掌握意式汤菜的一般制作工艺</td></tr>
<tr><td>技术理论与原理</td><td colspan="2">意大利蔬菜汤是将蔬菜（如西芹、胡萝卜等）切成细丝，加入马铃薯、通心粉、细面条和其他配料煮制而成，食用时常在汤表面撒奶酪粉，是意大利风味食品之一</td></tr>
<tr><td rowspan="2">实训方法</td><td>工艺流程</td><td>加工各种原料→加入基础汤煮制→调味→装盘</td></tr>
<tr><td>操作过程及方法</td><td>（1）将各种主料蔬菜洗净，切成 1 厘米 ×1 厘米的小片；青豆焯熟后过水备用
（2）将意大利粉煮熟，并切成小段</td></tr>
</table>

续表

<table>
<tr><th>实训项目</th><th colspan="3">意大利蔬菜汤</th></tr>
<tr><td rowspan="3">实训方法</td><td>操作过程及方法</td><td colspan="2">（3）用牛油爆香大蒜，加入洋葱、胡萝卜、白萝卜、西芹和卷心菜炒软，放入番茄碎和番茄酱炒匀，加入面粉炒匀，倒入肉汤煮沸，加入罗勒香料束煮 30 分钟，加入马铃薯片煮熟，用精盐和胡椒粉调味后保温备用
（4）盛汤前，汤中加入青豆和意大利粉搅匀、再将汤盛入汤盘中即成</td></tr>
<tr><td>成品特点</td><td colspan="2">浅黄色，间有汤料的各种颜色，流体，口味鲜香、微咸，有番茄的浓香味，蔬菜软烂</td></tr>
<tr><td>操作要领</td><td colspan="2">（1）青豆宜单独煮制，在上菜前加入，以保持其翠绿的色泽
（2）加入面粉后，炒制的火候不能过大，防止煳锅底
（3）马铃薯片要在煮制的后期加入，避免因过早加入而煮烂</td></tr>
<tr><td rowspan="3">实训组织</td><td>教师演示</td><td colspan="2">内容：意大利蔬菜汤
方式：操作演示
时间：30 分钟</td></tr>
<tr><td>学生实训</td><td colspan="2">内容：意大利蔬菜汤
分组：2 人一组
时间：30 分钟</td></tr>
<tr><td>教师点评</td><td colspan="2">小结、评分</td></tr>
<tr><td rowspan="6">实训准备</td><td>场地</td><td colspan="2">实操室</td></tr>
<tr><td>工具</td><td colspan="2">燃气灶、平底锅、少司锅、分刀、砧板、汤盘</td></tr>
<tr><td rowspan="4">材料</td><td>主料</td><td>牛油 40 克，洋葱 160 克，西芹 80 克，青豆 40 克，胡萝卜 100 克，红腰豆 40 克，白萝卜 80 克，卷心菜 80 克，马铃薯 400 克，番茄酱 80 克，番茄 2 个，面粉 50 克，大蒜适量</td></tr>
<tr><td>辅料</td><td>意大利粉 160 克</td></tr>
<tr><td>调料</td><td>精盐、胡椒粉、罗勒香料束和大蒜</td></tr>
<tr><td>汤料</td><td>肉汤 2 升</td></tr>
<tr><td>思考题</td><td colspan="3">（1）意大利粉有哪些种类？
（2）制作意大利蔬菜汤的操作要点和应注意的事项有哪些？</td></tr>
<tr><td>考核评价与成绩评定</td><td colspan="3">实训成品成绩占 70%，作业成绩占 30%
学生自我评价表另附</td></tr>
</table>

4. 海鲜汤（Mixed Seafood Soup）

<table>
<tr><th colspan="2">实训项目</th><th colspan="2">海鲜汤</th></tr>
<tr><td colspan="2">目的与要求</td><td colspan="2">（1）通过学习制作海鲜汤，掌握其原料配比、制作过程和操作要点
（2）熟知海鲜汤的成品特点</td></tr>
<tr><td colspan="2">技术理论与原理</td><td colspan="2">水产品（Fish and Shellfish）通常指带有鳍的或带有软壳及硬壳的海水和淡水动物，包括各种鱼、蟹、虾和贝类。水产品是西餐的主要食品原料之一，以水产品为原料可以制作许多菜肴</td></tr>
<tr><td colspan="2" rowspan="4">实训方法</td><td>工艺流程</td><td>加工各种原料→加入基础汤煮熟、装碗→基础汤调味→倒入汤盘</td></tr>
<tr><td>操作过程及方法</td><td>（1）将各种海鲜切成小块，用水煮沸后捞出，盛放在汤盘中
（2）将番茄去皮后切成小丁，洋葱、大蒜、番芫荽切成末
（3）番红花用干白葡萄酒煮出色
（4）将一半大蒜末加入牛油调匀，抹在面包片上，放入烤箱烤至上色
（5）用牛油把洋葱末、大蒜末炒香，加入鱼汤，放入番茄丁、番红花和干白葡萄酒、精盐、胡椒粉煮透
（6）把鱼汤盛在汤盘内的海鲜上，放上烤面包片，再撒上番芫荽末即成</td></tr>
<tr><td>成品特点</td><td>浅黄色，有光泽，60℃以上近似流体，有明显的海鲜味及微咸味，鱼虾肉鲜嫩</td></tr>
<tr><td>操作要领</td><td>（1）海鲜原料不能煮过长的时间
（2）番红花要用干白葡萄酒煮出色</td></tr>
<tr><td colspan="2" rowspan="3">实训组织</td><td>教师演示</td><td>内容：海鲜汤
方式：操作演示
时间：30 分钟</td></tr>
<tr><td>学生实训</td><td>内容：海鲜汤
分组：2 人一组
时间：30 分钟</td></tr>
<tr><td>教师点评</td><td>小结、评分</td></tr>
<tr><td rowspan="3">实训准备</td><td>场地</td><td colspan="2">实操室</td></tr>
<tr><td>工具</td><td colspan="2">燃气灶、平底锅、少司锅、分刀、砧板、汤盘、烤箱</td></tr>
<tr><td>材料</td><td colspan="2">鱼汤 2 升，石斑鱼 200 克，大虾 2 只，蛤蜊 200 克，海鳗 200 克，鳕鱼 200 克，面包 10 片，洋葱 50 克，大蒜 50 克，番茄 100 克，番芫荽 20 克，牛油 50 克，干白葡萄酒 80 毫升，精盐 20 克，番红花、胡椒粉少量</td></tr>
</table>

续表

实训项目	海鲜汤
思考题	（1）如何挑选新鲜的海鲜原料？去除其腥味的方法有哪些？ （2）制作海鲜汤的操作要点和应注意的事项有哪些？
考核评价与成绩评定	实训成品成绩占 70%，作业成绩占 30% 学生自我评价表另附

5. 西班牙冷蔬菜汤（Gazpacho）

实训项目		西班牙冷蔬菜汤
目的与要求		（1）通过学习制作西班牙冷蔬菜汤，掌握其原料配比、制作过程和操作要点 （2）熟知西班牙冷蔬菜汤的成品特点
技术理论与原理		Gazpacho 是以西班牙安达卢西亚风味著称的一种冷汤，一般不经过烹调，将番茄、大蒜、醋、洋葱、黄瓜、青椒和橄榄油混合在一起，以面包屑增稠即成，也可以加入面包块、菜丝、碎硬煮蛋、杏仁或葡萄等作点缀
实训方法	工艺流程	加工各种原料→打碎原料→加入冷汤内拌匀→调味、冷藏
	操作过程及方法	（1）将番茄、黄瓜、青椒、大蒜末及面包放入打碎机中打碎，然后过滤，用冷开水搅拌制成冷汤 （2）将橄榄油慢慢倒入冷汤中，用抽子抽打 （3）用精盐、胡椒粉、辣椒粉、柠檬汁、红酒醋调味，然后放入冰箱冷藏 （4）上桌时，每份冷汤放入约 15 克的装饰品即成
	成品特点	淡红色，间有汤料的红绿色，无浮油，半流体，口味鲜香、酸咸适口，口感清凉爽口、蔬菜鲜嫩
	操作要领	（1）各种蔬菜最好是冷藏后再打碎 （2）打碎的过程中要调入少许的橄榄油
实训组织	教师演示	内容：西班牙冷蔬菜汤 方式：操作演示 时间：30 分钟
	学生实训	内容：西班牙冷蔬菜汤 分组：2 人一组 时间：30 分钟
	教师点评	小结、评分
实训准备	场地	实操室
	工具	燃气灶、平底锅、少司锅、分刀、砧板、打碎机、抽子、冰箱

续表

实训项目		西班牙冷蔬菜汤
实训准备	材料	去皮番茄 1100 克，红酒醋 80 毫升，去皮黄瓜 450 克，橄榄油 120 毫升，洋葱 220 克，青椒 110 克，大蒜 1 克，精盐、胡椒粉、柠檬汁、辣椒粉少许，装饰品 180 克（洋葱丁、黄瓜丁、青椒丁各 60 克），新鲜面包 60 克，冷开水 500 毫升
思考题		（1）为什么要保持新鲜蔬菜爽脆? （2）制作西班牙冷蔬菜汤的操作要点和应注意的事项有哪些?
考核评价与成绩评定		实训成品成绩占 70%，作业成绩占 30% 学生自我评价表另附

6. 冷威士哗汤（Vichyssoise）

实训项目		冷威士哗汤
目的与要求		（1）通过学习制作冷威士哗汤，掌握其原料配比、制作过程和操作要点 （2）熟知冷威士哗汤的成品特点，同时逐渐了解并掌握意式汤菜的一般制作工艺
技术理论与原理		冷菜汤类是用清汤或凉开水加上各种蔬菜或少量肉类调制而成的。冷汤的食用温度以 1 ~ 10℃为宜，有的人还习惯加冰块饮用。各种冷汤大多具有爽口、开胃、刺激食欲的特点，是适宜夏季推出的汤类菜肴 冷威士哗汤用马铃薯、洋葱、奶油等作配料，常供冷食，这种汤是由美国纽约里茨饭店的大厨师、法国人 Louis Diat 创制的
实训方法	工艺流程	加工各种原料→打碎原料→加入冷汤内拌匀→调味、冷藏
	操作过程及方法	（1）把青蒜、马铃薯任意切碎，用清汤煮烂，然后用细筛过滤 （2）在煮烂的汤中加入牛奶，调入精盐、胡椒粉，待凉后放入冰箱冷藏，然后盛盘 （3）把鲜奶油打发，加在汤上面，再撒上青葱末即成
	成品特点	蔬菜的青色，半流体，口味鲜香、酸咸微辣，口感细腻、凉滑爽口
	操作要领	（1）煮后的汤要等凉后再放入冰箱冷藏 （2）打奶油时应由慢到快，打起后不能再抽打
实训组织	教师演示	内容：冷威士哗汤 方式：操作演示 时间：30 分钟
	学生实训	内容：冷威士哗汤 分组：2 人一组 时间：30 分钟
	教师点评	小结、评分

续表

<table>
<tr><th colspan="2">实训项目</th><th>冷威士哗汤</th></tr>
<tr><td rowspan="3">实训准备</td><td>场地</td><td>实操室</td></tr>
<tr><td>工具</td><td>燃气灶、平底锅、少司锅、分刀、砧板、细筛、汤盘</td></tr>
<tr><td>材料</td><td>马铃薯750克，青蒜200克，青葱50克，鲜奶油100毫升，精盐20克，胡椒粉2克，牛奶200毫升</td></tr>
<tr><td colspan="2">思考题</td><td>（1）如何打发奶油?
（2）制作冷威士哗汤的操作要点和应注意的事项有哪些?</td></tr>
<tr><td colspan="2">考核评价与成绩评定</td><td>实训成品成绩占 70%，作业成绩占 30%
学生自我评价表另附</td></tr>
</table>

模块 8

西餐热菜烹调实训

本模块实训基本信息

实训总学时：190 学时

学习对象：二年级西餐烹饪专业学生

实训项目与任务：煎法菜式实训、炸法菜式实训、炒法菜式实训、温煮法菜式实训、沸煮法菜式实训、烩法菜式实训、焖法菜式实训、蒸法菜式实训、烤法菜式实训、焗法菜式实训、铁扒法菜式实训、串烧法菜式实训

一、煎法菜式实训

1. 苹果煎鹅肝（Pan-Fried Goose Liver and Apple with Grape Sauce）

<table>
<tr><th>实训项目</th><th colspan="2">苹果煎鹅肝</th></tr>
<tr><td>目的与要求</td><td colspan="2">（1）掌握拍粉煎的烹调方法
（2）掌握切鹅肝的手法
（3）了解苹果煎鹅肝的成品特点</td></tr>
<tr><td>技术理论与原理</td><td colspan="2">煎是把加工成型的原料，经腌渍入味后，再用少量的油加热至规定火候的烹调方法
苹果煎鹅肝所使用的拍面粉煎法是煎的烹调方法之一，即鹅肝片要拍上面粉后再煎制</td></tr>
<tr><td rowspan="3">实训方法</td><td>烹调方法</td><td>拍粉煎</td></tr>
<tr><td>工艺流程</td><td>将鹅肝、配料加工成型→鹅肝调味、拍上面粉→用清牛油热煎锅将鹅肝、配料煎熟→摆盘、淋汁</td></tr>
<tr><td>操作过程及方法</td><td>（1）将鹅肝切成两片，苹果去皮、去核切成两片
（2）在鹅肝片上撒少量精盐、胡椒粉调味，再拍上面粉；苹果片上撒少量玉桂粉调味
（3）用牛油将鹅肝片和苹果片煎熟</td></tr>
</table>

续表

<table>
<tr><th colspan="2">实训项目</th><th colspan="2">苹果煎鹅肝</th></tr>
<tr><td colspan="2" rowspan="3">实训方法</td><td>操作过程及方法</td><td>（4）把煎好的鹅肝片和苹果片相间摆在盘中央，盘边配上煮马铃薯榄及时令蔬菜，将葡萄少司淋在鹅肝四周即成</td></tr>
<tr><td>成品特点</td><td>鹅肝呈暗红色、有光泽，鹅肝及苹果呈片状，整齐不出汁液，鲜香、咸酸适口，鲜味多汁</td></tr>
<tr><td>操作要领</td><td>（1）要将鹅肝片切得薄厚一致、大小均匀
（2）鹅肝片要拍上面粉后再煎制，以使鹅肝表面能快速上色结壳
（3）由于用大火煎制，故一定要使用清牛油煎制鹅肝片，而不能使用杂质较多的牛油，以避免温度过高，使油脂焦煳</td></tr>
<tr><td colspan="2" rowspan="3">实训组织</td><td>教师演示</td><td>内容：苹果煎鹅肝
方式：操作演示
时间：30 分钟</td></tr>
<tr><td>学生实训</td><td>内容：苹果煎鹅肝
分组：2 人一组
时间：15 分钟</td></tr>
<tr><td>教师点评</td><td>小结、评分</td></tr>
<tr><td rowspan="3">实训准备</td><td>场地</td><td colspan="2">实操室</td></tr>
<tr><td>工具</td><td colspan="2">燃气灶、煎盘、少司锅、分刀、砧板、不锈钢圆盆、不锈钢圆盘、餐盘</td></tr>
<tr><td>材料</td><td colspan="2">鹅肝 100 克，苹果 50 克，葡萄少司 50 克，精盐 2 克，牛油 15 克，玉桂粉、胡椒粉适量，煮马铃薯榄及时令蔬菜适量</td></tr>
<tr><td colspan="2">思考题</td><td colspan="2">（1）煎与炸最基本的区别是什么？
（2）为什么鹅肝片要拍上面粉后再煎制？
（3）煎鹅肝能否用小火？为什么？</td></tr>
<tr><td colspan="2">考核评价与成绩评定</td><td colspan="2">实训成品成绩占 70%，作业成绩占 30%
学生自我评价表另附</td></tr>
</table>

2. 普罗旺斯煎小牛肉片（Fried Veal Provence）

实训项目	普罗旺斯煎小牛肉片
目的与要求	（1）掌握过三关煎的烹调方法 （2）能鉴定小牛肉的品质 （3）了解普罗旺斯煎小牛肉片的成品特点
技术理论与原理	制作普罗旺斯煎小牛肉片所使用的过三关煎法是煎的烹调方法之一，即将小牛肉片先拍上面粉，再蘸鸡蛋液、粘上面包糠后煎制

续表

<table>
<tr><th colspan="2">实训项目</th><th colspan="3">普罗旺斯煎小牛肉片</th></tr>
<tr><td colspan="2" rowspan="5">实训方法</td><td colspan="2">烹调方法</td><td>过三关煎</td></tr>
<tr><td colspan="2">工艺流程</td><td>将原料加工成型→撒上调味料（拍面粉、蘸蛋液、粘面包糠）→调节油温加热，放入原料→煎至原料定型→装盘淋入少司</td></tr>
<tr><td colspan="2">操作过程及方法</td><td>（1）将小牛后腿肉加工成大片状，加入精盐、胡椒粉调味
（2）将鸡蛋液、橄榄油、水、精盐、胡椒粉放入容器中搅拌均匀
（3）在鲜面包糠中加入百里香、迷迭香、龙蒿、番芫荽、精盐、胡椒粉、橄榄油搅拌均匀
（4）将小牛肉片拍匀面粉，单面蘸上鸡蛋液，再粘上拌匀的面包糠，用油煎熟至上色
（5）将牛基础汤煮至剩余 1/2，加入番茄、罗勒、精盐、胡椒粉、橄榄油煮透，过滤，再加入软牛油调剂浓度成少司
（6）将时令蔬菜装饰在盘边，小牛肉片放在盘中间，浇上少司即成</td></tr>
<tr><td colspan="2">成品特点</td><td>小牛肉粉红，配菜鲜绿、大片状、整齐不碎，味鲜香、少司浓香，牛肉鲜嫩多汁</td></tr>
<tr><td colspan="2">操作要领</td><td>（1）小牛肉片上粘的香草面包糠要均匀，并将其轻轻地按实，以防止在煎制过程中脱落
（2）因小牛肉片上粘有面包糠，所以煎小牛肉片时所使用的油量要多一些</td></tr>
<tr><td colspan="2" rowspan="3">实训组织</td><td colspan="2">教师演示</td><td>内容：普罗旺斯煎小牛肉片
方式：操作演示
时间：30 分钟</td></tr>
<tr><td colspan="2">学生实训</td><td>内容：普罗旺斯煎小牛肉片
分组：2 人一组
时间：30 分钟</td></tr>
<tr><td colspan="2">教师点评</td><td>小结、评分</td></tr>
<tr><td rowspan="6">实训准备</td><td>场地</td><td colspan="3">实操室</td></tr>
<tr><td>工具</td><td colspan="3">燃气灶、平底锅、少司锅、分刀、砧板、主菜盘、箩</td></tr>
<tr><td rowspan="4">材料</td><td>主料</td><td colspan="2">小牛后腿肉 600 克</td></tr>
<tr><td>辅料</td><td colspan="2">鸡蛋 1 个，鲜面包糠 100 克，面粉 80 克，番茄 100 克，水 50 毫升，牛基础汤 400 毫升</td></tr>
<tr><td>调料</td><td colspan="2">牛油 100 克，橄榄油 100 克，精盐 5 克，胡椒粉、百里香、迷迭香、罗勒、番芫荽各少量</td></tr>
<tr><td>配料</td><td colspan="2">时令蔬菜 400 克</td></tr>
</table>

续表

实训项目	普罗旺斯煎小牛肉片
思考题	（1）简述制作普罗旺斯煎小牛肉片的工艺过程 （2）普罗旺斯煎小牛肉片的成品特点是什么？
考核评价与成绩评定	实训成品成绩占 70%，作业成绩占 30% 学生自我评价表另附

3. 煎牛扒配黑胡椒汁（Fried Beef Steak with Black Pepper Sauce）

实训项目	煎牛扒配黑胡椒汁	
目的与要求	（1）掌握直接煎的烹调方法 （2）掌握煎牛扒的成熟度 （3）了解煎牛扒配黑胡椒汁的成品特点	
技术理论与原理	牛扒的成熟度是厨师根据客人的要求掌握的，一般分为以下五种成熟度： （1）带血牛扒（Rare/Blau），牛扒表面稍有焦黄色，肉中完全是鲜红的生肉，内部温度为 25 ~ 30℃ （2）三分熟（Medium Rare），牛扒表面焦黄色，中心一层为鲜红的生肉，内部温度为 35 ~ 40℃，汁水较多 （3）五分熟（Medium），牛扒表面焦黄色，中心为粉红色，内部温度为 45 ~ 50℃ （4）七分熟（Medium Well），牛扒表面焦黄色，肉中心浅红色，基本成熟，内部温度为 55℃左右 （5）全熟（Well），牛扒表面咖啡色，汁少，肉干柴，肉内部的温度在 60℃以上。全熟的牛扒由于汁少、肉干柴，鲜香不足，故食用者较少	
实训方法	烹调方法	直接煎
	工艺流程	将原料加工成型→撒上调味料→调节油温加热，放入原料→煎至原料定型→装盘，淋入少司
	操作过程及方法	（1）将牛里脊肉除去多余的筋络、杂质，修整齐 （2）竖放于砧板上，用保鲜膜（或纱布）包紧 （3）轻轻拍成厚 2 厘米左右的大块，撒上精盐、黑胡椒碎调味 （4）将平底锅中的油加热至 170℃，放入牛里脊肉扒，快速加热使其表面定型呈褐色，控制火候（根据客人要求），煎至所需的成熟度 （5）装盘，配上配菜、淋上少司即成
	成品特点	牛扒褐色，圆饼状，不裂边，面上浇有汁；味鲜香，胡椒香，微咸，鲜嫩多汁

续表

<table>
<tr><td>实训项目</td><td colspan="3">煎牛扒配黑胡椒汁</td></tr>
<tr><td>实训方法</td><td>操作要领</td><td colspan="2">（1）煎的温度应控制在 120 ~ 170℃，最高不超过 195℃，最低不低于 95℃
（2）煎制形状厚、不易成熟的原料时应用较低的油温
（3）煎制牛扒的开始阶段应用较高的油温，然后再用较低的油温，以使热能逐渐向牛扒内部渗透</td></tr>
<tr><td rowspan="3">实训组织</td><td>教师演示</td><td colspan="2">内容：煎牛扒配黑胡椒汁
方式：操作演示
时间：30 分钟</td></tr>
<tr><td>学生实训</td><td colspan="2">内容：煎牛扒配黑胡椒汁
分组：2 人一组
时间：30 分钟</td></tr>
<tr><td>教师点评</td><td colspan="2">小结、评分</td></tr>
<tr><td rowspan="5">实训准备</td><td>场地</td><td colspan="2">实操室</td></tr>
<tr><td>工具</td><td colspan="2">燃气灶、平底锅、少司锅、分刀、砧板、主菜盘</td></tr>
<tr><td rowspan="3">材料</td><td>主料</td><td>牛里脊肉（或牛腰柳肉、牛臂肉）200 克</td></tr>
<tr><td>辅料</td><td>色拉油、牛油、黑胡椒汁适量</td></tr>
<tr><td>调料</td><td>精盐、黑胡椒碎适量</td></tr>
<tr><td>思考题</td><td colspan="3">（1）直接煎法最难控制的是什么？
（2）如何判断牛肉的成熟度？</td></tr>
<tr><td>考核评价与成绩评定</td><td colspan="3">实训成品成绩占 70%，作业成绩占 30%
学生自我评价表另附</td></tr>
</table>

4. 薄猪肉片米兰式（Piccata of Pork Milanese）

<table>
<tr><td>实训项目</td><td>薄猪肉片米兰式</td></tr>
<tr><td>目的与要求</td><td>（1）掌握蛋煎的烹调方法
（2）掌握薄猪肉片的加工方法
（3）了解薄猪肉片米兰式的成品特点</td></tr>
<tr><td>技术理论与原理</td><td>制作薄猪肉片米兰式所使用的蛋煎法是煎的烹调方法之一，即将薄猪肉片拍上面粉、蘸上鸡蛋液再煎制
Piccata 是指（用柠檬、黄油调味的）嫩煎小牛肉片。Milanaise 是指以黄油、奶酪、通心粉、火腿丝、腌牛舌、蘑菇、块菌等作配料的鸡、牛肉或炸蛋，佐以番茄少司</td></tr>
</table>

续表

实训项目	薄猪肉片米兰式	
实训方法	烹调方法	蛋煎
	工艺流程	将原料加工成型→撒上调味料→拍面粉、蘸蛋液→调节油温加热，放入原料→煎至原料定型→装盘
	操作过程及方法	（1）先将猪柳肉切分为 6 份，用刀稍拍薄 （2）用精盐、胡椒粉调味，拍上面粉和芝士粉、蘸上蛋液 （3）平底锅下入植物油，将猪肉片用中火煎至两面金黄色至熟，再加入少许牛油略煎放入碟中 （4）将洋葱洗净切成指甲片，番茄去皮、去籽切成角状，蘑菇切片，番芫荽切碎 （5）用原平底锅炒香洋葱，然后放入蘑菇、番茄略炒后调味，并盛放在猪肉片上，再在上面撒上番芫荽即成 （6）可将烧汁淋于肉片上，也可另装盅跟上
	成品特点	薄猪肉片金黄色，均匀一致，片状、整齐，口味鲜香、微咸，有芝士的香味，肉软嫩多汁
	操作要领	（1）芝士粉与面粉要混合均匀再使用 （2）由于猪肉片裹蛋液容易上色，应使用慢火煎制，使原料受热均匀
实训组织	教师演示	内容：薄猪肉片米兰式 方式：操作演示 时间：30 分钟
	学生实训	内容：薄猪肉片米兰式 分组：2 人一组 时间：30 分钟
	教师点评	小结、评分
实训准备	场地	实操室
	工具	燃气灶、平底锅、少司锅、分刀、砧板
	材料	猪柳（或肉眼）约 120 克，鸡蛋 1 只，面粉和芝士粉约 20 克，蘑菇 25 克，番茄 50 克，番芫荽约 10 克，牛油 15 克，洋葱或（干葱）30 克，精盐、胡椒粉、植物油适量，烧汁 100 克
思考题	（1）蛋煎法最难控制的是什么？ （2）猪肉能否煎至七成熟，为什么？	
考核评价与成绩评定	实训成品成绩占 70%，作业成绩占 30% 学生自我评价表另附	

5. 煎羊排香草少司（Fried Mutton Chop with Herbs Sauce）

<table>
<tr><th>实训项目</th><th colspan="2">煎羊排香草少司</th></tr>
<tr><td>目的与要求</td><td colspan="2">（1）掌握煎与烤相结合的烹调方法
（2）掌握羊排的加工方法
（3）了解煎羊排香草少司的成品特点</td></tr>
<tr><td>技术理论与原理</td><td colspan="2">制作煎羊排香草少司所使用的是煎与烤相结合的方法，也是煎的烹调方法之一，即羊排先煎上色后再放入烤箱烤至熟
制作羊排常选用羊肋部和外脊部的肉
（1）肋部
羊肋部也称肋条，即连着肋骨的肉，肥瘦相间而无筋，外覆层层薄膜，肥瘦结合，越肥越嫩，脂肪覆盖率好，质地松软，鲜嫩多汁
（2）外脊部
外脊肉位于脊骨外面，呈长条形，外面有一层皮，带筋，纤维呈斜形，肌肉细腻，肉质鲜嫩多汁，是分割羊肉的上乘部位，由于出肉率低而尤为珍贵</td></tr>
<tr><td rowspan="5">实训方法</td><td>烹调方法</td><td>煎与烤相结合</td></tr>
<tr><td>工艺流程</td><td>将原料加工成型→撒上调味料→调节油温加热，放入原料→煎至原料定型→放入烤箱烤熟→保温</td></tr>
<tr><td>操作过程及方法</td><td>（1）将羊排切成 3 块，用刀稍拍，撒上精盐、胡椒粉调味，用油煎至上色
（2）将面包糠、杂香草、番芫荽碎加牛油搅拌均匀
（3）把芥末酱抹在羊排上，再粘上面包糠，放入 180℃的烤箱中烤熟
（4）把洋葱碎、大蒜碎用牛油炒香，放入红葡萄酒、烧汁、番芫荽碎调成少司
（5）把少司盛在盘底，上面放羊排，盘边用烤马铃薯及蔬菜装饰即成</td></tr>
<tr><td>成品特点</td><td>羊排棕褐色，带骨片状，整齐，口味浓香、微辛辣，羊肉外焦里嫩</td></tr>
<tr><td>操作要领</td><td>（1）羊排提前腌渍会使其入味，用小刀除去肋骨上多余的筋肉
（2）羊排要煎至全熟，因羊排较薄，不要用太大的火候煎，以保持肉里面的汁水
（3）在翻转过程中，不要碰压羊排的表面，以防羊排水分流失
（4）体积较厚、不易成熟的原料，可在煎制后再放入烤箱烤制，使之成熟</td></tr>
<tr><td>实训组织</td><td>教师演示</td><td>内容：煎羊排香草少司
方式：操作演示
时间：30 分钟</td></tr>
</table>

续表

实训项目	煎羊排香草少司	
实训组织	学生实训	内容：煎羊排香草少司 分组：2 人一组 时间：30 分钟
	教师点评	小结、评分
实训准备	场地	实操室
	工具	燃气灶、平底锅、少司锅、分刀、砧板、烤箱、主菜盘
	材料	带骨羊排 200 克，面包糠 20 克，牛油 50 克，洋葱碎、大蒜碎、番芫荽碎、精盐、胡椒粉、杂香草、红葡萄酒、芥末酱、烤马铃薯、烧汁、蔬菜各适量
思考题		（1）煎与烤相结合的烹调法最难控制的是什么? （2）如何控制好羊排的成熟度?
考核评价与成绩评定		实训成品成绩占 70%，作业成绩占 30% 学生自我评价表另附

二、炸法菜式实训

1. 炸鱼条鞑靼少司（Deep-Fried Fish Tartar）

实训项目	炸鱼条鞑靼少司	
目的与要求	（1）掌握过三关炸的方法 （2）掌握鱼肉去骨的方法 （3）了解炸鱼条鞑靼少司的成品特点	
技术理论与原理	炸是将加工成型的原料放入大量的油中加热，使之成熟上色的烹调方法。炸制的原料大多具有外酥内嫩，或是焦、脆的特点 制作炸鱼条鞑靼少司所使用的过三关炸法是炸的烹调方法之一，即先将鱼条拍上面粉、蘸上鸡蛋液、粘上面包糠后再炸制	
实训方法	烹调方法	过三关炸
	工艺流程	将鱼条加工成型→调味→过三关→入油中炸至上色→装盘
	操作过程及方法	（1）在鱼肉条上撒精盐、胡椒粉，滴入干白葡萄酒调味，再分别拍上面粉、蘸上鸡蛋液、粘上面包糠 （2）色拉油倒入锅中，烧热至 150℃，放入鱼肉条，炸至金黄色 （3）将鱼肉条置于盘中，配上炸马铃薯条、柠檬角、番芫荽，单配鞑靼少司即成

续表

<table>
<tr><th colspan="2">实训项目</th><th colspan="2">炸鱼条鞑靼少司</th></tr>
<tr><td colspan="2" rowspan="2">实训方法</td><td>成品特点</td><td>鱼肉条金黄色，均匀一致，长条形，表层光滑，口味鲜香，有适口的酸咸味，口感外焦里嫩</td></tr>
<tr><td>操作要领</td><td>（1）鱼肉条要切成长短一致、大小均匀
（2）炸制时油温应掌握在 150 ~ 180℃。鱼肉条的体积小，是易熟的原料，油温可高些，以促使其迅速成熟
（3）炸制菜肴的油不宜使用发烟点较低的牛油和橄榄油
（4）炸油要经常过滤，并勤换，以保持油干净</td></tr>
<tr><td colspan="2" rowspan="3">实训组织</td><td>教师演示</td><td>内容：炸鱼条鞑靼少司
方式：操作演示
时间：30 分钟</td></tr>
<tr><td>学生实训</td><td>内容：炸鱼条鞑靼少司
分组：2 人一组
时间：30 分钟</td></tr>
<tr><td>教师点评</td><td>小结、评分</td></tr>
<tr><td rowspan="3">实训准备</td><td>场地</td><td colspan="2">实操室</td></tr>
<tr><td>工具</td><td colspan="2">燃气灶、炸炉、少司锅、分刀、砧板、不锈钢圆盘、餐盘</td></tr>
<tr><td>材料</td><td colspan="2">净鱼肉条 125 克（4 条），精盐、胡椒粉少许，干白葡萄酒 2 毫升，色拉油 250 毫升，马铃薯条、柠檬角少许，面粉、面包糠适量，鸡蛋 1 个，番芫荽碎少量，鞑靼少司适量</td></tr>
<tr><td colspan="2">思考题</td><td colspan="2">（1）如何判断鱼肉条是否成熟？
（2）西餐中的鱼肉为什么不能有刺？</td></tr>
<tr><td colspan="2">考核评价与成绩评定</td><td colspan="2">实训成品成绩占 70%，作业成绩占 30%
学生自我评价表另附</td></tr>
</table>

2. 炸牛油鸡卷（Rolled Chicken Breast with Butter）

<table>
<tr><th>实训项目</th><th colspan="2">炸牛油鸡卷（又称炸雪鸡、炸基辅鸡卷）</th></tr>
<tr><td>目的与要求</td><td colspan="2">（1）进一步掌握过三关炸的方法
（2）掌握鸡胸肉剔骨的方法
（3）了解炸牛油鸡卷的成品特点</td></tr>
<tr><td>技术理论与原理</td><td colspan="2">炸牛油鸡卷又称炸雪鸡、炸基辅鸡卷，是苏联的传统名菜，在国际上也享有一定的知名度。制作此菜时使用的也是过三关的炸法，即先将鸡肉卷拍上面粉、蘸上鸡蛋液、粘上面包糠后再炸制</td></tr>
<tr><td>实训方法</td><td>烹调方法</td><td>过三关炸</td></tr>
</table>

续表

实训项目	炸牛油鸡卷（又称炸雪鸡、炸基辅鸡卷）	
实训方法	工艺流程	将鸡胸肉加工成型→调味→过三关→放入油中炸至上色→装盘
	操作过程及方法	（1）将鸡胸肉洗净，用刀片薄后，拍成薄鸡肉片（要整片），并用精盐、胡椒粉调味 （2）将牛油搓卷成圆柱状，长约 6 ～ 8 厘米（如牛油过软，则要放入冰柜中将其冻硬） （3）将牛油放在鸡肉片中，包卷成圆柱形 （4）将方包片用刀改成炮架形坐垫，用油炸至金黄色备用 （5）将鸡卷拍上面粉、蘸上鸡蛋液、粘上面包糠，用慢火将其炸至金黄色至熟 （6）将面包垫置于碟中，再将炸好的鸡卷放在面包垫上，将芦笋煮熟后架于鸡卷两边 （7）配上炸薯丝、蔬菜，翅骨处可用剪纸花装饰即成
	成品特点	鸡肉金黄色，均匀一致，橄榄形，完整不漏油，鸡卷切开的横断面薄厚均匀，有浓郁的牛油香味及适口的咸香味，外焦里嫩，不生不煳
	操作要领	（1）鸡肉片要切得薄厚一致、大小均匀 （2）炸制时油温应控制在 150 ～ 180℃。鸡卷体积大，是不易成熟的原料，油温相对要低些，以使鸡卷内外成熟一致 （3）炸制菜肴的油不宜使用发烟点较低的牛油和橄榄油 （4）炸油要经常过滤，并勤换，以保持油干净
实训组织	教师演示	内容：炸牛油鸡卷 方式：操作演示 时间：30 分钟
	学生实训	内容：炸牛油鸡卷 分组：2 人一组 时间：30 分钟
	教师点评	小结、评分
实训准备	场地	实操室
	工具	燃气灶、炸炉、少司锅、分刀、砧板、不锈钢圆盘、餐盘
	材料	鸡胸肉 1 块，微软化的牛油 40 克，鸡蛋 1 个，面粉、精盐、胡椒粉、炸薯丝及蔬菜、剪纸花适量，面包糠 50 克，方包片 1 片，芦笋 2 条，色拉油 250 毫升
思考题	（1）冻鸡胸肉的解冻方法是什么？ （2）简述制作鸡卷的工艺过程	
考核评价与成绩评定	实训成品成绩占 70%，作业成绩占 30% 学生自我评价表另附	

3. 炸吉列鸡（Cutlet of Chicken）

<table>
<tr><th colspan="2">实训项目</th><th colspan="2">炸吉列鸡</th></tr>
<tr><td colspan="2">目的与要求</td><td colspan="2">（1）进一步掌握过三关炸的方法
（2）掌握吉列类的加工方法
（3）了解炸吉列鸡的成品特点</td></tr>
<tr><td colspan="2">技术理论与原理</td><td colspan="2">制作炸吉列鸡所使用的也是过三关的炸法，即先将鸡排拍上面粉、蘸上鸡蛋液、粘上面包糠后再炸制</td></tr>
<tr><td colspan="2" rowspan="5">实训方法</td><td>烹调方法</td><td>过三关炸</td></tr>
<tr><td>工艺流程</td><td>将鸡肉刀工成型→调味→过三关→入油中炸至上色→装盘</td></tr>
<tr><td>操作过程及方法</td><td>（1）将鸡胸肉拍打成薄柳叶形状
（2）加入精盐、胡椒粉调味后，拍上面粉、蘸上鸡蛋液、粘上面包糠，用中火将其炸至金黄色至熟
（3）上碟，配以炸薯丸及蔬菜即成</td></tr>
<tr><td>成品特点</td><td>鸡肉金黄色，均匀一致，树叶状，整齐，薄厚均匀，味浓、微咸，外焦里嫩</td></tr>
<tr><td>操作要领</td><td>（1）加工鸡排要薄厚一致、大小均匀
（2）油温低于120℃时不要放入鸡排，以防止面包糠吸油
（3）炸制菜肴的油不宜使用发烟点较低的牛油和橄榄油
（4）炸油要经常过滤，并勤换，以保持油干净</td></tr>
<tr><td colspan="2" rowspan="3">实训组织</td><td>教师演示</td><td>内容：炸吉列鸡
方式：操作演示
时间：30 分钟</td></tr>
<tr><td>学生实训</td><td>内容：炸吉列鸡
分组：2 人一组
时间：30 分钟</td></tr>
<tr><td>教师点评</td><td>小结、评分</td></tr>
<tr><td rowspan="3">实训准备</td><td>场地</td><td colspan="2">实操室</td></tr>
<tr><td>工具</td><td colspan="2">燃气灶、炸炉、少司锅、分刀、砧板、不锈钢圆盘、餐盘</td></tr>
<tr><td>材料</td><td colspan="2">鸡胸肉 1 块，面粉 50 克，鸡蛋 1 只，面包糠 50 克，精盐、胡椒粉、炸薯丸及蔬菜适量</td></tr>
<tr><td colspan="2">思考题</td><td colspan="2">（1）制作炸吉列鸡与金牌吉列鸡的区别是什么?
（2）如何鉴别面包糠的品质?</td></tr>
<tr><td colspan="2">考核评价与成绩评定</td><td colspan="2">实训成品成绩占 70%，作业成绩占 30%
学生自我评价表另附</td></tr>
</table>

4. 维也纳小牛肉吉列（Escalope Viennese）

<table>
<tr><th>实训项目</th><th colspan="2">维也纳小牛肉吉列</th></tr>
<tr><td>目的与要求</td><td colspan="2">（1）进一步掌握过三关炸的方法
（2）进一步掌握吉列类的加工方法
（3）了解维也纳小牛肉吉列的成品特点</td></tr>
<tr><td>技术理论与原理</td><td colspan="2">制作维也纳小牛肉吉列所使用的是过三关炸法，即将牛排先拍上面粉、蘸上鸡蛋液、粘上面包糠后再炸制
Escalope 意为薄肉片，通常指小牛肉片</td></tr>
<tr><td rowspan="5">实训方法</td><td>烹调方法</td><td>过三关炸</td></tr>
<tr><td>工艺流程</td><td>将小牛肉加工成型→调味→过三关→入油中炸至上色→装盘</td></tr>
<tr><td>操作过程及方法</td><td>（1）将小牛肉去筋洗净后，拍打成薄牛扒状，然后用精盐、胡椒粉调味，再拍上面粉、蘸鸡蛋液、粘上面包糠
（2）油温控制在 180℃，将小牛肉炸至金黄色至熟，上碟
（3）将煮鸡蛋去壳后，分别将蛋黄、蛋白用压茸器压碎，并将番芫荽剁碎，相间装饰于牛肉面上
（4）在柠檬片上放银鱼柳、水瓜柳，同样饰于小牛肉面上
（5）起锅，将牛油煎香，淋于柠檬片上，再配以薯菜即成</td></tr>
<tr><td>成品特点</td><td>牛肉金黄色，均匀一致，片状，椭圆形，味鲜香、微咸，牛肉外焦里嫩</td></tr>
<tr><td>操作要领</td><td>（1）加工小牛肉片要薄厚一致、大小均匀，拍小牛肉片时一定要将其筋膜拍断，炸时才不会收卷起来
（2）炸制时油温应控制在 150 ~ 180℃。由于小牛肉片体积大、不易成熟，所以油温相对要低些，使原料内外成熟一致
（3）炸制菜肴的油不宜使用发烟点较低的牛油和橄榄油
（4）炸油要经常过滤，并勤换，以保持油干净
（5）摆盘的配菜要注意卫生</td></tr>
<tr><td rowspan="3">实训组织</td><td>教师演示</td><td>内容：维也纳小牛肉吉列
方式：操作演示
时间：30 分钟</td></tr>
<tr><td>学生实训</td><td>内容：维也纳小牛肉吉列
分组：2 人一组
时间：30 分钟</td></tr>
<tr><td>教师点评</td><td>小结、评分</td></tr>
</table>

续表

实训项目		维也纳小牛肉吉列
实训准备	场地	实操室
	工具	燃气灶、炸炉、少司锅、分刀、砧板、不锈钢圆盘、餐盘、压茸器
	材料	小牛肉 100 克，煮鸡蛋 1 个，鸡蛋 1 个，面粉、面包糠适量，柠檬片 1 片，银鱼柳、番芫荽少许，水瓜柳 5 ~ 6 粒，牛油 10 克，精盐、胡椒粉适量
思考题		（1）如何使吉列类菜肴上的面包糠不脱落？ （2）过三关的顺序是怎样的？
考核评价与成绩评定		实训成品成绩占 70%，作业成绩占 30% 学生自我评价表另附

5. 炸鸡球（Beignets Derolaille）

实训项目		炸鸡球
目的与要求		（1）掌握面糊炸的方法 （2）掌握蛋清面糊的调制方法 （3）了解炸鸡球的成品特点
技术理论与原理		制作炸鸡球使用的是面糊炸的方法，即先将鸡肉表面裹上面糊后再炸制
实训方法	烹调方法	面糊炸
	工艺流程	将鸡肉切成小丁→调味→裹上面糊→入油中炸至上色→装盘
	操作过程及方法	（1）将鸡肉切成小丁，加入精盐、胡椒粉、他拉根香草拌匀调味 （2）把番芫荽末放入蛋清面糊内搅均匀，再放入鸡丁搅均匀 （3）将油加热至 150℃，用匙挖出鸡丁及面糊呈球状，放入油中炸至成熟、上色，捞出沥干油脂 （4）盘中配炸马铃薯条、番茄、番芫荽，放上炸好的鸡球即成
	成品特点	鸡球金黄色，大小均匀一致，圆球状，膨松无毛边，口味鲜香、微咸，面糊松脆、鸡肉细嫩
	操作要领	（1）加工鸡丁要形状一致、大小均匀 （2）油温要掌握在 150 ~ 180℃。炸制带面糊的原料时油温应低些 （3）炸制菜肴的油不宜使用发烟点较低的牛油和橄榄油 （4）炸油要经常过滤，并勤换，以保持油干净
实训组织	教师演示	内容：炸鸡球 方式：操作演示 时间：30 分钟

续表

实训项目	炸鸡球	
实训组织	学生实训	内容：炸鸡球 分组：2 人一组 时间：30 分钟
	教师点评	小结、评分
实训准备	场地	实操室
	工具	燃气灶、炸炉、少司锅、分刀、砧板、不锈钢圆盘、餐盘
	材料	鸡肉 100 克，蛋清面糊 30 克，精盐 2 克，他拉根香草 2 克，炸油 250 毫升，炸马铃薯条 75 克，番茄 50 克，番芫荽 10 克
思考题		（1）蛋清面糊与全蛋面糊的区别有哪些？ （2）蛋清面糊的调制工艺如何？
考核评价与成绩评定		实训成品成绩占 70%，作业成绩占 30% 学生自我评价表另附

三、炒法菜式实训

1. 俄式炒牛肉丝（Saut é Beef Shred in Russian）

实训项目	俄式炒牛肉丝	
目的与要求		（1）掌握炒的烹调方法 （2）掌握牛肉丝的加工方法 （3）了解俄式炒牛肉丝的成品特点
技术理论与原理		炒是将形状小的原料，放入有少量油的锅中，用较高的温度在短时间内加热使其成熟的烹调方法。由于炒制的菜肴加热时间短、温度高，且在炒制过程中一般不加过多的汤汁，所以炒制的菜肴都具有脆嫩鲜香的特点 制作俄式炒牛肉丝使用的是炒与烩相结合的方法，是炒的烹调方法之一，即先将牛肉丝炒至熟，再加入烧汁、番茄膏、酸忌廉煮开成汁液（稀稠适中），最后调味，加入白兰地酒略煮即成
实训方法	烹调方法	炒与烩相结合
	工艺流程	原料加工成型→调味→裹上保护层→入锅中翻炒至熟→装盘

续表

实训项目	俄式炒牛肉丝	
实训方法	操作过程及方法	（1）将牛肉去筋洗净后，顺肉纤维纹理切成粗约5毫米的粗丝 （2）将洋葱洗净切丝，番茄去皮去籽切丝，白菌切片 （3）用油先将洋葱丝炒香，放入牛肉丝、白菌片，将牛肉丝炒至熟，再加入烧汁、番茄膏、番茄丝、酸忌廉煮开成汁液（稀稠适中），最后用糖、精盐、胡椒粉调味，加入白兰地酒略煮即成
	成品特点	浅红色，有光泽，细条形，整齐不碎，有番茄香味，微咸、酸甜，牛肉丝滑软、有咬劲，此菜通常配白米饭
	操作要领	（1）炒的温度应控制在150～195℃ （2）炒制的原料体积要小，且刀口要均匀 （3）炒制的菜肴加热时间短，翻炒频率要快 （4）牛肉要顺纹切成粗约5毫米的粗丝
实训组织	教师演示	内容：俄式炒牛肉丝 方式：操作演示 时间：30分钟
	学生实训	内容：俄式炒牛肉丝 分组：2人一组 时间：30分钟
	教师点评	小结、评分
实训准备	场地	实操室
	工具	燃气灶、炒锅、分刀、砧板、不锈钢圆盘、餐盘
	材料	牛肉100克，洋葱30克，白菌10克，酸忌廉10克，烧汁100克，番茄膏约10克，糖、精盐、胡椒粉适量，白兰地酒10毫升
思考题		（1）中式“炒”与西式“炒”的区别有哪些？ （2）如何调制俄式炒牛肉丝的酸味？ （3）简述俄式菜肴的风味特点
考核评价与成绩评定		实训成品成绩占70%，作业成绩占30% 学生自我评价表另附

2. 炒猪肉丝蘑菇少司（Sauté Pork Shred with Muchroom Sauce）

实训项目	炒猪肉丝蘑菇少司
目的与要求	（1）进一步掌握炒的烹调方法 （2）掌握猪肉丝的加工方法 （3）了解炒猪肉丝蘑菇少司的成品特点

续表

实训项目	炒猪肉丝蘑菇少司	
技术理论与原理	制作炒猪肉丝蘑菇少司使用的是炒与烩相结合的炒法，即先将猪肉丝炒至熟，再放入烧汁、忌廉煮开成汁液（稀稠适中），最后调味，加入白兰地酒略煮即成 制作此菜的主料是猪肉眼。猪肉眼位于肩胛肉后方至腰部区域，覆盖有猪特有香气的浓厚脂肪，肉质相当均匀，纹理细致，柔嫩度仅次于腰内肉	
实训方法	烹调方法	炒与烩结合
实训方法	工艺流程	原料刀工成型→入锅中翻炒至熟→调味→装盘
实训方法	操作过程及方法	（1）将猪肉眼切成丝，将三种蘑菇切片，洋葱切成碎 （2）用色拉油将猪肉丝在旺火上快速炒熟 （3）用牛油将洋葱碎炒香，放入蘑菇片稍炒，烹入白兰地酒，放入烧汁，调入精盐、胡椒粉、忌廉，用小火煮透，然后放入猪肉丝翻炒均匀 （4）在盘边配上米饭，倒上炒好的猪肉丝即成
实训方法	成品特点	肉色浅红，菜肴的汤汁与主辅料混合均匀，盘内有少量余汁，味浓香、酸、咸，肉丝鲜嫩适口
实训方法	操作要领	（1）猪肉应横纹切片后再顺纹切丝，粗细要均匀 （2）炒制的时间要短，防止猪肉丝变老 （3）汁不能太稀
实训组织	教师演示	内容：炒猪肉丝蘑菇少司 方式：操作演示 时间：30 分钟
实训组织	学生实训	内容：炒猪肉丝蘑菇少司 分组：2 人一组 时间：30 分钟
实训组织	教师点评	小结、评分
实训准备	场地	实操室
实训准备	工具	燃气灶、炒锅、分刀、砧板、不锈钢圆盘、餐盘
实训准备	材料	猪肉眼 120 克，洋葱 15 克，香菇 10 克，草菇 10 克，白蘑菇 10 克，白兰地酒 30 克，忌廉 10 克，烧汁 10 克，牛油、精盐、胡椒粉适量，米饭 50 克
思考题	（1）用于西式“炒”的增稠剂有哪些？ （2）猪肉眼位于猪的哪一部位？ （3）简述炒猪肉丝蘑菇少司的风味特点	
考核评价与成绩评定	实训成品成绩占 70%，作业成绩占 30% 学生自我评价表另附	

3. 火腿炒意式面条（Saute Spaghetti with Ham）

<table>
<tr><th colspan="2">实训项目</th><th colspan="2">火腿炒意式面条</th></tr>
<tr><td colspan="2">目的与要求</td><td colspan="2">（1）掌握煮与炒相结合的烹调方法
（2）掌握意式面条的加工方法
（3）了解火腿炒意式面条的成品特点</td></tr>
<tr><td colspan="2">技术理论与原理</td><td colspan="2">制作火腿炒意式面条使用的是煮与炒相结合的方法，也是炒的烹调方法之一，即先将洋葱末炒香，再加入番茄酱炒出色，加入火腿丝炒香，最后加入煮熟的面条炒均匀即成</td></tr>
<tr><td colspan="2" rowspan="5">实训方法</td><td>烹调方法</td><td>煮与炒相结合</td></tr>
<tr><td>工艺流程</td><td>原料加工成型→面条煮熟→入锅中翻炒至熟→调味→装盘</td></tr>
<tr><td>操作过程及方法</td><td>（1）将意大利面条煮熟捞出待用
（2）用油将洋葱末炒香，加入番茄酱炒出色，再加入火腿丝炒香
（3）放入煮好的面条及其他调味料翻炒均匀，出锅装盘，最后撒上芝士粉即成</td></tr>
<tr><td>成品特点</td><td>浅红色，面条的汤汁与主辅料混合均匀，盘内无余汁，口味浓香、酸咸，面条弹牙爽口</td></tr>
<tr><td>操作要领</td><td>（1）意大利面条要煮至七成熟取出，并过凉水或加入少许油拌匀，防止其粘连
（2）翻炒过程中不要铲断面条
（3）盘内不能有汁</td></tr>
<tr><td colspan="2" rowspan="3">实训组织</td><td>教师演示</td><td>内容：火腿炒意式面条
方式：操作演示
时间：30 分钟</td></tr>
<tr><td>学生实训</td><td>内容：火腿炒意式面条
分组：2 人一组
时间：30 分钟</td></tr>
<tr><td>教师点评</td><td>小结、评分</td></tr>
<tr><td rowspan="3">实训准备</td><td>场地</td><td colspan="2">实操室</td></tr>
<tr><td>工具</td><td colspan="2">燃气灶、炒锅、分刀、砧板、不锈钢圆盘、餐盘</td></tr>
<tr><td>材料</td><td colspan="2">意大利面条 100 克，火腿丝 50 克，番茄酱 10 克，洋葱末 10 克，植物油 20 克，精盐 2 克，辣酱油 10 克，芝士粉 10 克</td></tr>
<tr><td colspan="2">思考题</td><td colspan="2">（1）简述意大利面条的种类
（2）煮面条时用冷水煮还是热水煮，为什么？
（3）简述意大利菜肴的风味特点</td></tr>
</table>

续表

实训项目	火腿炒意式面条
考核评价与成绩评定	实训成品成绩占 70%，作业成绩占 30% 学生自我评价表另附

4. 炒墨鱼圈（Saute Cuttlefish with Lettuce）

实训项目	炒墨鱼圈	
目的与要求	（1）掌握直接炒的方法 （2）掌握墨鱼的加工方法 （3）了解炒墨鱼圈的成品特点	
技术理论与原理	制作炒墨鱼圈使用的是直炒法，即先用橄榄油把洋葱末、大蒜末炒香，放入墨鱼圈炒熟，再把墨鱼圈拣出，然后放入番茄丁稍炒，调入苹果醋、精盐、胡椒粉，撒匀番芫荽末即成 乌贼（Cuttlefish）俗称目鱼、墨鱼或鱿鱼，与章鱼和枪乌鲗等是近缘，其体内有石灰质内骨，肉色洁白鲜嫩，含有丰富的蛋白质，是十分美味的海产品	
实训方法	烹调方法	直炒法
	工艺流程	原料加工成型→腌渍→入锅中翻炒至熟→装盘
	操作过程及方法	（1）将墨鱼切成圈，撒上精盐、胡椒粉、干白葡萄酒稍腌渍一下 （2）用橄榄油把洋葱末、大蒜末炒香，放入墨鱼圈炒熟，再把墨鱼圈拣出，然后放入番茄丁稍炒，调入苹果醋、盐、胡椒粉，撒匀番芫荽末 （3）把各色生菜放在盘中央，周围放上墨鱼圈，上面浇上炒番茄丁，再把细香葱少司淋在盘子边上即成
	成品特点	墨鱼色洁白，配菜鲜艳；墨鱼成圈状，均匀自然；味鲜香，微酸咸，脆嫩爽口
	操作要领	（1）墨鱼骨要取出，如果是大的墨鱼，还要去除其外层衣；墨鱼要先腌渍，脱去其少许水分；加工墨鱼的刀口要大小均匀一致 （2）墨鱼的炒制时间要短，翻炒频率要快
实训组织	教师演示	内容：炒墨鱼圈 方式：操作演示 时间：30 分钟
	学生实训	内容：炒墨鱼圈 分组：2 人一组 时间：30 分钟
	教师点评	小结、评分

续表

实训项目		炒墨鱼圈
实训准备	场地	实操室
	工具	燃气灶、炒锅、分刀、砧板、不锈钢圆盘、餐盘
	材料	墨鱼 125 克，洋葱末、大蒜末、番茄丁、番芫荽末、细香葱少司、橄榄油、苹果醋、干白葡萄酒、精盐、胡椒粉各适量，各色生菜 80 克
思考题		（1）新鲜墨鱼与冰冻墨鱼有什么区别？ （2）如何去除墨鱼的腥味？ （3）简述炒墨鱼圈的风味特点
考核评价与成绩评定		实训成品成绩占 70%，作业成绩占 30% 学生自我评价表另附

四、温煮法菜式实训

1. 煮鱼荷兰少司（Poached Fish with Hollandaise Sauce）

实训项目		煮鱼荷兰少司
目的与要求		（1）掌握温煮的烹调方法和火候 （2）掌握鱼块的加工方法 （3）了解煮鱼荷兰少司的成品特点
技术理论与原理		温煮是把原料放入清水或基础汤中，用低于沸点的温度，将原料加工至熟的烹调方法 由于温煮使用的温度较低，所以这种烹调方法对原料的组织及营养素破坏很小，成品菜肴可保持较多的水分，质地鲜嫩，并具有口味清淡、原汁原味的特点。温煮适用于质地鲜嫩、粗纤维少、水分充足的原料，如鸡蛋、鱼虾、嫩鸡等 制作煮鱼荷兰少司使用的是温煮法，即先把西芹放入清水中煮沸，捞出西芹，再放入鱼块煮熟
实训方法	烹调方法	温煮法
	工艺流程	原料加工成型→调味→入锅温煮至熟→装盘
	操作过程及方法	（1）将鱼肉加工成 10 块，撒上精盐、胡椒粉调味，均匀拍上面粉 （2）先把西芹放入清水中煮沸，捞出西芹，再放入鱼块煮熟 （3）在盘边配上煮马铃薯，上面撒上番芫荽碎，中间放上煮熟的鱼块，淋上荷兰少司即成
	成品特点	鱼肉乳白色，少司淡黄色；长条状，整齐；味鲜香、微咸酸，鱼肉鲜嫩

续表

实训项目	煮鱼荷兰少司	
实训方法	操作要领	（1）根据鱼肉的特点，温煮的温度应掌握在 70 ~ 97℃。一般情况下，原料的质地越嫩、体积越小，使用的温煮温度越低 （2）煮鱼的清水用量要适当，以刚刚浸没鱼肉为宜 （3）煮制过程中要始终保持火候均匀一致，以使鱼块在相同的时间内成熟 （4）温煮过程中可加盖保温，但要适当打开锅盖，以使原料中的不良气味挥发出去
实训组织	教师演示	内容：煮鱼荷兰少司 方式：操作演示 时间：30 分钟
	学生实训	内容：煮鱼荷兰少司 分组：2 人一组 时间：30 分钟
	教师点评	小结、评分
实训准备	场地	实操室
	工具	燃气灶、煮锅、分刀、砧板、不锈钢圆盘、餐盘
	材料	新鲜净鱼肉 1 千克，荷兰少司 500 克，面粉少许，西芹 100 克，精盐、胡椒粉适量，煮马铃薯 500 克，番芫荽碎适量
思考题	（1）为什么鱼块在煮之前要拍上面粉？ （2）如何判断鱼肉的成熟度？ （3）简述荷兰少司的制作工艺及保存方法	
考核评价与成绩评定	实训成品成绩占 70%，作业成绩占 30% 学生自我评价表另附	

2. 煮鱼虾卷番红花少司（Poached Sole and Prawn with Saffron Sauce）

实训项目	煮鱼虾卷番红花少司
目的与要求	（1）掌握温煮的烹调方法和火候 （2）掌握鱼虾卷的加工方法 （3）了解煮鱼虾卷番红花少司的成品特点
技术理论与原理	制作煮鱼虾卷番红花少司使用的是温煮法，即在鱼基础汤中放入白葡萄酒、柠檬汁、精盐、胡椒粉、香叶、洋葱、西芹，再放入鱼虾卷，用小火煮约 10 分钟至熟

续表

实训项目	煮鱼虾卷番红花少司	
实训方法	烹调方法	温煮法
	工艺流程	原料加工成型→调味→入锅温煮至熟→装盘
	操作过程及方法	（1）用比目鱼柳卷入明虾，并用锡纸包好 （2）在鱼基础汤中放入白葡萄酒、柠檬汁、精盐、胡椒粉、香叶、洋葱、西芹，再放入包好的鱼虾卷，用小火煮约 10 分钟至熟 （3）剥去包鱼虾卷的锡纸，与煮马铃薯榄相间摆在盘中央，将番红花少司淋在鱼虾卷周围即成
	成品特点	鱼为白色，虾为红色，少司橘红色、有光泽；卷状，整齐不碎；味鲜香，有酒香及番红花特有的清香；鱼虾肉鲜嫩、不干不柴
	操作要领	（1）根据鱼虾卷的特点，温煮的温度应掌握在 70 ~ 97℃。一般情况下，原料的质地越嫩、体积越小，使用的温煮温度越低 （2）鱼基础汤的用量要适当，以刚刚浸没鱼虾卷为宜 （3）温煮过程中要始终保持火候均匀一致，以使鱼虾卷在相同的时间内成熟 （4）温煮过程中可加盖保温，但要适当打开锅盖，以使原料中的不良气味挥发出去
实训组织	教师演示	内容：煮鱼虾卷番红花少司 方式：操作演示 时间：30 分钟
	学生实训	内容：煮鱼虾卷番红花少司 分组：两人一组 时间：30 分钟
	教师点评	小结、评分
实训准备	场地	实操室
	工具	燃气灶、煮锅、分刀、砧板、不锈钢圆盘、餐盘、锡纸
	材料	比目鱼柳 3 条，明虾 3 只，白葡萄酒 50 克，柠檬汁 1 个，鱼基础汤、精盐、胡椒粉各适量，香叶 2 片，洋葱、西芹各 20 克，番红花少司 50 克，煮马铃薯榄适量
思考题		（1）用什么方法固定鱼虾卷，使其不松散？ （2）如何鉴别番红花的品质？ （3）简述番红花少司的制作工艺及保存方法
考核评价与成绩评定		实训成品成绩占 70%，作业成绩占 30% 学生自我评价表另附

3. 煮法式海鲜鱼肉卷（Poached Seafood and Fish Meat Roll French）

实训项目	煮法式海鲜鱼肉卷	
目的与要求	（1）通过学习制作法式海鲜鱼肉卷，掌握其原料配比、制作过程和操作要点 （2）了解煮法式海鲜鱼肉卷的成品特点	
技术理论与原理	制作煮法式海鲜鱼肉卷使用的是温煮法，即先将鱼肉卷放入 90℃的热水中煮制约 15 分钟后离火，再用原汤浸泡 5 分钟至成熟后取出，保温备用	
实训方法	烹调方法	温煮法
	工艺流程	原料加工成型→调味→入锅温煮至熟→装盘
	操作过程及方法	（1）将净鳕鱼柳用保鲜膜包好，用拍刀敲、拍成大的薄鱼片，切除两端的鱼肉使之长度相等，再把鱼片纵向并排摆在一起备用 （2）将做肉酱的鳕鱼柳放入搅拌机中搅烂后，加入蛋清、鲜奶油、精盐和胡椒粉拌匀成鱼肉酱 （3）将辅料胡萝卜切成长 6 厘米、0.3 厘米见方的长条，煮熟后备用 （4）锅中放入牛油烧热，加入干葱碎、洋葱碎、胡萝卜碎炒香，再加入鱼骨炒出水气，倒入白葡萄酒浓缩至酒汁煮干时，加入适量清水、香料煮 25 分钟，出味后成鱼基础汤，过滤后放入冰箱冷藏备用 （5）把鳕鱼片整齐地铺放于布巾上，将制作好的鱼肉酱均匀地抹在鱼片上，再把胡萝卜条放在鱼肉酱的表面。用布巾将鱼片和鱼肉酱卷裹成鱼肉卷，鱼肉卷两端和中部分别用食用线捆好，将鱼肉卷放入 90℃的热水中温煮约 15 分钟后离火，再用原汤浸泡 5 分钟至成熟后取出，保温备用（上菜前改刀定型） （6）煎锅中加入牛油烧热，放入干葱碎炒香，加入白葡萄酒浓缩至原体积的 1/2 时，加入鱼基础汤，再次浓缩至汤汁原体积的 1/2 时，加入鲜奶油，第三次浓缩至汁稠味浓时离火。加入牛油搅化后，用精盐和胡椒粉调味，过滤成汁 （7）在热的菜盘中先淋上鱼精汁，撒上辅料，再摆放上 4 ~ 6 片切成厚片的鱼肉卷，用番茄、马铃薯和煮熟的西兰花等装饰即成
	成品特点	鱼肉白色，表皮橘红色，卷状，整齐不碎，口味鲜香、微咸，鱼肉鲜嫩、不干不柴
	操作要领	（1）鳕鱼片应先用保鲜膜包好，再拍成大的薄片。若鱼片厚薄不均，制作出的鱼卷会粗细不一，不易卷紧，煮制时也会散烂 （2）鱼肉酱搅拌好后应及时放入冰箱冷藏，这样可使鲜奶油与鱼肉泥充分融合，口感更加嫩滑

续表

<table>
<tr><th colspan="2">实训项目</th><th colspan="2">煮法式海鲜鱼肉卷</th></tr>
<tr><td colspan="2">实训方法</td><td>操作要领</td><td>（3）制作好鱼肉酱后可先将少许鱼肉酱放入沸水中煮制，待其成熟后尝试其口味和嫩度，以便控制成品的风味
（4）煮鱼肉卷时要用小火，以水面微开、汤汁微沸、水温 80 ~ 90℃为佳。煮制时间应根据鱼肉卷的厚度来控制，不宜煮得过老
（5）在上菜前才将鱼卷切成厚片，这样鱼肉卷内的汁液就不会过多地损失，保持菜品汁味鲜浓的特点
（6）卷鱼肉卷的接口可以涂上少量面粉，以防止接口松散</td></tr>
<tr><td colspan="2" rowspan="3">实训组织</td><td>教师演示</td><td>内容：煮法式海鲜鱼肉卷
方式：操作演示
时间：30 分钟</td></tr>
<tr><td>学生实训</td><td>内容：煮法式海鲜鱼肉卷
分组：2 人一组
时间：30 分钟</td></tr>
<tr><td>教师点评</td><td>小结、评分</td></tr>
<tr><td rowspan="8">实训准备</td><td>场地</td><td colspan="2">实操室</td></tr>
<tr><td>工具</td><td colspan="2">燃气灶、平底锅、少司锅、分刀、砧板、冰箱、保鲜膜、搅拌机、布巾、食用线、菜盘</td></tr>
<tr><td rowspan="6">材料</td><td>主料</td><td>净鳕鱼柳 2500 克</td></tr>
<tr><td>辅料</td><td>胡萝卜 200 克</td></tr>
<tr><td>肉酱料</td><td>鳕鱼柳 250 克，鸡蛋 1 个，鲜奶油 150 毫升，精盐和胡椒粉适量</td></tr>
<tr><td>鱼基础汤</td><td>牛油 40 克，干葱碎 40 克，洋葱碎 80 克，胡萝卜碎 80 克，香叶、杂香草、鱼骨、胡椒碎适量</td></tr>
<tr><td>调料</td><td>干葱碎 40 克，白葡萄酒 100 毫升，鲜奶油 200 毫升，牛油 160 克，鱼精汁适量，精盐、胡椒粉适量</td></tr>
<tr><td>装饰料</td><td>西兰花、番茄、马铃薯等蔬菜原料</td></tr>
<tr><td colspan="2">思考题</td><td colspan="2">（1）如何判断鱼肉茸搅起胶质？
（2）如何判断鱼肉卷的成熟度？
（3）鲜奶油在该菜肴中的作用是什么？</td></tr>
<tr><td colspan="2">考核评价与成绩评定</td><td colspan="2">实训成品成绩占 70%，作业成绩占 30%
学生自我评价表另附</td></tr>
</table>

五、沸煮法菜式实训

1. 煮牛胸肉蔬菜（Boiled Brisket with Vegetable）

<table>
<tr><th>实训项目</th><th colspan="2">煮牛胸肉蔬菜</th></tr>
<tr><td>目的与要求</td><td colspan="2">（1）了解沸煮法的概念与工艺流程
（2）掌握沸煮牛胸肉的工艺方法和火候
（3）了解煮牛胸肉蔬菜的成品特点</td></tr>
<tr><td>技术理论与原理</td><td colspan="2">沸煮是把需要加工的原料放入基础汤中，用微沸的液体将原料加工成熟的烹调方法，其传热介质与传热形式与温煮相同
由于沸煮的菜肴不用浓汁加热，也不用油进行初步热加工，因此烹制出的菜肴清淡爽口，充分保留了原料本身的鲜美滋味。另外，这种烹调方法对营养素破坏也较少
沸煮适用范围广泛，各种动植物原料均可用沸煮法加工
制作煮牛胸肉蔬菜使用的是沸煮法，即把牛肉洗净，加入清水充分浸没牛肉，煮沸至熟
牛胸肉（Brisket）指牛肩部边缘的去骨胸肉，或牛前脚上端的总称。牛胸肉与牛颈肉同属于活动频繁的部位，所以肉质较硬。牛肩胛还可细分为黄瓜条、翼板肉、板腱等部位，位于肩胛内侧的板腱肉布满油花（霜降）</td></tr>
<tr><td rowspan="5">实训方法</td><td>烹调方法</td><td>沸煮法</td></tr>
<tr><td>工艺流程</td><td>将清水、基础汤等加入煮锅煮沸→加入已加工好的原料→保持一定水温→大火煮至原料成熟捞出→装盘</td></tr>
<tr><td>操作过程及方法</td><td>（1）将牛胸肉洗净后放入煮锅，加入清水（充分浸没牛肉）煮沸，撇净汤面浮沫，加入切碎的洋葱、西芹及香叶、胡椒粒、精盐，用微火煮制
（2）将大白菜（洗净）、马铃薯、胡萝卜（去皮）分别切成斜角块，待牛肉快熟时加入锅中，煮至牛肉成熟
（3）将牛肉捞出，切片（每份 2 片），放入盘中，配上煮好的蔬菜，淋入少许原汤即成</td></tr>
<tr><td>成品特点</td><td>牛肉浅褐色，厚片状，整齐、均匀，口味清鲜，微咸辛辣，牛肉烂而不柴，蔬菜软而不烂</td></tr>
<tr><td>操作要领</td><td>（1）沸煮的温度应始终保持在 100℃或接近 100℃
（2）水（或基础汤）的用量比温煮略多些，以完全浸没原料为宜
（3）沸煮过程中要及时撇净汤中的浮沫，以防止将浮沫煮到原料中
（4）沸煮过程中不要加锅盖煮制</td></tr>
<tr><td>实训组织</td><td>教师演示</td><td>内容：煮牛胸肉蔬菜
方式：操作演示
时间：30 分钟</td></tr>
</table>

续表

<table>
<tr><th colspan="2">实训项目</th><th colspan="2">煮牛胸肉蔬菜</th></tr>
<tr><td colspan="2" rowspan="2">实训组织</td><td>学生实训</td><td>内容：煮牛胸肉蔬菜
分组：2 人一组
时间：30 分钟</td></tr>
<tr><td>教师点评</td><td>小结、评分</td></tr>
<tr><td rowspan="3">实训准备</td><td>场地</td><td colspan="2">实操室</td></tr>
<tr><td>工具</td><td colspan="2">燃气灶、煮锅、分刀、砧板、不锈钢圆盘、餐盘</td></tr>
<tr><td>材料</td><td colspan="2">牛胸肉 1 千克，精盐 10 克，胡椒粒 2 克，洋葱 50 克，西芹 50 克，香叶 2 片，大白菜 250 克，马铃薯 250 克，胡萝卜 250 克</td></tr>
<tr><td colspan="2">思考题</td><td colspan="2">（1）牛肉能否与蔬菜一起沸煮?
（2）简述沸煮法的概念</td></tr>
<tr><td colspan="2">考核评价与成绩评定</td><td colspan="2">实训成品成绩占 70%，作业成绩占 30%
学生自我评价表另附</td></tr>
</table>

2. 柏林式煮猪肉酸白菜（Boiled Pork with Sour Cabbage Berlin Style）

<table>
<tr><th>实训项目</th><th colspan="2">柏林式煮猪肉酸白菜</th></tr>
<tr><td>目的与要求</td><td colspan="2">（1）掌握沸煮猪肉的工艺方法和火候
（2）进一步理解沸煮法的工艺流程
（3）了解柏林式煮猪肉酸白菜的成品特点</td></tr>
<tr><td>技术理论与原理</td><td colspan="2">制作柏林式煮猪肉酸白菜使用的是沸煮法，即先将猪肉放入煮锅内，酸白菜用清水冲洗一下放在猪肉的周围，再放入洋葱丝、黑胡椒粒、香叶、精盐，冲入开水至浸没过猪肉，然后用大火煮熟</td></tr>
<tr><td rowspan="4">实训方法</td><td>烹调方法</td><td>沸煮法</td></tr>
<tr><td>工艺流程</td><td>将清水、基础汤等加入煮锅→加入已加工好的原料→保持一定水温大火煮制→原料成熟后捞出→装盘</td></tr>
<tr><td>操作过程及方法</td><td>（1）将带皮猪腿肉刮洗干净，切成 2 块，放入锅内
（2）酸白菜用清水冲洗一下，放在带皮猪腿肉的周围，然后放入洋葱丝、黑胡椒粒、香叶、精盐，冲入开水至完全浸没猪腿肉，用大火沸煮至猪腿肉软熟
（3）将煮马铃薯配在盘边，煮好的猪腿肉切成每份 3 片摆在盘中央，边上配酸白菜，再淋上少量原汤即成</td></tr>
<tr><td>成品特点</td><td>猪腿肉、酸白菜均为原色，厚片状，均匀，丰满不乱，味鲜香，酸咸适口，猪肉软烂不柴，酸白菜软而不烂</td></tr>
</table>

续表

<table>
<tr><th colspan="2">实训项目</th><th colspan="2">柏林式煮猪肉酸白菜</th></tr>
<tr><td colspan="2">实训方法</td><td>操作要领</td><td>（1）猪腿肉可以带骨，表皮的毛要刮干净
（2）水（或基础汤）的用量比温煮略多些，以完全浸没原料为宜
（3）沸煮过程中要及时撇净汤中的浮沫，防止将浮沫煮到原料中
（4）沸煮过程中不要加锅盖煮制</td></tr>
<tr><td colspan="2" rowspan="3">实训组织</td><td>教师演示</td><td>内容：柏林式煮猪肉酸白菜
方式：操作演示
时间：30 分钟</td></tr>
<tr><td>学生实训</td><td>内容：柏林式煮猪肉酸白菜
分组：2 人一组
时间：30 分钟</td></tr>
<tr><td>教师点评</td><td>小结、评分</td></tr>
<tr><td rowspan="3">实训准备</td><td>场地</td><td colspan="2">实操室</td></tr>
<tr><td>工具</td><td colspan="2">燃气灶、煮锅、分刀、砧板、不锈钢圆盘、餐盘</td></tr>
<tr><td>材料</td><td colspan="2">带皮猪腿肉 1 千克，洋葱丝 100 克，精盐 10 克，黑胡椒粒 3 粒，香叶 2 片，煮马铃薯 300 克，酸白菜 200 克</td></tr>
<tr><td colspan="2">思考题</td><td colspan="2">（1）简述酸白菜的制作工艺及风味特点
（2）简述德式菜肴的风味特点</td></tr>
<tr><td colspan="2">考核评价与成绩评定</td><td colspan="2">实训成品成绩占 70%，作业成绩占 30%
学生自我评价表另附</td></tr>
</table>

3. 煮羊腿水瓜柳少司（Boiled Leg of Lamb Caper Sauce）

实训项目	煮羊腿水瓜柳少司
目的与要求	（1）掌握沸煮羊腿的工艺方法和火候 （2）进一步理解沸煮法的工艺流程 （3）了解煮羊腿水瓜柳少司的成品特点
技术理论与原理	制作煮羊腿水瓜柳少司使用的是沸煮法，即把羊腿肉洗净放入煮锅中，加入清水至充分浸没羊肉，开火加热，沸后撇净浮沫，再放入洋葱、黑胡椒、丁香、西芹、番芫荽、精盐调味，在微火上煮制 羊腿肉是位于羊臀尖的肉，俗称“大三叉”，其肉质较好，文理顺畅，肌肉纤维丰富，上部有一层夹筋，去筋后都是嫩肉，可代替里脊肉使用

续表

实训项目	煮羊腿水瓜柳少司	
实训方法	烹调方法	沸煮法
	工艺流程	将清水、基础汤等加入煮锅→加入已加工好的羊腿肉→保持一定水温→煮至原料成熟后捞出→装盘
	操作过程及方法	（1）把羊腿肉洗净放入煮锅中，加入清水至充分浸没羊肉，开火加热，沸后撇净浮沫，再放入洋葱、黑胡椒、丁香、西芹、番芫荽、精盐调味，在微火上煮制 （2）将马铃薯、胡萝卜、白萝卜都切成条，待羊肉快熟时放入锅内，与羊肉同煮至熟 （3）将煮好的蔬菜配在盘边，再将羊肉切成每份 3 片，放在盘子中央，将水瓜柳少司热透倒在少司罐内单独配上即成
	成品特点	羊肉、蔬菜均为原色，原片状，整齐不碎，口味清鲜、微咸，羊肉烂而不柴，蔬菜软而不烂
	操作要领	（1）沸煮的温度要始终保持在 100℃或接近 100℃ （2）水（或基础汤）的用量比温煮略多些，以完全浸没原料为宜 （3）沸煮过程中要及时撇净汤中的浮沫，防止将浮沫煮到原料中 （4）沸煮过程中不要加锅盖煮制
实训组织	教师演示	内容：煮羊腿水瓜柳少司 方式：操作演示 时间：30 分钟
	学生实训	内容：煮羊腿水瓜柳少司 分组：2 人一组 时间：30 分钟
	教师点评	小结、评分
实训准备	场地	实操室
	工具	燃气灶、煮锅、分刀、砧板、不锈钢圆盘、餐盘
	材料	羊腿肉 2 千克，西芹 200 克，精盐 20 克，丁香 5 粒，黑胡椒粒 10 粒，马铃薯 500 克，洋葱 500 克，胡萝卜 250 克，白萝卜 250 克，番芫荽 50 克，水瓜柳少司 750 克
思考题		（1）如何鉴别羊腿肉的品质？其分解工艺如何？ （2）简述水瓜柳少司的制作工艺 （3）如何去除羊肉的腥膻味？
考核评价与成绩评定		实训成品成绩占 70%，作业成绩占 30% 学生自我评价表另附

六、烩法菜式实训

1. 红酒烩鸡（Stewed Chicken with Red Wine）

实训项目	红酒烩鸡	
目的与要求	（1）了解烩法的概念与工艺流程 （2）理解烩法的技术原理 （3）掌握红酒烩鸡的成品特点及工艺流程 （4）清楚烩法菜肴的造型要求	
技术理论与原理	烩（Stewing）是指将油煎或汆烫后已初步成熟的半成品原料，放入调好的少司中加热至熟的烹调方法。烩制菜肴具有原汁原味、口味浓香、色泽艳丽的特点。烩通常依据少司的色泽不同，可分为红烩、白烩和黄烩三种 红烩菜肴的色泽有红褐色、褐色等，一般使用番茄酱、褐色少司等来增加菜肴的色泽 制作红酒烩鸡使用的是红烩法，即先用牛油将面粉炒制成牛油面酱，逐渐加入烩锅中，使汤变浓，再加入红葡萄酒、精盐调和均匀，用中小火烩熟（或在 180℃的烤箱内烤 15 ~ 20 分钟）	
实训方法	烹调方法	红烩
	工艺流程	主料加工成型→用油煎至上色（或用水煮至七成熟）→取出（或滤去油、水）→放入烩锅中→加入辅料、调味料，调入少司→将原料烩熟（或放入烤箱内烩熟）→装盘
	操作过程及方法	（1）先在鸡块上撒少许精盐、胡椒粉调味，再用热油将鸡块煎至上色，滤去油，加入白兰地酒，取出鸡块放入烩锅中 （2）将咸肉切成片，用油略煎出香味，再和洋葱末、蒜末、蘑菇片、百里香、香叶一同放入烩锅中，加入鸡汤，用小火加热 （3）用牛油将面粉炒制成牛油面酱，逐渐加入烩锅中，使汤变浓，加入红葡萄酒、精盐调均匀，用中小火烩熟（或在 180℃的烤箱中烤 15 ~ 20 分钟） （4）将小洋葱头用油煎至上色，放入 165℃的烤箱中烤 15 ~ 20 分钟，烤制过程中要不断翻动，使其受热均匀 （5）将烩好的鸡块连同调配料及汤汁一同置于盘中，小洋葱头配在盘边即成。鸡块上可撒少许番芫荽作点缀
	成品特点	鸡肉暗红色，有光泽，块状整齐，表面裹满少司，有浓郁的酒香味及适口的酸咸味，软烂不柴
	操作要领	（1）掌握好少司的用量，以刚没过鸡肉块为宜 （2）烩制过程一般要加盖 （3）烩制菜肴也可以在烤箱中进行，烤箱温度一般控制在 180℃左右。烤箱中烩制较在燃气灶台上烩制更省人力，但不如后者容易控制火候 （4）鸡肉要先经过初步热加工处理

续表

实训项目	红酒烩鸡	
实训组织	教师演示	内容：红酒烩鸡 方式：操作演示 时间：30 分钟
	学生实训	内容：红酒烩鸡 分组：2 人一组 时间：30 分钟
	教师点评	小结、评分
实训准备	场地	实操室
	工具	燃气灶、煮锅、分刀、砧板、不锈钢圆盘、餐盘、烤箱
	材料	鸡块 500 克，咸肉 50 克，洋葱末 10 克，蒜末 5 克，蘑菇片 100 克，牛油 150 克，白兰地酒 30 毫升，红葡萄酒 30 毫升，香叶 2 片，精盐 5 克，百里香少许，面粉少许，小洋葱头 8 个，鸡汤适量
思考题	（1）鸡肉块烩之前进行煎制的目的是什么？ （2）简述红葡萄酒的种类及品质 （3）红酒烩鸡的成品特点是什么？	
考核评价与成绩评定	实训成品成绩占 70%，作业成绩占 30% 学生自我评价表另附	

2. 意式烩小牛膝（Stewed Veal Bone with Red Wine，Italy Style）

实训项目	意式烩小牛膝
目的与要求	（1）进一步掌握红烩的工艺流程及工艺要领 （2）掌握小牛膝的加工方法 （3）了解意式烩小牛膝的成品特点 （4）了解意式烩法菜肴的造型要求
技术理论与原理	制作意式烩小牛膝使用的是红烩法，即将小牛膝拍上面粉、煎至上色，再放入少司中烩熟 小牛膝在意大利语里被称为“带个洞的骨头”。牛骨中以无机盐成分为主，其中钙约占 86%，镁约占 1%，其他钙盐约占 7%，钙盐有葡萄糖酸钙、甘油磷酸钙、泛酸钙等，其有机成分为多种蛋白质。牛骨的脂肪含量因骨的种类而异，通常为 12% ~ 20%，构成脂肪的脂肪酸主要是棕榈酸、硬脂酸及油酸，但也含少量的亚油酸等。牛骨的脂肪常集中于骨髓中

续表

<table>
<tr><th colspan="2">实训项目</th><th colspan="2">意式烩小牛膝</th></tr>
<tr><td rowspan="6" colspan="2">实训方法</td><td>烹调方法</td><td>红烩</td></tr>
<tr><td>工艺流程</td><td>主料加工成型→用油煎至上色（或用清水煮至七成熟）→取出（或滤去油、水）→放入烩锅中→加入辅料、调味料，调入少司→将原料烩熟→装盘</td></tr>
<tr><td>操作过程及方法</td><td>（1）将小牛膝切成块，将洋葱、胡萝卜、西芹切成末
（2）用橄榄油炒香蔬菜末，放入番茄酱、红葡萄酒、小牛烧汁、柠檬皮丝、香叶、精盐、胡椒粉，做成少司
（3）将小牛膝拍上面粉、煎至上色，再放入少司中烩熟
（4）将烩好的小牛膝放在盘中，配上炒蔬菜丁，淋上原汁即成</td></tr>
<tr><td>成品特点</td><td>色浅红，小牛膝块均匀、不烂，口味鲜香、微咸酸，牛肉酥软、糯</td></tr>
<tr><td>操作要领</td><td>（1）牛膝骨可用电动锯骨机锯断，以保持切断面完整
（2）加工柠檬皮丝时要把柠檬皮上的白膜去除干净
（3）烩小牛膝要用小火，慢慢烩熟烩透
（4）烩小牛膝的时间要够，要达到牛肉脱骨并且烂而不干的标准</td></tr>
<tr style="display:none"><td></td><td></td></tr>
<tr><td rowspan="3" colspan="2">实训组织</td><td>教师演示</td><td>内容：意式烩小牛膝
方式：操作演示
时间：30 分钟</td></tr>
<tr><td>学生实训</td><td>内容：意式烩小牛膝
分组：2 人一组
时间：30 分钟</td></tr>
<tr><td>教师点评</td><td>小结、评分</td></tr>
<tr><td rowspan="6">实训准备</td><td>场地</td><td colspan="2">实操室</td></tr>
<tr><td>工具</td><td colspan="2">燃气灶、焗炉、烤箱、平底锅、少司锅、分刀、砧板、主菜盘</td></tr>
<tr><td rowspan="4">材料</td><td>主料</td><td>小牛膝 1 个</td></tr>
<tr><td>辅料</td><td>洋葱、胡萝卜、西芹各 100 克，小牛烧汁 200 毫升，柠檬皮丝少量</td></tr>
<tr><td>调料</td><td>橄榄油 50 毫升，红葡萄酒 80 毫升，番茄酱 50 克，香叶、精盐、胡椒粉少量</td></tr>
<tr><td>配料</td><td>炒蔬菜丁 100 克</td></tr>
<tr><td colspan="2">思考题</td><td colspan="2">（1）制作意式烩小牛膝的操作要点及应注意的事项有哪些？
（2）意式烩小牛膝的成品特点是什么？</td></tr>
<tr><td colspan="2">考核评价与成绩评定</td><td colspan="2">实训成品成绩占 70%，作业成绩占 30%
学生自我评价表另附</td></tr>
</table>

3. 匈牙利烩牛肉（Beef Goulash）

<table>
<tr><th>实训项目</th><th colspan="2">匈牙利烩牛肉</th></tr>
<tr><td>目的与要求</td><td colspan="2">（1）进一步掌握红烩的工艺流程
（2）掌握制作匈牙利烩牛肉的技术原理及工艺流程
（3）了解匈牙利烩牛肉的成品特点</td></tr>
<tr><td>技术理论与原理</td><td colspan="2">匈牙利烩牛肉是匈牙利的传统烩菜，即菜炖牛肉，始于 9 世纪的马扎尔牧羊人。纯正的锅烧菜炖牛肉是用煎过的小牛肉块或羊肉块加洋葱、土豆、大葱、页蒿籽、番茄、胡椒等调料炖制而成。匈牙利的另一种名肴叫泡菜烩猪肉，与菜炖牛肉相似，但另加酸乳脂等调料炖制而成，其肉味浓郁，芳香开胃。葛缕子（Caraway）又名页蒿或芷茴香，伞形科二年生草本植物，原产于欧洲和亚洲西部，其干燥的果实称为页蒿籽，有类似茴芹的芳香，味稍辣，常用于肉类、面包、奶酪、泡菜和蔬菜的调味。用页蒿籽提取的精油可用于酒类饮料的调味。荷兰的页蒿籽质量最优，久负盛名</td></tr>
<tr><td rowspan="5">实训方法</td><td>烹调方法</td><td>红烩</td></tr>
<tr><td>工艺流程</td><td>主料加工成型→用油煎至上色→取出滤去油→放入烩锅中→加入辅料、调味料，调入少司→将原料烩熟（或放入烤箱内烩熟）→装盘</td></tr>
<tr><td>操作过程及方法</td><td>（1）将牛肉切成块，用少许精盐、胡椒粉、牛膝草、红辣椒粉、页蒿籽腌渍一会，将洋葱、马铃薯、胡萝卜、番茄、青椒分别切成块
（2）用油将牛肉块煎至上色，加入番茄膏拌炒均匀，然后加入适量牛基础汤焖煮，加入辅料，小火焖煮至软熟，最后再加入红辣椒粉、精盐、胡椒粉调味即成</td></tr>
<tr><td>成品特点</td><td>浅褐色，块状均匀，表层裹满少司，口味浓香、微咸，牛肉软烂不柴</td></tr>
<tr><td>操作要领</td><td>（1）牛肉要切成 2 厘米见方的块，并要先进行腌渍调味
（2）烩牛肉的时间要够，要达到牛肉烂而不干的要求</td></tr>
<tr><td rowspan="3">实训组织</td><td>教师演示</td><td>内容：匈牙利烩牛肉
方式：操作演示
时间：30 分钟</td></tr>
<tr><td>学生实训</td><td>内容：匈牙利烩牛肉
分组：2 人一组
时间：30 分钟</td></tr>
<tr><td>教师点评</td><td>小结、评分</td></tr>
<tr><td rowspan="3">实训准备</td><td>场地</td><td>实操室</td></tr>
<tr><td>工具</td><td>燃气灶、煮锅、分刀、砧板、不锈钢圆盘、餐盘</td></tr>
<tr><td>材料</td><td>牛肉 500 克，红辣椒粉 15 克，精盐 10 克，胡椒粉 2 克，页蒿籽 5 克，牛膝草 5 克，番茄膏 50 克，牛基础汤 500 毫升，洋葱 100 克，马铃薯 100 克，胡萝卜 100，番茄 50 克，青椒 50 克</td></tr>
</table>

续表

实训项目	匈牙利烩牛肉
思考题	（1）牛肉烩之前进行煎制的目的是什么？ （2）简述西餐中红辣椒粉的作用
考核评价与成绩评定	实训成品成绩占 70%，作业成绩占 30% 学生自我评价表另附

4. 法式白汁烩鸡（Stewed Chicken with Cream Sauce）

实训项目	法式白汁烩鸡	
目的与要求	（1）掌握白烩的工艺流程和操作要领 （2）了解法式白汁烩鸡的成品特点 （3）了解白烩菜肴的造型要求	
技术理论与原理	白烩菜肴的色泽为乳白色，一般使用奶油少司等来增加菜肴色泽。制作法式白汁烩鸡使用的是白烩法，即将煎锅内加入牛油并烧热，放入洋葱碎炒香，加入面粉炒匀，再加入鲜鸡汤煮沸，与鸡肉块一同倒入烩锅中，再加入淡奶油调匀，加入蘑菇和小洋葱同烩入味，调味后加盖，用小火焖煮 10 分钟	
实训方法	烹调方法	白烩
	工艺流程	原料初加工成型→烩制→装盘
	操作过程及方法	（1）将鸡肉切成块，洋葱切碎，蘑菇和小洋葱分别切片 （2）在鸡肉块上撒精盐、胡椒粉调味后，用牛油煎至定型，再放入烩锅中 （3）煎锅内加入牛油并烧热，放入洋葱碎炒香，加入面粉炒匀，逐渐加入鲜鸡汤煮沸，与鸡肉块一同倒入烩锅中，加入淡奶油调匀，再加入蘑菇和小洋葱同烩入味，调味后加盖，用小火焖煮 10 分钟 （4）将鸡肉块盛入盘中，盘边配牛油米饭和时令蔬菜即成
	成品特点	乳白色，有光泽，鸡肉刀口均匀、整齐不烂，表面裹满少司，口味鲜香，有浓郁的忌廉味及适口的酸咸味，鸡肉鲜嫩，少司细腻
	操作要领	（1）煎鸡肉块时要用小火，不要煎上色，以保证成菜的色泽 （2）汁要浓稠适度，奶油适量。若没有淡奶油也可以用牛奶代替，风味也佳 （3）牛油和面粉炒香后成牛油面酱。加鸡汤前应先将面酱冷却，再分次加入鸡汤，这样做面酱不会凝结成团

续表

<table>
<tr><td>实训项目</td><td colspan="4">法式白汁烩鸡</td></tr>
<tr><td rowspan="3" colspan="2">实训组织</td><td colspan="2">教师演示</td><td>内容：法式白汁烩鸡
方式：操作演示
时间：30 分钟</td></tr>
<tr><td colspan="2">学生实训</td><td>内容：法式白汁烩鸡
分组：2 人一组
时间：30 分钟</td></tr>
<tr><td colspan="2">教师点评</td><td>小结、评分</td></tr>
<tr><td rowspan="6">实训准备</td><td>场地</td><td colspan="3">实操室</td></tr>
<tr><td>工具</td><td colspan="3">燃气灶、平底锅、少司锅、分刀、砧板、主菜盘</td></tr>
<tr><td rowspan="4">材料</td><td>主料</td><td colspan="2">净鸡胸肉或鸡腿肉 1200 克，面粉 60 克，牛油 80 克，洋葱 120 克</td></tr>
<tr><td>辅料</td><td colspan="2">蘑菇 130 克，小洋葱 125 克</td></tr>
<tr><td>少司</td><td colspan="2">淡奶油 150 毫升，鲜鸡汤、精盐和胡椒粉适量</td></tr>
<tr><td>配菜</td><td colspan="2">牛油米饭、时令蔬菜适量</td></tr>
<tr><td colspan="2">思考题</td><td colspan="3">（1）鸡肉红烩与白烩之前进行煎制的区别是什么？
（2）简述白汁的制作工艺
（3）法式白汁烩鸡的成品特点是什么？</td></tr>
<tr><td colspan="2">考核评价与成绩评定</td><td colspan="3">实训成品成绩占 70%，作业成绩占 30%
学生自我评价表另附</td></tr>
</table>

5. 爱尔兰烩羊肉（Irish Stewed Mutton）

<table>
<tr><td>实训项目</td><td colspan="2">爱尔兰烩羊肉</td></tr>
<tr><td>目的与要求</td><td colspan="2">（1）掌握黄烩的工艺流程
（2）通过学习制作爱尔兰烩羊肉，掌握其原料配比、制作过程和操作要点
（3）了解爱尔兰烩羊肉的成品特点</td></tr>
<tr><td>技术理论与原理</td><td colspan="2">黄烩菜肴的色泽为浅黄色。黄烩是在白烩的基础上进行的，一般是将生鸡蛋、鲜奶油拌和后，冲入煮沸的奶油少司
制作爱尔兰烩羊肉使用的是黄烩法，即将马铃薯、圆白菜和洋葱切成块，胡萝卜切成段，与羊肉块放在一起，用煮羊肉的原汤加热，沸后调入精盐、胡椒粉和百里香，烩至羊肉熟透</td></tr>
<tr><td>实训方法</td><td>烹调方法</td><td>黄烩</td></tr>
</table>

续表

实训项目	爱尔兰烩羊肉		
实训方法	工艺流程		主料加工成型→用油煎至上色（或用清水煮至七成熟）→取出（或滤去油、水）→放入烩锅中→加入辅料、调味料，调入少司→将原料烩熟→装盘
	操作过程及方法		（1）用清水加黑胡椒粒煮羊肉1小时，将羊肉捞出切成块，黑胡椒用箩滤出 （2）将马铃薯、圆白菜、洋葱切成块，胡萝卜切成段，与羊肉一起放入烩锅中，倒入煮羊肉的原汤，煮沸后调入精盐、胡椒粉、百里香 （3）烩至羊肉熟透、蔬菜已烂，放入奶油少司使汁液浓稠，撒上番芫荽末 （4）盘边配上牛油米饭，再均匀地盛上羊肉和蔬菜即成
	成品特点		浅褐色，块大小均匀，挂满少司，口味浓香微咸，羊肉酥烂，蔬菜不烂
	操作要领		（1）要将羊肉用清水先煮至七成熟，但不要煮烂 （2）烩羊肉时要用小火烩熟烩透
实训组织	教师演示		内容：爱尔兰烩羊肉 方式：操作演示 时间：30分钟
	学生实训		内容：爱尔兰烩羊肉 分组：2人一组 时间：30分钟
	教师点评		小结、评分
实训准备	场地		实操室
	工具		燃气灶、平底锅、烩锅、分刀、砧板、主菜盘、箩
	材料	主料	小羊前腿肉600克
		辅料	马铃薯200克，胡萝卜50克，圆白菜100克，洋葱30克，奶油少司50毫升
		调料	黑胡椒粒5克，精盐7克，胡椒粉、番芫荽末和百里香少量
		配料	牛油米饭200克
思考题	（1）简述制作爱尔兰烩羊肉的工艺过程 （2）制作爱尔兰烩羊肉的操作要点及应注意的事项有哪些？ （3）爱尔兰烩羊肉的成品特点是什么？		
考核评价与成绩评定	实训成品成绩占70%，作业成绩占30% 学生自我评价表另附		

七、焖法菜式实训

1. 红酒汁焖猪排卷（Braised Pork Loin Roll with Red Wine Sauce）

<table>
<tr><th>实训项目</th><th colspan="2">红酒汁焖猪排卷</th></tr>
<tr><td>目的与要求</td><td colspan="2">（1）掌握制作红酒汁焖猪排卷的工艺流程
（2）掌握猪排卷的卷法
（3）区别焖与烩的烹调方法
（4）了解红酒汁焖猪排卷的成品特点</td></tr>
<tr><td>技术理论与原理</td><td colspan="2">焖（Braising）是将初步热加工的原料放入焖锅（罐）内，加入少量汤汁，并盖紧盖子，在烤箱内加热成熟的烹调方法。与烩相比较，焖制的原料多呈大块或整块，使用的汤汁少（一般没过原料的1/2～2/3），少司多在成熟后再调制。焖制菜肴有酥烂、味浓的特点
制作红酒汁焖猪排卷是先用油将猪排肉卷煎至上色，再放入烤盘中，倒入基础汤，盖上锡纸，入烤炉烤熟</td></tr>
<tr><td rowspan="5">实训方法</td><td>烹调方法</td><td>焖</td></tr>
<tr><td>工艺流程</td><td>主料加工成型（整块或切成要求的形状）→用油煎至上色→放入焖锅中，加入基础汤及调料等→入烤箱内烤熟→取出装盘（大者切片或块），淋上调好的原汁</td></tr>
<tr><td>操作过程及方法</td><td>（1）用牛油将洋葱丝、西芹丝、鲜蘑菇片炒香，调入红葡萄酒，用精盐、胡椒粉调味，成馅料
（2）将猪肉眼片成大片，撒匀精盐、胡椒粉，放上猪肥膘，铺上一层焯过水的菠菜叶，再倒上馅料，卷成卷，用线绳捆好
（3）用油将猪排卷煎至上色，放入烤盘中，倒上基础汤，盖上锡纸，再放入烤箱烤熟
（4）用红葡萄酒煮洋葱末，加入浇汁及焖肉原汁，放入精盐、胡椒粉调味，放入牛油增稠，成少司
（5）将猪排卷切成厚片摆在盘内，盘边配炒面条，淋上少司即成</td></tr>
<tr><td>成品特点</td><td>肉为褐色，间有蔬菜的红绿色，厚片状，整齐不散，口味浓香，有酒香，微咸，软嫩适口</td></tr>
<tr><td>操作要领</td><td>（1）掌握好汤汁的用量，一般以没过原料的1/2或2/3为宜
（2）主料在焖制前要用油进行初步热加工，使其表面结成硬壳，以保持其内部水分
（3）焖制前要先在炉灶上将汤汁加热至沸，再加盖入烤箱内烤制
（4）焖好的主料若为整块，应在上桌前切成厚片（块）装盘，并浇上原汁</td></tr>
</table>

续表

实训项目	红酒汁焖猪排卷	
实训组织	教师演示	内容：红酒汁焖猪排卷 方式：操作演示 时间：30 分钟
	学生实训	内容：红酒汁焖猪排卷 分组：2 人一组 时间：30 分钟
	教师点评	小结、评分
实训准备	场地	实操室
	工具	燃气灶、煎锅、分刀、砧板、不锈钢圆盘、餐盘、烤箱、焖锅（罐）
	材料	猪肉眼 1 条，菠菜叶 50 克，猪肥膘 80 克，洋葱丝、西芹丝各 30 克，鲜蘑菇片 15 克，牛油、红葡萄酒、基础汤、炒面条、精盐、胡椒粉适量 少司料：红葡萄酒 100 毫升，烧汁、焖肉原汁、葱头末、牛油各适量
思考题	（1）为什么猪排卷在焖制前要先煎制？ （2）为什么猪排卷煎至上色即可，而不是全熟？ （3）红酒汁焖猪排卷的成品特点是什么？ （4）如何区别焖与烩？	
考核评价与成绩评定	实训成品成绩占 70%，作业成绩占 30% 学生自我评价表另附	

2. 罐焖牛肉（Braised Beef Casserole）

实训项目	罐焖牛肉	
目的与要求	（1）掌握煎焖的工艺流程 （2）了解罐焖牛肉的成品特点	
技术理论与原理	罐焖牛肉是用油先将牛肉煎上色，加适量清水，放入部分洋葱、西芹、胡萝卜、精盐，煮沸后加盖，再放入 180℃的烤箱中焖熟	
实训方法	烹调方法	罐焖
	工艺流程	主料加工成型（整形或切成要求的形状）→用油煎至上色→放入焖罐中→加入基础汤及调料等→入烤箱内烤熟→取出装盘（大者切片或块）→淋上调好的原汁

续表

<table>
<tr><th colspan="2">实训项目</th><th colspan="2">罐焖牛肉</th></tr>
<tr><td colspan="2" rowspan="3">实训方法</td><td>操作过程及方法</td><td>（1）将牛肉切成块，撒均精盐和胡椒粉调味，用油煎至上色，加入适量清水，放入部分洋葱、西芹、胡萝卜、精盐，煮沸后加盖，再放入 180℃的烤箱中焖至八成熟
（2）将洋葱、马铃薯、番茄、胡萝卜切成条，西芹切成段，然后用牛油把洋葱炒香，放入番茄酱炒至呈红色，倒入锅内，放入油炒面粉，倒入布朗基础汤，搅拌均匀，再放入胡萝卜、西芹、蒜茸，调入红葡萄酒、辣酱油、精盐、白糖，开透即成少司
（3）在焖罐中依次放入马铃薯、牛肉，倒入少司，上面放番茄、豌豆、鲜蘑菇，放入烤箱内，把肉焖熟即成</td></tr>
<tr><td>成品特点</td><td>汁红色，间有主辅料的多种颜色，汤汁呈稀少司状，没过牛肉，表层无浮油，口味浓香，酸、甜、咸各味协调，牛肉软烂不干，蔬菜软而不烂</td></tr>
<tr><td>操作要领</td><td>（1）用油煎牛肉时要用旺火，快速把牛肉煎至上色即可
（2）焖之前要把煎牛肉上的油控净
（3）还可以用面团代替罐盖，糊在焖罐上</td></tr>
<tr><td colspan="2" rowspan="3">实训组织</td><td>教师演示</td><td>内容：罐焖牛肉
方式：操作演示
时间：30 分钟</td></tr>
<tr><td>学生实训</td><td>内容：罐焖牛肉
分组：2 人一组
时间：30 分钟</td></tr>
<tr><td>教师点评</td><td>小结、评分</td></tr>
<tr><td rowspan="5">实训准备</td><td>场地</td><td colspan="2">实操室</td></tr>
<tr><td>工具</td><td colspan="2">燃气灶、烤箱、平底锅、少司锅、分刀、砧板、焖罐</td></tr>
<tr><td rowspan="3">材料</td><td>主料</td><td>牛肉 800 克</td></tr>
<tr><td>辅料</td><td>马铃薯 200 克，洋葱 100 克，胡萝卜 100 克，西芹 50 克，番茄 80 克，鲜蘑菇 50 克，豌豆 50 克，蒜茸 10 克，布朗基础汤 400 毫升，油炒面粉 50 克</td></tr>
<tr><td>调料</td><td>番茄酱 50 克，红葡萄酒 100 毫升，辣酱油 20 毫升，精盐 7 克，白糖 10 克，胡椒粒 2 克，胡椒粉少量</td></tr>
<tr><td colspan="2">思考题</td><td colspan="2">（1）简述制作罐焖牛肉的工艺过程
（2）罐焖牛肉的成品特点是什么？</td></tr>
<tr><td colspan="2">考核评价与成绩评定</td><td colspan="2">实训成品成绩占 70%，作业成绩占 30%
学生自我评价表另附</td></tr>
</table>

3. 咖喱焖鸡（Braised Chickenl with Curry Sauce）

实训项目	咖喱焖鸡	
目的与要求	（1）进一步掌握煎焖的方法 （2）了解咖喱焖鸡的成品特点	
技术理论与原理	制作咖喱焖鸡是先把鸡块用油煎至上色，控净油，放入咖喱少司，并放入马铃薯块，在微火上加热，可加些奶油调味，并用油炒面粉调剂浓度，直至把马铃薯和鸡块焖熟 咖喱并不是一种香料的名称，而是由数种甚至数十种香料调制而成的复合调味品。组成咖喱的香料包括红辣椒、姜、丁香、肉桂、茴香、小茴香、肉豆蔻、芫荽子、芥末、鼠尾草、黑胡椒以及姜黄粉等，由这些香料混合而成的调味品统称为咖喱粉，因此每个家庭依其口味和喜好所调出来的咖喱都不一样。咖喱粉的制作方法最早起源于印度，后逐渐传入欧洲，目前已在世界范围普及，但仍以印度产的最佳。优质的咖喱粉香辛味浓烈，经油加热后色不变黑，色味俱佳	
实训方法	烹调方法	焖
	工艺流程	主料加工成型（整块或切成要求的形状）→用油煎至上色→放入焖锅中，加入基础汤及调料等→小火焖制→取出装盘（大者切片或块），淋上调好的原汁
	操作过程及方法	（1）将鸡肉剁成块，撒上精盐、咖喱粉、胡椒粉拌匀调味。将马铃薯切成块 （2）将鸡块用油煎至上色，控净油，放入咖喱少司，如少司太稠可加些鸡汤稀释，并放入炸好的马铃薯块，在微火上加热。也可以加些奶油调味，并用油炒面粉调剂浓度，直至将马铃薯和鸡块焖熟 （3）盘边配上牛油炒米饭，盛上咖喱焖鸡，咖喱小料单跟即成
	成品特点	黄绿色，有光泽，块状均匀，表面裹满少司，口味浓香、辛辣、微咸，鸡肉软烂，少司细腻
	操作要领	（1）鸡块要先经过初步热加工处理 （2）掌握少司的用量，以刚没过鸡肉块为宜；咖喱粉不能加多，防止菜肴有苦味 （3）焖制时要加盖
实训组织	教师演示	内容：咖喱焖鸡 方式：操作演示 时间：30 分钟
	学生实训	内容：咖喱焖鸡 分组：2 人一组 时间：30 分钟
	教师点评	小结、评分

续表

实训项目		咖喱焖鸡
实训准备	场地	实操室
	工具	燃气灶、煮锅、分刀、砧板、不锈钢圆盘、餐盘
	材料	净鸡肉 200 克，马铃薯 100 克，咖喱少司 700 克，精盐 15 克，咖喱粉、胡椒粉适量，牛油炒米饭 700 克，咖喱小料（炸干葱、炸葡萄干、炸杏仁、烤花生料、黄瓜皮丁、番茄丁等）250 克
思考题		（1）为什么要将马铃薯块炸透？ （2）为什么要加盖焖制？
考核评价与成绩评定		实训成品成绩占 70%，作业成绩占 30% 学生自我评价表另附

4. 威灵顿焖鸡腿（Braised Chicken Leg Wellington Style）

实训项目		威灵顿焖鸡腿
目的与要求		（1）掌握威灵顿焖鸡腿中鸡腿的初步熟处理方法 （2）掌握威灵顿焖鸡腿中蔬菜的投放时间和顺序 （3）了解威灵顿焖鸡腿的成品特点
技术理论与原理		制作威灵顿焖鸡腿是用猛油将鸡腿炸黄，放入煲内，加入黄汁及节梨焖至熟软而成。Wellington，英国将军（1769—1852），曾于 1815 年滑铁卢战役中战胜过拿破仑，因而获得 Iron Duke 称号。英国人以其命名了一种鱼类菜肴“Barbue Wellington”，是一款以人名命名的菜肴
实训方法	烹调方法	焖
	工艺流程	主料加工成型（整块或切成要求的形状）→用油煎至上色→放入焖锅中，加入基础汤及调料等→焖至熟→取出装盘（大者切片或块），淋上调好的原汁
	操作过程及方法	（1）将鸡腿洗净，抹干水分，用精盐、胡椒粉调味，并拍上面粉 （2）用猛油将鸡腿炸黄，放入煲内，加入黄汁及节梨焖至熟软 （3）上盘时配上煮薯及时蔬即成
	成品特点	棕褐色，有光泽，块状均匀，表面裹满少司，口味浓香，有明显的节梨味，微甜，口感软嫩
	操作要领	（1）掌握好汤汁的用量，一般以没过原料的 1/2 或 2/3 为宜 （2）鸡腿在焖制前，要用油进行初步热加工，使其表面结成硬壳，以保持其内部水分 （3）焖制时先将汤汁加热至沸，再加盖焖制 （4）可以整只鸡腿上菜，也可以将鸡腿骨去除，切成小块上菜

续表

实训项目		威灵顿焖鸡腿
实训组织	教师演示	内容：威灵顿焖鸡腿 方式：操作演示 时间：30 分钟
	学生实训	内容：威灵顿焖鸡腿 分组：2 人一组 时间：30 分钟
	教师点评	小结、评分
实训准备	场地	实操室
	工具	燃气灶、煎锅、分刀、砧板、不锈钢圆盘、餐盘、煲、烤箱
	材料	鸡腿 4 只，节梨（杧果酱）100 克，黄汁 150 克，面粉、精盐、胡椒粉适量
思考题		（1）焖制前为什么要先将鸡腿炸至上色？ （2）威灵顿焖鸡腿的成品特点是什么？
考核评价与成绩评定		实训成品成绩占 70%，作业成绩占 30% 学生自我评价表另附

八、蒸法菜式实训

1. 蒸酿三文鱼、比目鱼（Steamed Salmon and Sole）

实训项目	蒸酿三文鱼、比目鱼
目的与要求	（1）通过学习制作蒸酿三文鱼、比目鱼，掌握海鲜类菜肴蒸制的方法、流程和操作要领 （2）熟悉制作酿肉馅的方法 （3）了解蒸制菜肴烹调前调味和烹调后调味的好处
技术理论与原理	蒸是把加工成型的原料经调味后，放入容器中，再放入蒸炉或蒸箱里，利用水蒸气加热至熟的烹调方法 蒸汽是达到沸点而汽化的水。蒸是以水蒸气为介质传热的，其传热形式是对流换热。由于蒸在加热过程中要有一定压力，所以蒸时的温度可略高于水的沸点 由于蒸制菜肴用油少，又是在封闭的容器内加热，所以成品菜肴一般比较清淡，具有原汁原味的特点。蒸法适宜制作质地鲜嫩、水分充足的原料，如布丁、米饭及部分蔬菜和动物原料 制作蒸酿三文鱼、比目鱼使用的是蒸法，即分别用三文鱼、比目鱼片把鱼馅包好，再用保鲜纸包上，最后把包好的鱼团放入蒸箱内蒸熟

续表

<table>
<tr><th colspan="2">实训项目</th><th colspan="2">蒸酿三文鱼、比目鱼</th></tr>
<tr><td colspan="2" rowspan="6">实训方法</td><td>烹调方法</td><td>蒸</td></tr>
<tr><td>工艺流程</td><td>加工原料→调味→放入蒸箱内蒸熟→取出装盘</td></tr>
<tr><td>操作过程及方法</td><td>（1）将三文鱼、比目鱼切成薄片，分别平放在保鲜纸上，撒上少量精盐、胡椒粉调味
（2）将净鱼肉放入搅拌机内打成馅，再依次放入其他所有馅料，搅打均匀至上劲。取出后分别放在三文鱼、比目鱼片上
（3）分别用三文鱼片、比目鱼片把鱼馅包好，再用保鲜纸包上
（4）把包好的鱼团放入蒸箱内蒸熟
（5）在忌廉少司内调入煮胡萝卜泥，热透，调好浓度，淋在餐盘内
（6）将鱼团外层的保鲜纸剥去，放在盘中的少司上，再把煮马铃薯球等配菜点缀在盘内即成</td></tr>
<tr><td>成品特点</td><td>三文鱼红色，比目鱼白色，鱼团呈圆球状，表层光洁，口味鲜香、微咸，鱼肉软嫩适口</td></tr>
<tr><td>操作要领</td><td>（1）原料在蒸制前要先进行调味
（2）蒸制过程中要把蒸锅或蒸箱盖严，不要跑汽
（3）蒸制时要根据不同的原料掌握火候，以菜肴刚好成熟为准，不要过火
（4）取菜时要小心，以防被蒸汽烫伤</td></tr>
<tr><td colspan="2" rowspan="3">实训组织</td><td>教师演示</td><td>内容：蒸酿三文鱼、比目鱼
方式：操作演示
时间：30 分钟</td></tr>
<tr><td>学生实训</td><td>内容：蒸酿三文鱼、比目鱼
分组：2 人一组
时间：30 分钟</td></tr>
<tr><td>教师点评</td><td>小结、评分</td></tr>
<tr><td rowspan="3">实训准备</td><td>场地</td><td colspan="2">实操室</td></tr>
<tr><td>工具</td><td colspan="2">燃气灶、蒸箱、分刀、砧板、不锈钢圆盘、餐盘、保鲜纸、搅拌机</td></tr>
<tr><td>材料</td><td colspan="2">三文鱼 75 克，比目鱼 75 克，馅料：净鱼肉 80 克，白葡萄酒 20 毫升，忌廉 20 克，蛋清、洋葱碎、杂香草、精盐、胡椒粉各少量，忌廉少司 50 克，煮胡萝卜泥 20 克，煮马铃薯球 2 个，煮西兰花 30 克</td></tr>
<tr><td colspan="2">思考题</td><td colspan="2">（1）如何鉴别三文鱼的品质？
（2）简述蒸的概念
（3）简述蒸制菜肴烹调前调味和烹调后调味的作用</td></tr>
<tr><td colspan="2">考核评价与成绩评定</td><td colspan="2">实训成品成绩占 70%，作业成绩占 30%
学生自我评价表另附</td></tr>
</table>

2. 蒸海鲜菜花少司（Seafood Steamed with Caulifower）

实训项目	蒸海鲜菜花少司	
目的与要求	（1）进一步掌握海鲜类菜肴的蒸制方法、流程和操作要领 （2）掌握蒸海鲜菜花少司的制作步骤及方法 （3）掌握蒸海鲜配料颜色的选择要求	
技术理论与原理	制作蒸海鲜菜花少司使用的是蒸法，即将各种海鲜切成丁，放入调味料拌匀；将大白菜切成丝，用牛油炒一下，放在海鲜上，再放入蒸箱内蒸熟	
实训方法	烹调方法	蒸
	工艺流程	加工原料→调味→放入蒸箱内蒸熟→取出装盘
	操作过程及方法	（1）将黄瓜切成圆片，摆放在小碗内 （2）将各种海鲜均切成丁，放入调味料拌匀，倒在黄瓜片上 （3）将大白菜切成丝，用牛油炒一下，放在海鲜上，再将小碗放入蒸箱内，蒸至海鲜刚好成熟 （4）将煮菜花泥放入忌廉少司内，热透，调匀，淋在盘内 （5）将蒸好的海鲜扣在盘内，配上菜花慕斯、胡萝卜慕斯即成
	成品特点	绿色、白色、红色相间，圆丘状，整齐不散，口味鲜香、微咸，鲜嫩适口
	操作要领	（1）各种海鲜在蒸制前要先进行调味 （2）在蒸制过程中要把蒸锅或蒸箱盖严，不要跑汽 （3）蒸制时要根据不同的原料掌握火候，以菜肴刚好成熟为准，不要过火 （4）取菜时要小心，以防被蒸汽烫伤
实训组织	教师演示	内容：蒸海鲜菜花少司 方式：操作演示 时间：30 分钟
	学生实训	内容：蒸海鲜菜花少司 分组：2 人一组 时间：30 分钟
	教师点评	小结、评分
实训准备	场地	实操室
	工具	燃气灶、蒸箱、分刀、砧板、不锈钢圆盘、餐盘、小碗
	材料	各种海鲜 150 克，大白菜 20 克，黄瓜 20 克，牛油、白葡萄酒、精盐、胡椒粉适量，忌廉少司、煮菜花泥适量，菜花慕斯、胡萝卜慕斯适量

续表

实训项目	蒸海鲜菜花少司
思考题	（1）海鲜应如何处理才符合蒸制的要求？ （2）蒸海鲜时要注意哪些问题？ （3）如何准确判断海鲜的成熟度？
考核评价与成绩评定	实训成品成绩占 70%，作业成绩占 30% 学生自我评价表另附

3. 栗子布丁（Chestnut Pudding）

实训项目	栗子布丁	
目的与要求	（1）掌握蛋蒸的概念与技术原理 （2）掌握蛋奶类食物蒸制使用的火候 （3）掌握鸡蛋液与栗子泥的比例	
技术理论与原理	制作栗子布丁使用的是蒸法，即将牛油在小火上加热软化，加入白糖，用搅拌机将其打成乳白色，逐渐加入打散的鸡蛋液，并不停搅动，使其成为膨松体，加入熟栗子泥、面粉、香草粉、泡打粉拌匀，装入抹了牛油的模具内，盖上油纸，最后放入蒸箱蒸 30 分钟左右	
实训方法	烹调方法	蒸
	工艺流程	加工原料→调味→放入蒸箱内蒸至成熟→取出装盘
	操作过程及方法	（1）将牛油在小火上加热软化，加入白糖，用搅拌机将其打成乳白色，逐渐加入打散的鸡蛋液，并不停地搅动，使其成为膨松体，然后加入熟栗子泥、面粉、香草粉、泡打粉拌匀 （2）装入抹了牛油的模具内，盖上油纸，放入蒸箱蒸 30 分钟左右，取出 （3）将布丁扣在盘内，淋上牛油少司即成
	成品特点	黄色、褐色相间，成型均匀、美观，口味鲜香微甜
	操作要领	（1）注意糖油打发过程 （2）蒸制时要掌握好火候，以布丁刚好成熟为准，不要蒸过火 （3）取布丁时要小心，以防被蒸汽烫伤
实训组织	教师演示	内容：栗子布丁 方式：操作演示 时间：30 分钟
	学生实训	内容：栗子布丁 分组：2 人一组 时间：30 分钟
	教师点评	小结、评分

续表

<table>
<tr><th colspan="2">实训项目</th><th>栗子布丁</th></tr>
<tr><td rowspan="3">实训准备</td><td>场地</td><td>实操室</td></tr>
<tr><td>工具</td><td>燃气灶、蒸箱、搅拌机、砧板、油纸、不锈钢圆盆、不锈钢圆盘、餐盘</td></tr>
<tr><td>材料</td><td>熟栗子泥 250 克，牛油 120 克，白糖 120 克，鸡蛋液 120 克，香草粉、泡打粉、面粉各少许，牛油少司适量</td></tr>
<tr><td colspan="2">思考题</td><td>（1）如何控制鸡蛋液与栗子泥的比例？
（2）蒸布丁时要注意哪些问题？
（3）如何准确判断布丁的成熟度？</td></tr>
<tr><td colspan="2">考核评价与成绩评定</td><td>实训成品成绩占 70%，作业成绩占 30%
学生自我评价表另附</td></tr>
</table>

九、烤法菜式实训

1. 烤牛外脊（Roast Sirloin Beef）

<table>
<tr><th>实训项目</th><th colspan="2">烤牛外脊</th></tr>
<tr><td>目的与要求</td><td colspan="2">（1）掌握烤牛外脊的工艺方法和炉温
（2）掌握烤牛外脊之前煎牛外脊的作用
（3）了解烤牛外脊的成品特点</td></tr>
<tr><td>技术理论与原理</td><td colspan="2">烤（Roasting）是将体积较大的原料，经初步加工成型，加调味料腌渍入味，然后放入烤炉中加热至上色，并达到火候要求的烹调方法。烤的传热介质是空气，传热形式是对流。封闭式烤法加热均匀，可使菜肴具有良好的特殊风味，并有外焦内嫩的特点
制作烤牛外脊是先用油将牛外脊煎至上色，放入烤盘内，将腌渍牛外脊的辅料用牛油炒香，撒在牛外脊上，再将烤盘放入烤炉中，用 200℃的炉温烤制</td></tr>
<tr><td rowspan="3">实训方法</td><td>烹调方法</td><td>烤</td></tr>
<tr><td>工艺流程</td><td>原料初步加工成型→加调味料腌渍入味→放入烤炉中烤至规定火候→出炉装盘</td></tr>
<tr><td>操作过程及方法</td><td>（1）将牛外脊加工整齐，抹匀精盐、胡椒粉及切碎的洋葱、胡萝卜、西芹稍腌渍
（2）将牛外脊用油煎至上色，放入烤盘内，将腌渍牛外脊的辅料用牛油炒香后撒在牛外脊上，再将烤盘放入烤炉，用 200℃的炉温烤至规定的火候
（3）将牛外脊切成片摆入盘中，浇上烧汁，再配上炸马铃薯及任意蔬菜即成</td></tr>
</table>

续表

实训项目	烤牛外脊	
实训方法	成品特点	牛肉外部浅棕色、内部浅红色，肉片大、整齐均匀，口味鲜香微咸，牛肉鲜嫩多汁
	操作要领	（1）烤制时要严格控制火候，炉温应掌握在 140 ~ 240℃。易成熟的原料可一直用较高的炉温；不易成熟的原料要先用较高的炉温，当原料表面结成硬壳后，再降低炉温 （2）如果原料已烤上色，应盖上锡纸再烤 （3）烤制过程中要不断往原料上面刷油，或淋烤肉原汁 （4）鉴定原料成熟的火候可用下面的方法：将肉钎插入原料，拔出后若流出白汁，表明原料已熟；若流出红汁，表明原料未熟；若无汁液流出，表明烤制已过火。另一种方法是：将肉钎拔出放在嘴唇上，通过感觉肉钎的温度，来判断原料内部的成熟度
实训组织	教师演示	内容：烤牛外脊 方式：操作演示 时间：30 分钟
	学生实训	内容：烤牛外脊 分组：2 人一组 时间：30 分钟
	教师点评	小结、评分
实训准备	场地	实操室
	工具	燃气灶、烤炉、平底锅、少司锅、分刀、砧板、餐盘
	材料	牛外脊 1 条，洋葱 100 克，西芹 100 克，胡萝卜 100 克，精盐 15 克，胡椒粉少量，香叶 2 片，牛油、炸马铃薯、任意蔬菜适量
思考题		（1）鉴别牛外脊成熟度的方法是什么？ （2）烤是利用什么介质传热的？ （3）烤牛外脊的成品特点是什么？
考核评价与成绩评定		实训成品成绩占 70%，作业成绩占 30% 学生自我评价表另附

2. 莫斯科烤鱼（Roast Fish Moscow）

实训项目	莫斯科烤鱼
目的与要求	（1）通过学习制作莫斯科烤鱼，掌握其原料配比、制作过程和操作要点 （2）了解莫斯科烤鱼的成品特点

续表

<table>
<tr><th colspan="2">实训项目</th><th colspan="2">莫斯科烤鱼</th></tr>
<tr><td colspan="2">技术理论与原理</td><td colspan="2">制作莫斯科烤鱼是先用牛油将鱼片煎至上色，在鱼盘中浇上一层奶油少司，放上煎好的鱼片，周边放上煮马铃薯、番茄、蘑菇片，再浇上一层奶油少司，撒上芝士粉，最后放入烤炉烤至上色成熟</td></tr>
<tr><td colspan="2" rowspan="5">实训方法</td><td>烹调方法</td><td>烤</td></tr>
<tr><td>工艺流程</td><td>原料初步加工成型→加调味料腌渍入味→放入烤炉中用规定火候加热至熟</td></tr>
<tr><td>操作过程及方法</td><td>（1）将鱼肉片成片，用精盐、胡椒粉、干白葡萄酒腌渍调味
（2）将煮马铃薯、煮鸡蛋、番茄均切成片
（3）将鱼片用牛油煎至上色
（4）在鱼盘内浇一层奶油少司，放上煎好的鱼片，周边放上煮鸡蛋、煮马铃薯、番茄、蘑菇片，再浇上一层奶油少司，撒上芝士粉，放入烤炉烤至上色成熟
（5）在垫盘上铺上口布，上面放上烤鱼即成</td></tr>
<tr><td>成品特点</td><td>鱼肉洁白，表层金黄色，大片状，整齐不碎，口味鲜香、微咸，有奶油和芝士香味，鱼肉鲜嫩多汁</td></tr>
<tr><td>操作要领</td><td>（1）鱼盘的底层要浇较稀的少司
（2）鱼盘的上面要浇较稠的少司
（3）还可以用焗炉把烤鱼焗上色</td></tr>
<tr><td colspan="2" rowspan="3">实训组织</td><td>教师演示</td><td>内容：莫斯科烤鱼
方式：操作演示
时间：30 分钟</td></tr>
<tr><td>学生实训</td><td>内容：莫斯科烤鱼
分组：2 人一组
时间：30 分钟</td></tr>
<tr><td>教师点评</td><td>小结、评分</td></tr>
<tr><td rowspan="6">实训准备</td><td>场地</td><td colspan="2">实操室</td></tr>
<tr><td>工具</td><td colspan="2">燃气灶、烤炉、平底锅、少司锅、分刀、砧板、鱼盘、垫盘、口布</td></tr>
<tr><td rowspan="4">材料</td><td>主料</td><td>净鱼肉 150 克</td></tr>
<tr><td>辅料</td><td>奶油少司 100 毫升，芝士粉少量</td></tr>
<tr><td>调料</td><td>牛油 50 克，干白葡萄酒 20 毫升，精盐、胡椒粉少量</td></tr>
<tr><td>配料</td><td>煮鸡蛋、煮马铃薯、番茄、蘑菇片共 80 克</td></tr>
</table>

续表

实训项目	莫斯科烤鱼
思考题	（1）简述制作莫斯科烤鱼的工艺过程 （2）莫斯科烤鱼的成品特点是什么？
考核评价与成绩评定	实训成品成绩占 70%，作业成绩占 30% 学生自我评价表另附

3. 烤春鸡（Roast Spring Chicken）

实训项目	烤春鸡	
目的与要求	（1）掌握烤春鸡的方法及工艺流程 （2）掌握烤炉的炉温调节和控制 （3）了解牛奶在制作烤春鸡中所起的作用	
技术理论与原理	烤春鸡是用精盐、胡椒粉将鸡里外擦匀，将留用的香料放入鸡腔内，涂上牛奶后，放入烤盘，淋少许植物油于鸡面上，入烤炉烤至上色成熟 春鸡（Spring Chicken）指出生 6 个月内的嫩鸡，其皮肤光滑，肉质细嫩，骨头柔软性差，重量为 700 ～ 1600 克	
实训方法	烹调方法	烤
	工艺流程	原料初步加工成型→加调味料腌渍入味→放入烤炉中用规定火候加热至熟
	操作过程及方法	（1）将光春鸡里外清洗干净，去肺、头颈、脚、翅尖，并用线绳扎好脚部及翅部 （2）将洋葱、西芹、胡萝卜洗净后，随意切丝与香叶、百里香拌匀，放入烤盘内（留少许备用） （3）用精盐、胡椒粉将鸡里外擦匀，将备用的香料放入鸡腔内，涂上牛奶后，放入烤盘，淋少许植物油于鸡面上 （4）烤盘内注入少许清水，放入焗炉内（炉温约 220℃），将鸡烤至整只金黄色至熟即成
	成品特点	金黄色，整鸡形，完整无破损，味鲜香，并有浓郁的香草味和微咸味，鸡肉鲜嫩多汁
	操作要领	（1）春鸡要提前腌渍入味，并用线绳捆扎成型 （2）如果春鸡已烤上色，应盖上锡纸再烤 （3）烤制过程中要不断往春鸡上刷油，或淋烤鸡原汁 （4）鉴定烤春鸡成熟的火候可用下面的方法：将肉钎插入春鸡，拔出后若流出白汁，表面鸡已烤熟；若流出红汁，表明鸡未熟；若无汁液流出，表明烤制已过火。或将肉钎拔出，放在嘴唇上，通过感觉肉钎的温度，判断烤春鸡内部的成熟度

续表

实训项目	烤春鸡	
实训组织	教师演示	内容：烤春鸡 方式：操作演示 时间：30 分钟
	学生实训	内容：烤春鸡 分组：2 人一组 时间：30 分钟
	教师点评	小结、评分
实训准备	场地	实操室
	工具	燃气灶、烤炉、平底锅、少司锅、分刀、砧板、线绳 1 条、餐盘、焗炉
	材料	春鸡 1 只（约 1 千克），牛奶 100 毫升，植物油 100 克，精盐 10 克，胡椒粉 10 毫克，洋葱、西芹、胡萝卜、香叶、百里香适量
思考题	（1）简述牛奶在烤春鸡中所起的作用 （2）如何让烤春鸡颜色更加金黄？ （3）为什么要用调味料擦匀鸡外皮？ （4）烤春鸡的成品特点是什么？	
考核评价与成绩评定	实训成品成绩占 70%，作业成绩占 30% 学生自我评价表另附	

4. 酿烤鸡（火鸡）Roast Stuff Chicken（Turkey）

实训项目	酿烤鸡（火鸡）
目的与要求	（1）掌握火鸡的品质特点 （2）掌握酿肉馅的方法 （3）掌握酿烤鸡（火鸡）的捆定方法
技术理论与原理	制作酿烤鸡（火鸡）是将煮熟的栗子肉酿入鸡腔内后，再放入烤炉烤至上色成熟 火鸡（Turkey）又名吐绶鸡、七面鸡，原产于北美，最初为墨西哥的印第安人所驯养，是一种体形较大的贝兹维尔火鸡。火鸡体形高大，裸头而有珊瑚状皮瘤，喉下有肉垂，背宽长，胸肌与腿肌发达。繁殖期间皮瘤和肉垂会膨胀，颜色也会发生变化，这时雄火鸡呈火红色，故名火鸡 常见的火鸡品种有青铜色火鸡、白色荷兰火鸡、北高加索火鸡等。根据体重不同，火鸡可分为大、中、小三种类型。通常情况下，成年雄火鸡体重大型为 16 千克，中型为 12 千克，小型为 8 千克，雌火鸡通常为雄火鸡体重的一半。根据饲龄有老火鸡和幼火鸡之分，幼火鸡体重约 2.5 ~ 5 千克，多采用烤的方法成菜；老火鸡体重约 6 ~ 10 千克，甚者可达 30 千克，但肉质较粗老，西餐中多用于去骨后制火鸡卷

续表

<table>
<tr><th>实训项目</th><th colspan="2">酿烤鸡（火鸡）</th></tr>
<tr><td rowspan="6">实训方法</td><td>烹调方法</td><td>烤</td></tr>
<tr><td>工艺流程</td><td>原料初步加工成型→加调味料腌渍入味→放入烤炉中用规定火候加热至熟</td></tr>
<tr><td>操作过程及方法</td><td>（1）将栗子肉加入西紫，用水煮熟
（2）其他流程与烤春鸡相同，只是不需留用香料
（3）将煮熟的栗子肉放入鸡腔内，然后将鸡放入烤炉烤上色至熟
（4）此菜式进食时，多是将酿馅放在底部，鸡则片成肉片放在馅面上，淋上烧汁即可
此菜式的酿馅还有多种，如西紫洋葱酿馅、鸡杂酿馅、香肠肉酿馅、洋葱提子干面包酿馅、栗子香肠肉酿馅等</td></tr>
<tr><td>成品特点</td><td>黄褐色，块状整齐，味浓香、微咸，肉质鲜嫩不柴</td></tr>
<tr><td>操作要领</td><td>（1）烤制时应严格控制火候，炉温在 140 ~ 240℃。易成熟的原料可一直用较高的炉温；不易成熟的原料要先用较高的炉温，当原料表面结成硬壳后，再降低炉温
（2）如果鸡已烤上色，应盖上锡纸再烤
（3）烤制过程中要不断往鸡身上刷油，或淋烤鸡原汁
（4）鉴定酿烤鸡成熟的火候可用下面的方法：将肉钎插入烤鸡，拔出后若流出白汁，表明烤鸡已熟；若流出红汁，表明烤鸡未熟；若无汁液流出，表明烤制已过火。或将肉钎拔出，放在嘴唇上，通过感觉肉钎的温度，判断烤鸡内部的成熟度</td></tr>
<tr style="display:none"><td></td><td></td></tr>
<tr><td rowspan="3">实训组织</td><td>教师演示</td><td>内容：酿烤鸡（火鸡）
方式：操作演示
时间：30 分钟</td></tr>
<tr><td>学生实训</td><td>内容：酿烤鸡（火鸡）
分组：2 人一组
时间：30 分钟</td></tr>
<tr><td>教师点评</td><td>小结、评分</td></tr>
<tr><td rowspan="3">实训准备</td><td>场地</td><td>实操室</td></tr>
<tr><td>工具</td><td>燃气灶、烤炉、煮锅、少司锅、分刀、砧板、餐盘</td></tr>
<tr><td>材料</td><td>光火鸡 1 只，栗子肉 180 克，西紫、香草少许，精盐、胡椒粉适量</td></tr>
<tr><td>思考题</td><td colspan="2">（1）如何鉴别火鸡的品质？
（2）酿烤鸡（火鸡）常应用在什么节日？
（3）酿烤鸡（火鸡）的成品特点是什么？</td></tr>
<tr><td>考核评价与成绩评定</td><td colspan="2">实训成品成绩占 70%，作业成绩占 30%
学生自我评价表另附</td></tr>
</table>

5. 烤羊腿（Roast Leg of Lamb）

实训项目	烤羊腿	
目的与要求	（1）掌握去除羊腿腥膻味的技术原理 （2）掌握鉴定羊腿烤熟的方法	
技术理论与原理	制作烤羊腿是先用精盐、胡椒粉拌匀后擦匀羊腿，放入烤盘内，然后将香料铺于羊腿上，烤盘内注入清水，再将烤盘放入烤炉（炉温约 200℃）烤 45 ～ 60 分钟，待羊腿烤至呈棕黄色至熟取出	
实训方法	烹调方法	烤
	工艺流程	原料初步加工成型→加调味料腌渍入味→放入烤炉中用规定火候加热至熟
	操作过程及方法	（1）将羊腿洗净、抹干水分待用；将洋葱、西芹、胡萝卜均切成丝 （2）将精盐、胡椒粉拌匀后擦匀羊腿，放入烤盘内，然后将蔬菜丝及所有香料铺于羊腿上，烤盘内注入清水，再将烤盘放入烤炉（炉温约 200℃）烤 45 ～ 60 分钟，待羊腿呈棕黄色至熟取出 （3）稍晾，除去香料后即可切片上碟 此菜冷食、热食均可，若用于酒会，可整只上台，不用先切片，而采用现场即席片肉。若用于热食，可在切片上盘后，淋上烧汁，配以安娜薯。若用于冷食，可在切片上盘后，另跟薄荷汁
	成品特点	羊腿呈棕黄色，整腿形，完整无破损，味鲜香，有浓郁的香草味及微咸味，外焦里嫩
	操作要领	（1）初加工时可在羊腿肉上用刀插几刀，以利于羊腿腌渍入味，要用线绳捆扎成型 （2）如果羊腿已烤上色，应盖上锡纸再烤 （3）烤制过程中要不断往羊腿上刷油或淋烤肉原汁 （4）鉴定烤羊腿成熟的火候可用下面的方法：将肉钎插入羊腿，拔出后若流出白汁，表明羊腿已熟；若流出红汁，表明羊腿未熟；若无汁液流出，表明烤制已过火。或将肉钎拔出，放在嘴唇上，通过感觉肉钎的温度，判断羊腿内部的成熟度
实训组织	教师演示	内容：烤羊腿 方式：操作演示 时间：30 分钟
	学生实训	内容：烤羊腿 分组：2 人一组 时间：30 分钟
	教师点评	小结、评分

续表

<table>
<tr><th colspan="2">实训项目</th><th colspan="2">烤羊腿</th></tr>
<tr><td rowspan="3">实训准备</td><td>场地</td><td colspan="2">实操室</td></tr>
<tr><td>工具</td><td colspan="2">燃气灶、烤炉、平底锅、少司锅、分刀、砧板、餐盘</td></tr>
<tr><td>材料</td><td colspan="2">羊腿1只（约1500克，去皮，剁去尾巴骨及膝以下的胫骨），洋葱30克，西芹15克，胡萝卜15克，西紫5克，阿利根奴5克，精盐30克，胡椒粉3克，清水250毫升</td></tr>
<tr><td colspan="2">思考题</td><td colspan="2">（1）烤羊腿时如何防止烤焦羊腿?
（2）为什么要在羊腿上用尖刀深插几刀?
（3）烤羊腿的成品特点是什么?</td></tr>
<tr><td colspan="2">考核评价与成绩评定</td><td colspan="2">实训成品成绩占70%，作业成绩占30%
学生自我评价表另附</td></tr>
</table>

6. 烤羊排（Roast Lamb Loin）

<table>
<tr><th>实训项目</th><th colspan="2">烤羊排</th></tr>
<tr><td>目的与要求</td><td colspan="2">（1）掌握加工羊排的方法及流程
（2）进一步掌握烤的方法
（3）掌握香草面包糠的制作工艺</td></tr>
<tr><td>技术理论与原理</td><td colspan="2">烤羊排是将精盐、胡椒粉拌匀后擦匀羊排，放入烤盘内，然后将香料铺于羊排上，烤盘内注入清水，再将烤盘放入烤炉（炉温约200℃）烤45～60分钟，待羊排呈棕黄色至熟取出
法式芥末酱的口味因其添加的香料不同（如蜂蜜、葡萄酒、水果等）而有所不同，一般有细滑膏状与带籽粗末状两种，适合搭配沙拉、牛排、猪脚、烤肉、香肠及调制美乃滋等。不同于日本芥末的“呛”，法式芥末酱带点微酸的滋味，有辣与不辣带酸味两大类，在法国就有一百多种。法国的沙拉酱汁一定会加入芥末调味，最常用的方法是直接当作蘸酱，佐食油炸食物非常适合</td></tr>
<tr><td rowspan="4">实训方法</td><td>烹调方法</td><td>烤</td></tr>
<tr><td>工艺流程</td><td>原料初步加工成型→加调味料腌渍入味→放入烤炉中用规定火候加热至熟</td></tr>
<tr><td>操作过程及方法</td><td>（1）将羊排去脊骨改好、洗净，用刀在带肥肉的一面割浅刀交叉纹
（2）用精盐、胡椒粉、蒜茸、香草擦匀羊排
（3）放入烤炉用猛火烤至七成熟并呈浅褐色取出
（4）涂上芥末，撒上面包糠、番芫荽碎，再放回烤炉烤至羊排呈褐色即成</td></tr>
<tr><td>成品特点</td><td>褐色，块状，整齐均匀，羊肉风味，有浓郁的香草味，微咸、辛辣，羊肉鲜嫩多汁</td></tr>
</table>

续表

<table>
<tr><th colspan="2">实训项目</th><th colspan="2">烤羊排</th></tr>
<tr><td colspan="2">实训方法</td><td>操作要领</td><td>（1）初加工时要用刀在羊排带脂肪的一面割浅刀交叉纹
（2）如果羊排表面面包糠已烤上色，应盖上锡纸再烤
（3）鉴定羊排成熟的火候可用下面的方法：将肉钎插入羊排，拔出后若流出白汁，表明羊排已熟；若流出红汁，表明羊排未熟；若无汁液流出，表明烤制已过火。或将肉钎拔出，放在嘴唇上，通过感觉肉钎的温度，判断羊排内部的成熟度</td></tr>
<tr><td colspan="2" rowspan="3">实训组织</td><td>教师演示</td><td>内容：烤羊排
方式：操作演示
时间：30 分钟</td></tr>
<tr><td>学生实训</td><td>内容：烤羊排
分组：2 人一组
时间：30 分钟</td></tr>
<tr><td>教师点评</td><td>小结、评分</td></tr>
<tr><td rowspan="3">实训准备</td><td>场地</td><td colspan="2">实操室</td></tr>
<tr><td>工具</td><td colspan="2">燃气灶、烤炉、平底锅、少司锅、分刀、砧板、餐盘</td></tr>
<tr><td>材料</td><td colspan="2">羊排 500 克，芥末 50 克，精盐 5 克，蒜茸 20 克，胡椒粉 5 克，番芫荽 5 克，迷迭香 5 克，香草、面包糠适量</td></tr>
<tr><td colspan="2">思考题</td><td colspan="2">（1）为什么羊排与芥末搭配非常合适？
（2）如何在羊排带肥的表面割浅刀交叉纹？
（3）烤羊排的成品特点是什么？
（4）简述香草面包糠的制作工艺</td></tr>
<tr><td colspan="2">考核评价与成绩评定</td><td colspan="2">实训成品成绩占 70%，作业成绩占 30%
学生自我评价表另附</td></tr>
</table>

7. 丁香烤火腿（Roast Whole Ham with Honey）

实训项目	丁香烤火腿
目的与要求	（1）掌握加工火腿的方法及流程 （2）掌握煮与烤相结合的烹调方法 （3）掌握蜂蜜少司的制作工艺
技术理论与原理	制作丁香烤火腿是把火腿用水煮透，切去外皮，在肥膘上刺上花刀，插上丁香，抹上蜂蜜，撒上红糖，入烤炉烤至上色即可

续表

<table>
<tr><th colspan="2">实训项目</th><th colspan="2">丁香烤火腿</th></tr>
<tr><td colspan="2">技术理论
与原理</td><td colspan="2">丁香主要分布于中国、朝鲜、喜马拉雅地区、欧洲东南部、日本、阿富汗。中国拥有丁香属 81% 的野生种类，是丁香属植物的分布中心。丁香树的花蕾在每年 9 月至翌年 3 月间由青色逐渐转为鲜红色，此时采摘、除掉花柄、晒干后即成烹调中用于调味的丁香。干燥后的丁香为棕红色，长 1.5 ~ 2 厘米，基部渐狭小，下部呈圆柱形，萼管上端有 4 片花瓣，坚实而重，入水即沉，刀切面有油性，气味芳香微辛，以粗大、油性大者为佳品</td></tr>
<tr><td colspan="2" rowspan="5">实训方法</td><td>烹调方法</td><td>煮与烤</td></tr>
<tr><td>工艺流程</td><td>原料初步加工成型→加调味料腌渍入味→放入烤箱中用规定火候加热至熟</td></tr>
<tr><td>操作过程
及方法</td><td>（1）将火腿用水煮透，切去外皮，在肥膘上刺上花刀，插上丁香，抹上蜂蜜，撒上红糖，放入烤箱烤至上色即可
（2）上菜时可整只上，也可用刀切成每份 3 片，单上蜂蜜少司即成</td></tr>
<tr><td>成品特点</td><td>火腿呈棕红色，圆筒形或片状，整齐均匀，味浓香，咸甜可口，肉质软烂不干</td></tr>
<tr><td>操作要领</td><td>（1）火腿要先用蔬菜水煮至软熟
（2）浇少司时，要浇得厚薄均匀平整</td></tr>
<tr><td colspan="2" rowspan="3">实训组织</td><td>教师演示</td><td>内容：丁香烤火腿
方式：操作演示
时间：30 分钟</td></tr>
<tr><td>学生实训</td><td>内容：丁香烤火腿
分组：2 人一组
时间：30 分钟</td></tr>
<tr><td>教师点评</td><td>小结、评分</td></tr>
<tr><td rowspan="3">实训
准备</td><td>场地</td><td colspan="2">实操室</td></tr>
<tr><td>工具</td><td colspan="2">燃气灶、烤箱、平底锅、少司锅、分刀、砧板、餐盘</td></tr>
<tr><td>材料</td><td colspan="2">带皮火腿 1 个（约 1500 克），蜂蜜 100 克，红糖 50 克，丁香 15 克，蜂蜜少司 100 克</td></tr>
<tr><td colspan="2">思考题</td><td colspan="2">（1）简述蜂蜜少司的制作工艺
（2）丁香烤火腿的成品特点是什么？</td></tr>
<tr><td colspan="2">考核评价
与成绩评定</td><td colspan="2">实训成品成绩占 70%，作业成绩占 30%
学生自我评价表另附</td></tr>
</table>

8. 酥皮烤牛里脊（Baked Beef Tenderloin in Puff Pastry）

实训项目	酥皮烤牛里脊	
目的与要求	（1）掌握加工牛里脊的方法及流程 （2）掌握煎与烤相结合的烹调方法 （3）掌握酥皮的制作工艺	
技术理论与原理	千层酥（Puff Pastry）也叫酥皮，通常是用等量的面粉和牛油为原料制成。加工时先调制面团，然后每添加一次牛油就要反复折叠擀平一次，擀制时勿使牛油挤破面层，然后放入烘箱。还可加入各种甜味料或咸味料	
实训方法	烹调方法	煎与烤
	工艺流程	原料初步加工成型→加调味料腌渍入味→放入烤炉中用规定火候加热至熟
	操作过程及方法	（1）把牛里脊去筋后修整齐，用调味蔬菜、香料、精盐腌渍入味。将牛里脊放在铁扒上煎至上色，取出静置一会儿，将煎上色的牛里脊涂上黄芥末酱 （2）将酥皮擀成片放在烤盘内，再放上牛里脊、鹅肝酱和菠菜，刷上一层鸡蛋液，卷好。在卷好的酥皮上再刷上鸡蛋液，放入 200℃的烤箱烤至熟，呈金黄色时取出 （3）将烤好的酥皮牛里脊放在装饰盘中，用锯刀去掉头部，切成墩状，平码在盘中，再配上时蔬、浇上烧汁即成
	成品特点	棕褐色，近似圆形，味鲜香，鹅肝和牛肉香味浓郁，微咸，牛肉外酥内嫩、多汁
	操作要领	（1）牛里脊要先煎至定型，以防止烤制时血水流出，肉质变干 （2）烤箱一定要先进行预热，这样食材进入烤箱后受热才会均匀，烤出来的起酥片才会漂亮。因为牛里脊已用酥皮包裹，后面还要经过烘烤步骤，不适合太多油，所以用精盐、黑胡椒腌渍后，不需要再抹橄榄油煎制
实训组织	教师演示	内容：酥皮烤牛里脊 方式：操作演示 时间：30 分钟
	学生实训	内容：酥皮烤牛里脊 分组：2 人一组 时间：30 分钟
	教师点评	小结、评分

续表

实训项目		酥皮烤牛里脊
实训准备	场地	实操室
	工具	燃气灶、烤箱、平底锅、少司锅、分刀、砧板、餐盘
	材料	牛里脊500克，鹅肝酱200克，酥皮200克，胡萝卜50克，菠菜50克，精盐10克，胡椒粉5克，橄榄油60克，红葡萄酒50克，鸡蛋2个，烧汁100克，黄芥末酱、烤番茄适量
思考题		（1）为什么牛里脊要先煎定型? （2）简述酥皮的制作工艺及要点
考核评价与成绩评定		实训成品成绩占70%，作业成绩占30% 学生自我评价表另附

十、焗法菜式实训

1. 盘焗海鲜（Gratin Seafood）

实训项目		盘焗海鲜
目的与要求		（1）掌握盘焗的操作方法、工艺流程及技术要领 （2）掌握盘焗海鲜的制作方法 （3）了解盘焗菜肴的成品特点 （4）掌握整件焗和盘焗的区别
技术理论与原理		焗也称明火烤，是将加工成熟的原料，浇上各种浓少司或用面包糠和芝士碎撒在原料表面，用明火炉烘烤成熟至上色，并在原料表面形成一层脆皮的烹调方法。焗的热源一般是在原料上方 制作盘焗海鲜时，在锅中加牛油烧热，放入大头虾炒出水汽，加入白兰地酒点燃，烧出酒香味，再入明火炉焗至上色即可
实训方法	烹调方法	盘焗
	工艺流程	原料加工成型→烹制成熟→浇上少司→放入明火炉焗至上色
	操作过程及方法	（1）将胡萝卜、洋葱、冬葱和番茄切成碎，蘑菇洗净切成块；淡水大头虾洗净，去除沙肠后备用；煎锅中加入牛油烧热，放入冬葱碎炒香，再加入蘑菇块炒匀后取出备用 （2）锅中加入牛油烧热，放入淡水大头虾，炒至虾呈大红色时加入洋葱碎、冬葱碎炒软，加入白兰地酒点燃，烧出酒香味后加入白葡萄酒，浓缩至原体积的1/2时，加入鱼精汤汁煮沸，放入番茄碎、番茄酱和香料束，用小火煮4～5分钟，取出大头虾，去壳留虾肉备用，将虾壳捣碎放入汤汁中，继续煮制约15分钟，成南特少司的基础汤汁

续表

<table>
<tr><th colspan="2">实训项目</th><th colspan="2">盘焗海鲜</th></tr>
<tr><td colspan="2" rowspan="3">实训方法</td><td>操作过程及方法</td><td>（3）将基础汤汁过滤后倒入锅中，加入牛油面酱和奶油继续浓缩至汁稠、味鲜浓时离火，加入荷兰少司和打发的奶油调味，即成南特少司
（4）锅中加牛油烧热，放入大头虾肉炒出水汽，加入白兰地酒点燃，烧出酒香味，再放入炒匀的蘑菇块和 1/2 的南特少司搅匀，略煮出味后备用
（5）将炒好的虾肉和蘑菇块一同装入盘中，淋上另 1/2 的南特少司，送入明火炉中焗至少司表面上色后取出，装饰上菜即成</td></tr>
<tr><td>成品特点</td><td>金黄色，均匀无斑，表层平整、不塌陷，味浓香、微咸，海鲜嫩滑、少司细腻</td></tr>
<tr><td>操作要领</td><td>（1）炒淡水大头虾的火力要大、速度要快，虾肉炒制的时间不宜过长，可根据虾的大小具体把握
（2）南特少司应以汁黏稠、均匀为佳
（3）装盘时可选择别致的贝壳形或双耳形盅、煲等特制器具
（4）焗制时炉温应高、时间宜短，以少司表面呈金黄色时为宜</td></tr>
<tr><td colspan="2" rowspan="3">实训组织</td><td>教师演示</td><td>内容：盘焗海鲜
方式：操作演示
时间：30 分钟</td></tr>
<tr><td>学生实训</td><td>内容：盘焗海鲜
分组：2 人一组
时间：30 分钟</td></tr>
<tr><td>教师点评</td><td>小结、评分</td></tr>
<tr><td rowspan="4">实训准备</td><td>场地</td><td colspan="2">实操室</td></tr>
<tr><td>工具</td><td colspan="2">燃气灶、平底锅、少司锅、分刀、砧板、明火炉</td></tr>
<tr><td rowspan="2">材料</td><td>主料</td><td>淡水大头虾 1 千克，蘑菇 600 克，冬葱碎 40 克，牛油 40 克</td></tr>
<tr><td>南特少司</td><td>牛油 60 克，胡萝卜 100 克，洋葱 100 克，冬葱 50 克，白兰地酒 50 毫升，白葡萄酒 200 毫升，鱼精汤汁 800 毫升，番茄 400 克，番茄酱 40 克，香料束 1 束，牛油面酱 60 克，奶油 200 毫升，荷兰少司 125 克，打发的奶油 100 毫升</td></tr>
<tr><td colspan="2">思考题</td><td colspan="2">（1）此菜香味浓郁的原因是什么？
（2）淡水大头虾有什么特征？</td></tr>
<tr><td colspan="2">考核评价与成绩评定</td><td colspan="2">实训成品成绩占 70%，作业成绩占 30%
学生自我评价表另附</td></tr>
</table>

2. 焗鱼科仑天（Fillet or Supreme of Fish Florentine）

<table>
<tr><th colspan="2">实训项目</th><th colspan="2">焗鱼科仑天</th></tr>
<tr><td colspan="2">目的与要求</td><td colspan="2">（1）掌握汁焗的操作方法、工艺流程及技术要领
（2）掌握焗鱼科仑天的制作方法
（3）了解带汁焗菜肴的成品特点
（4）能够区别汁焗法和煎焗法</td></tr>
<tr><td colspan="2">技术理论与原理</td><td colspan="2">制作焗鱼科仑天是将焗鱼的汤倒出，煮成鱼白汁，加入鲜奶白汁调匀离火，加入鸡蛋黄调色，成奶油蛋黄少司，淋在鱼柳上，再撒上芝士粉置明火炉焗至黄色</td></tr>
<tr><td colspan="2" rowspan="5">实训方法</td><td>烹调方法</td><td>汁焗</td></tr>
<tr><td>工艺流程</td><td>原料加工成型→焗制成熟→浇上少司→放入明火炉焗至上色</td></tr>
<tr><td>操作过程及方法</td><td>（1）将洋葱片放在烤盘的底部，上面放上鱼柳，加入白葡萄酒及鱼汤，再加入牛油 50 克，盖上油纸将烤盘封住，使水分少挥发出来
（2）将烤盘放入 220℃的炉中焗约 10 分钟
（3）用牛油将菠菜炒好，放于盘中，然后再放上已焗熟的鱼柳
（4）将烤盘中的鱼汤倒出，煮成鱼白汁，加入鲜奶白汁调匀离火，加入鸡蛋黄调色，即成奶油蛋黄少司，淋在鱼柳上，再撒上芝士粉置明火炉焗至黄色即成</td></tr>
<tr><td>成品特点</td><td>金黄色，均匀、无煳斑，表层平整、不塌陷，味浓香、微咸，鱼肉鲜嫩、少司细腻</td></tr>
<tr><td>操作要领</td><td>（1）鱼柳加工要均匀
（2）调制奶油蛋黄少司时加入鸡蛋黄之前一定要将少司的温度降低
（3）明火炉的温度不能太高</td></tr>
<tr><td colspan="2" rowspan="3">实训组织</td><td>教师演示</td><td>内容：焗鱼科仑天
方式：操作演示
时间：30 分钟</td></tr>
<tr><td>学生实训</td><td>内容：焗鱼科仑天
分组：2 人一组
时间：30 分钟</td></tr>
<tr><td>教师点评</td><td>小结、评分</td></tr>
<tr><td rowspan="3">实训准备</td><td>场地</td><td colspan="2">实操室</td></tr>
<tr><td>工具</td><td colspan="2">燃气灶、明火炉、平底锅、分刀、砧板、主菜盘、油纸</td></tr>
<tr><td>材料</td><td colspan="2">鱼柳 2 条，洋葱片 15 克，白葡萄酒 100 毫升，鱼汤 70 克，牛油 100 克，鲜奶白汁 100 毫升，鸡蛋黄 1 个，芝士粉 10 克，菠菜 150 克</td></tr>
</table>

续表

实训项目	焗鱼科仑天
思考题	（1）焗鱼科仑天的成品特点是什么？ （2）鱼柳的加工刀法是什么？
考核评价与成绩评定	实训成品成绩占 70%，作业成绩占 30% 学生自我评价表另附

3. 巴黎牛油焗西冷（Baked Sirloin with Paris Butter）

实训项目		巴黎牛油焗西冷
目的与要求		（1）掌握煎焗的操作方法、工艺流程及技术要领 （2）掌握巴黎牛油焗西冷的制作方法 （3）了解煎焗菜肴的质量要求
技术理论与原理		制作巴黎牛油焗西冷是在西冷上撒精盐、胡椒粉调味后，用油煎至需要的火候，倒出余油，将西冷放在盘内，上面放巴黎牛油，再放入明火炉焗至上色
实训方法	烹调方法	煎焗
	工艺流程	原料加工成型→煎制成熟→浇上少司→放入明火炉焗至上色
	操作过程及方法	（1）在西冷上撒精盐、胡椒粉调味，用油将西冷煎至需要的火候，倒出余油，将西冷放在盘内，上面放巴黎牛油，再放入明火炉焗至上色 （2）上菜时配烤马铃薯及时令蔬菜即成
	成品特点	棕褐色，近似圆形，味鲜香、微咸，鲜嫩多汁
	操作要领	（1）焗的温度较高，一般控制在 180 ~ 300℃ （2）少司要浇得厚薄均匀、平整
实训组织	教师演示	内容：巴黎牛油焗西冷 方式：操作演示 时间：30 分钟
	学生实训	内容：巴黎牛油焗西冷 分组：2 人一组 时间：30 分钟
	教师点评	小结、评分
实训准备	场地	实操室
	工具	燃气灶、明火炉、平底锅、少司锅、分刀、砧板、餐盘
	材料	西冷 150 克，巴黎牛油 50 克，精盐、胡椒粉适量，烤马铃薯及时令蔬菜适量

续表

实训项目	巴黎牛油焗西冷
思考题	（1）结合巴黎牛油焗西冷，说明煎焗的操作方法及要领 （2）为什么制作巴黎牛油焗西冷要求焗的温度要高？ （3）巴黎牛油焗西冷的成品特点是什么？
考核评价与成绩评定	实训成品成绩占 70%，作业成绩占 30% 学生自我评价表另附

4. 计司白少司焗鸡丝斑克（Crepes De Volaille Mornay Sauce）

实训项目	计司白少司焗鸡丝斑克	
目的与要求	（1）进一步掌握煎焗的工艺流程、操作方法及技术要领 （2）掌握计司白少司焗鸡丝斑克的制作方法 （3）了解煎焗菜肴的质量要求	
技术理论与原理	家禽（Volaille）包括鸡、火鸡、鸭、鸽、鹅、珍珠鸡等。莫内少司（Mornay Sauce）是以贝夏美少司（Bechamel Sauce）为基料，加入奶油、蛋黄和奶酪粉制成的一种浓味少司，该少司源自 16 世纪法国胡格诺教派领袖 De Plessis Mornay。贝夏美少司是一种用面粉、奶油、柠檬汁和蘑菇等为原料制成的白汁少司，色泽洁白，奶香味浓郁，是法式菜中的主要少司之一，该少司以法国国王路易十四宫廷总管 Louis Bechamel（1648—1703）的名字命名	
实训方法	烹调方法	煎焗
	工艺流程	原料加工成型→制作鸡肉卷→浇上少司→放入烤炉焗至上色
	操作过程及方法	（1）将牛奶、鸡蛋、精盐搅拌均匀至盐溶化，倒入面粉搅拌均匀至无颗粒，成斑克面糊 （2）锅中放入油，中火烧热，倒入斑克面糊，煎成两面浅黄色的片状 （3）将一半奶油少司与鸡肉丝拌匀，加入胡椒粉和精盐调味，作为斑克的馅料 （4）将鸡肉丝馅料放入斑克片里，卷成鸡肉卷，排在耐热的焗盅内 （5）将另一半奶油少司浇在鸡肉卷上，芝士碎撒满焗盅内，放入已预热的烤炉内，用 190℃的炉温焗 20 分钟即成
	成品特点	表面带有褐色斑点，浅黄色，条状，整齐均匀，味鲜香，芝士味浓郁，微咸，口感嫩滑细腻
	操作要领	（1）面粉要先过筛再与其他原料调成斑克面糊，最后还要加入少许油搅拌均匀 （2）焗盅内要先刷一层油再放入鸡肉卷

续表

实训项目		计司白少司焗鸡丝斑克
实训组织	教师演示	内容：计司白少司焗鸡丝斑克 方式：操作演示 时间：30分钟
	学生实训	内容：计司白少司焗鸡丝斑克 分组：2人一组 时间：30分钟
	教师点评	小结、评分
实训准备	场地	实操室
	工具	燃气灶、烤炉、平底锅、少司锅、分刀、砧板、餐盘
	材料	鸡胸肉丝200克，鸡蛋3个，牛奶100克，芝士50克，奶油少司200克，精盐10克，胡椒粉5克，油20克，面粉100克，计司白少司200克，时令蔬菜100克
思考题		（1）如何区别斑克和克戟？ （2）可以用什锦水果代替鸡肉吗？
考核评价与成绩评定		实训成品成绩占70%，作业成绩占30% 学生自我评价表另附

5. 诺曼底式焗猪扒（Cote de porc A la normande）

实训项目		诺曼底式焗猪扒
目的与要求		（1）进一步掌握煎焗的工艺流程、操作方法及要领 （2）掌握诺曼底式焗猪扒的制作方法 （3）了解诺曼底式焗猪扒的成品特点
技术理论与原理		诺曼底式（Normande）指用贻贝、牡蛎、对虾、螯虾、板鱼片、蘑菇和块菌作配菜的鱼，也指用苹果酒、块菌汁和奶油作配料的肉、鸡和野味等菜肴。诺曼底位于法国西北部，濒临大西洋，以苹果酒、干酪和水产品著称于世，牛肚和烤鸭也很有名
实训方法	烹调方法	煎焗
	工艺流程	原料加工成型→煎制成熟→浇上少司→放入明火炉焗至上色
	操作过程及方法	（1）将洋葱和苹果加工成片状，用平底锅热油将洋葱片和苹果片煎1分钟（或煎至变软）备用；将马铃薯、番茄、西兰花煮熟 （2）将猪里脊加工成猪扒，用精盐、糖、黑胡椒、肉桂粉、柠檬汁调味，再两面煎成黄色取出；将猪扒放入烤盘里，上面盖上煎好的洋葱片和苹果片，再盖一层苹果少司 （3）将烤箱预热到190℃，将烤盘盖上锡纸，放入烤箱焗45分钟 （4）将猪扒取出摆碟，配上煮熟的马铃薯、番茄、西兰花即成

续表

实训项目	诺曼底式焗猪扒	
实训方法	成品特点	肉褐色，片状，整齐均匀，苹果味浓香，咸甜可口，猪肉软烂不干
	操作要领	（1）要先将猪扒两面煎封，防止肉里面的汁流失 （2）要先将烤箱预热 （3）少司不能太稀，能均匀挂在猪扒上面即可
实训组织	教师演示	内容：诺曼底式焗猪扒 方式：操作演示 时间：30 分钟
	学生实训	内容：诺曼底式焗猪扒 分组：2 人一组 时间：30 分钟
	教师点评	小结、评分
实训准备	场地	实操室
	工具	燃气灶、烤箱、平底锅、少司锅、分刀、砧板、餐盘
	材料	猪里脊 250 克，苹果 2 个，洋葱 1/2 个，橄榄油 50 克，黑胡椒 5 克，精盐 10 克，糖 10 克，肉桂粉 5 克，柠檬 1 个，苹果少司 100 克，马铃薯 100 克，番茄 50 克，西兰花 50 克
思考题	（1）诺曼底属于哪个国家？当地菜肴有何风味特色？ （2）简述苹果少司的特点	
考核评价与成绩评定	实训成品成绩占 70%，作业成绩占 30% 学生自我评价表另附	

十一、铁扒法菜式实训

1. 铁扒比目鱼（Grilled Whole Sole）

实训项目	铁扒比目鱼
目的与要求	（1）了解铁扒的概念与工艺流程 （2）掌握比目鱼的加工方法 （3）懂得煎与铁扒的区别 （4）领会铁扒式菜肴的造型要求

续表

实训项目	铁扒比目鱼	
技术理论与原理	铁扒是将加工好的原料经调味后，在铁扒炉上烤至规定火候，并带有网状焦纹的烤制方法。铁扒对火候的要求较严格，菜品的成熟度一般根据顾客的要求掌握 掌握好铁扒的火候是制作铁扒菜品的关键，一般应先用大火、后用小火，使扒制的成品有色泽深褐的网纹，外焦里嫩 制作铁扒比目鱼使用的是铁扒法，即将比目鱼肉蘸上油，放在铁扒炉上，扒至有焦纹、鱼肉成熟 比目鱼主要产于大西洋、太平洋、白令海及许多内海地区。比目鱼有若干品种，如柠檬鲽，灰鲽、白鲽等。其身体扁平像一个薄片，长椭圆形，有细鳞，两眼均在右侧，左侧常常朝下，卧在沙底，生活在浅海中。比目鱼肉质细嫩、鲜美	
实训方法	烹调方法	铁扒
	工艺流程	原料加工成型→腌渍调味→置于铁扒炉上→扒成带网状焦纹，并达到规定火候
	操作过程及方法	（1）将比目鱼肉修整齐，撒上精盐、胡椒粉、柠檬汁略腌渍 （2）将比目鱼肉蘸上色拉油，放在铁扒炉上，扒至有焦纹、鱼肉成熟 （3）将煮马铃薯及任意蔬菜放在盘边，比目鱼放在盘子中央，摆上柠檬、牛油花作装饰即成
	成品特点	鱼肉浅褐色，有焦纹，鱼形整齐不碎，味鲜香、微酸咸，鱼肉焦嫩多汁
	操作要领	（1）掌握火候，要先大火后小火 （2）扒制时不宜用叉，以免破坏鱼肉的形状 （3）扒鱼肉时不要过快翻动
实训组织	教师演示	内容：铁扒比目鱼 方式：操作演示 时间：30 分钟
	学生实训	内容：铁扒比目鱼 分组：2 人一组 时间：30 分钟
	教师点评	小结、评分
实训准备	场地	实操室
	工具	燃气灶、铁扒炉、分刀、砧板、不锈钢圆盘、餐盘
	材料	净比目鱼肉 150 克，精盐、胡椒粉、柠檬少量，色拉油、煮马铃薯及任意蔬菜适量

续表

实训项目	铁扒比目鱼
思考题	（1）简述比目鱼的种类及品质特点 （2）简述铁扒的概念 （3）如何更好地扒出有焦纹的比目鱼？
考核评价与成绩评定	实训成品成绩占 70%，作业成绩占 30% 学生自我评价表另附

2. 西冷牛扒配酒店生汁（Grilled Sirloin Steak with Hotel Raw Sauce）

实训项目	西冷牛扒配酒店生汁	
目的与要求	（1）进一步掌握铁扒的工艺流程及操作方法 （2）掌握西冷牛扒的加工方法 （3）能鉴定西冷牛扒的品质 （4）进一步领会铁扒式菜肴的造型要求	
技术理论与原理	牛扒的火候特点（见下表） 制作西冷牛扒配酒店生汁使用的是铁扒法，即在铁扒炉内放入少许油，将西冷牛扒扒至所需的火候	
实训方法	烹调方法	铁扒
	工艺流程	原料加工成型→腌渍调味→置于铁扒炉上→扒成带网状焦纹，并达到规定火候

牛扒的火候特点

	生（Rare）	半生熟（Medium）	七成熟（Well-Done）	全熟（Over-Done）
质地	仅表面扒出硬膜，内部全生。柔软、松弛	约 1/3 成熟，有一定硬度，内部松弛	约 1/2 成熟。表面硬，中间较软，断面渗出少量血汁	原料的中心成熟，质硬
颜色	内部深红色	内部血红色	内部中心淡红色	里外同色
内部温度	30 ~ 40℃	50 ~ 55℃	60 ~ 65℃	70 ~ 80℃

续表

实训项目	西冷牛扒配酒店生汁	
实训方法	操作过程及方法	（1）先将牛油软化，加入柠檬汁、剁碎的番芫荽拌匀，用干净的油纸或保鲜膜将拌好的牛油卷成椭圆形状，放入雪柜内冷凝（此已是生汁）待用 （2）将西冷牛扒的筋络及多余的脂肪除去，撒上精盐、胡椒粉调味 （3）在扒炉内放少许油，将西冷牛扒扒至所需的熟度，放在盘中，配以煮马铃薯，将上述的牛油生汁整件或切成两件放在牛扒上面即成
	成品特点	牛扒呈棕褐色，有网状焦纹，椭圆饼状，焦香微咸，外焦里嫩
	操作要领	（1）掌握好火力，先高后低 （2）扒制时不宜用叉，以免肉汁流失 （3）扒西冷牛扒时不要过快翻动 （4）扒至客人要求的成熟度即可
实训组织	教师演示	内容：西冷牛扒配酒店生汁 方式：操作演示 时间：30 分钟
	学生实训	内容：西冷牛扒配酒店生汁 分组：2 人一组 时间：30 分钟
	教师点评	小结、评分
实训准备	场地	实操室
	工具	燃气灶、铁扒炉、分刀、砧板、不锈钢圆盘、餐盘、油纸或保鲜膜
	材料	西冷牛扒 1 件（约 250 克），牛油 30 克，柠檬汁 5 克，精盐、胡椒粉、番芫荽碎、煮马铃薯适量
思考题	（1）简述制作西冷牛扒所用原料出自牛的哪个部位？其品质特点是什么？ （2）简述酒店生汁的制作工艺 （3）如何判断牛扒的成熟度？	
考核评价与成绩评定	实训成品成绩占 70%，作业成绩占 30% 学生自我评价表另附	

3. 铁扒牛柳（Grilled Fillet）

实训项目		铁扒牛柳
目的与要求		（1）进一步掌握铁扒的工艺流程及操作方法 （2）掌握牛柳的加工方法 （3）了解铁扒牛柳的成品特点 （4）进一步领会铁扒菜肴的造型要求
技术理论与原理		制作铁扒牛柳使用的是铁扒法，即在铁扒炉内放入少许油，将牛柳扒至所需的熟度
实训方法	烹调方法	铁扒
	工艺流程	原料加工成型→腌渍调味→置于铁扒炉上→扒成带网状焦纹，并达到规定火候
	操作过程及方法	（1）将牛柳除去多余的筋络及杂质，用白线绳捆扎好，用精盐、胡椒粉、洋葱碎、色拉油腌渍入味 （2）将牛柳放在扒炉上，迅速扒至上色，并达到客人需要的成熟度即可 （3）将胡萝卜、黄瓜煮熟，马铃薯饼煎熟，黑胡椒少司热透 （4）将牛柳摆入盘中，配上煮熟的胡萝卜、黄瓜和煎熟的马铃薯饼，黑胡椒少司浇于牛柳上即成
	成品特点	牛柳棕褐色，有网状焦纹，圆筒形，焦香，有适口的酸咸味，牛肉焦嫩
	操作要领	（1）牛柳要提前腌渍入味，并用白线绳捆扎，以保持其形状美观 （2）铁扒条要干净，并刷上调和油加热
实训组织	教师演示	内容：铁扒牛柳 方式：操作演示 时间：30 分钟
	学生实训	内容：铁扒牛柳 分组：2 人一组 时间：30 分钟
	教师点评	小结、评分
实训准备	场地	实操室
	工具	燃气灶、铁扒炉、分刀、砧板、不锈钢圆盘、餐盘、白线绳
	材料	牛柳 150 克，洋葱 30 克，色拉油 10 克，精盐、胡椒粉适量，胡萝卜 50 克，黄瓜 50 克，马铃薯饼 50 克，黑胡椒少司 150 克

续表

实训项目	铁扒牛柳
思考题	（1）制作牛柳的原料出自牛的哪个部位，其品质特点是什么？ （2）简述捆牛柳的方法及过程 （3）如何判断牛柳的成熟度？
考核评价与成绩评定	实训成品成绩占 70%，作业成绩占 30% 学生自我评价表另附

4. 铁扒羊排迷迭香少司（Grilled Lamb Loin with Rosemary Sauce）

实训项目	铁扒羊排迷迭香少司	
目的与要求	（1）进一步掌握铁扒的工艺流程及操作方法 （2）掌握羊排的加工方法 （3）熟悉迷迭香少司的制作工艺及品质要求 （4）进一步领会铁扒菜肴的造型要求	
技术理论与原理	制作铁扒羊排迷迭香少司使用的是铁扒法，即在铁扒炉内放少许油，将羊排扒至所需的熟度 迷迭香原产于地中海沿岸，其叶子细长而坚硬，具有一种类似樟脑的微香，并富含强烈的刺激性气味。市场上有迷迭香粉和干燥的迷迭香叶出售，但与新鲜的迷迭香叶相比，其风味和香味要逊色许多。迷迭香主要用于制作煮焖或烧烤类食物，一般以较少的量加入汤汁或烩菜中即可获得较好的效果	
实训方法	烹调方法	铁扒
	工艺流程	原料加工成型→腌渍调味→置于铁扒炉上→扒成带网状焦纹，并达到规定火候
	操作过程及方法	（1）将羊排去脊骨改好、洗净，用刀在带肥肉的一面割浅刀交叉纹 （2）用精盐、胡椒粉、蒜茸、芥末、番芫荽碎搓匀羊排 （3）将羊排放在铁扒炉上，扒至有焦纹、羊肉成熟 （4）盘中央淋入迷迭香少司，摆上 3 块羊排，再配上扒好的蔬菜即成
	成品特点	羊排棕红色，有光泽；羊排为条扒状，整齐，有网状焦纹；有羊排特有的香醇味及浓郁的迷迭香味；羊肉焦香鲜嫩
	操作要领	（1）羊排要在有肥肉的一面划交叉刀 （2）羊排要提前腌渍入味 （3）掌握好扒制火候，炉温要先高后低 （4）扒制时不宜用叉，以免肉汁流失
实训组织	教师演示	内容：铁扒羊排迷迭香少司 方式：操作演示 时间：30 分钟

续表

<table>
<tr><th colspan="2">实训项目</th><th colspan="2">铁扒羊排迷迭香少司</th></tr>
<tr><td colspan="2" rowspan="2">实训组织</td><td>学生实训</td><td>内容：铁扒羊排迷迭香少司
分组：2 人一组
时间：30 分钟</td></tr>
<tr><td>教师点评</td><td>小结、评分</td></tr>
<tr><td rowspan="3">实训准备</td><td>场地</td><td colspan="2">实操室</td></tr>
<tr><td>工具</td><td colspan="2">燃气灶、铁扒炉、分刀、砧板、不锈钢圆盘、餐盘</td></tr>
<tr><td>材料</td><td colspan="2">羊排 500 克，芥末约 50 克，精盐 5 克，蒜茸 20 克，胡椒粉 5 克，番芫荽碎 5 克，迷迭香少司 50 克，蔬菜适量</td></tr>
<tr><td colspan="2">思考题</td><td colspan="2">（1）如何解冻羊排？
（2）简述加工羊排的方法及过程</td></tr>
<tr><td colspan="2">考核评价与成绩评定</td><td colspan="2">实训成品成绩占 70%，作业成绩占 30%
学生自我评价表另附</td></tr>
</table>

十二、串烧法菜式实训

1. 羊肉串（Lamb Skewer with Herbs）

<table>
<tr><th>实训项目</th><th colspan="2">羊肉串</th></tr>
<tr><td>目的与要求</td><td colspan="2">（1）掌握串烧的工艺流程、操作方法及技术要领
（2）掌握羊肉串的成型方法
（3）了解串烧菜肴的品种及造型要求
（4）能区分煎法与串烧法</td></tr>
<tr><td>技术理论与原理</td><td colspan="2">串烧是把加工成片、块的原料经腌渍调味后，用金属钎穿起来在明火上烧炙或用油煎制，使原料成熟并上色的烹调方法。由于串烧的原料都经过腌渍，因此口味较重，并有焦香、鲜嫩的特点，同时，串烧菜肴在形式上也较美观新颖
制作羊肉串是把羊肉、洋葱、青椒相间穿成串，放在扒炉上扒至所需要的火候</td></tr>
<tr><td rowspan="3">实训方法</td><td>烹调方法</td><td>串烧</td></tr>
<tr><td>工艺流程</td><td>原料加工成型→穿原料→放在扒炉上扒熟</td></tr>
<tr><td>操作过程及方法</td><td>（1）将羊肉剔净筋皮，切成 60 块，放在容器中，加入所有调料拌匀，腌渍入味
（2）将洋葱、青椒切成块</td></tr>
</table>

续表

<table>
<tr><th colspan="2">实训项目</th><th colspan="2">羊肉串</th></tr>
<tr><td colspan="2" rowspan="3">实训方法</td><td>操作过程及方法</td><td>（3）将羊肉块、洋葱块、青椒块相间穿成串，放在扒炉上扒至所需要的火候
（4）上菜时配上里昂马铃薯即成</td></tr>
<tr><td>成品特点</td><td>棕褐色，串状，整齐不散，焦香，有适口的浓香，微咸，外焦里嫩</td></tr>
<tr><td>操作要领</td><td>（1）穿串时原料之间不能太过紧密
（2）羊肉块的大小要均匀一致
（3）扒炉的温度要高</td></tr>
<tr><td colspan="2" rowspan="3">实训组织</td><td>教师演示</td><td>内容：羊肉串
方式：操作演示
时间：30 分钟</td></tr>
<tr><td>学生实训</td><td>内容：羊肉串
分组：2 人一组
时间：30 分钟</td></tr>
<tr><td>教师点评</td><td>小结、评分</td></tr>
<tr><td rowspan="3">实训准备</td><td>场地</td><td colspan="2">实操室</td></tr>
<tr><td>工具</td><td colspan="2">燃气灶、扒炉、分刀、砧板、餐盘、金属钎</td></tr>
<tr><td>材料</td><td colspan="2">嫩羊肉 1500 克，黑胡椒 4 克，迷迭香 2 克，百里香 2 克，精盐 15 克，胡椒粉少量，洋葱 100 克，青椒 100 克，里昂马铃薯适量</td></tr>
<tr><td colspan="2">思考题</td><td colspan="2">（1）串烧的工艺流程及操作方法是什么？
（2）能否对串烧法的工艺进行改良？
（3）如何控制扒炉的温度？</td></tr>
<tr><td colspan="2">考核评价与成绩评定</td><td colspan="2">实训成品成绩占 70%，作业成绩占 30%
学生自我评价表另附</td></tr>
</table>

2. 杂肉串（Mix Skewer）

实训项目	杂肉串
目的与要求	（1）进一步掌握串烧法的制作工艺 （2）掌握杂肉串的搭配方法 （3）进一步认识串烧菜肴的品种要求及造型要求 （4）能区分扒法与串烧法
技术理论与原理	杂肉串是把加工好的猪肉、牛肉、小牛肉、青椒、洋葱、咸肉、泥肠相间穿成的串。要把猪肉穿在串的顶端使其容易成熟

续表

<table>
<tr><th colspan="2">实训项目</th><th colspan="2">杂肉串</th></tr>
<tr><td colspan="2" rowspan="5">实训方法</td><td>烹调方法</td><td>串烧</td></tr>
<tr><td>工艺流程</td><td>原料加工成型→穿原料→放在扒炉上扒熟</td></tr>
<tr><td>操作过程及方法</td><td>（1）把猪肉、牛肉、小牛肉切成块，撒上精盐、胡椒粉稍腌入味。将咸肉切成片，把泥肠卷起来，洋葱、青椒、蘑菇均切成块
（2）把加工好的猪肉、牛肉、小牛肉、青椒、洋葱、咸肉、泥肠相间穿成 10 串。
（3）把肉串放在扒炉上烤至需要的火候，上菜时配东方炒米饭即成</td></tr>
<tr><td>成品特点</td><td>各色相间，有焦纹，串状，整齐不乱，焦香微咸，外焦里嫩</td></tr>
<tr><td>操作要领</td><td>（1）穿串时原料之间不能太过紧密
（2）原料块的大小要均匀一致
（3）杂肉与蔬菜的搭配要合理
（4）要把猪肉块穿在串的顶端以便于成熟</td></tr>
<tr><td colspan="2" rowspan="3">实训组织</td><td>教师演示</td><td>内容：杂肉串
方式：操作演示
时间：30 分钟</td></tr>
<tr><td>学生实训</td><td>内容：杂肉串
分组：2 人一组
时间：30 分钟</td></tr>
<tr><td>教师点评</td><td>小结、评分</td></tr>
<tr><td rowspan="3">实训准备</td><td>场地</td><td colspan="2">实操室</td></tr>
<tr><td>工具</td><td colspan="2">燃气灶、扒炉、金属钎、分刀、砧板、餐盘</td></tr>
<tr><td>材料</td><td colspan="2">猪肉 400 克，牛肉 400 克，小牛肉 400 克，咸肉 150 克，泥肠 250 克，洋葱 100 克，青椒 100 克，蘑菇 100 克，精盐 10 克，胡椒粉少量，东方炒米饭 70 克</td></tr>
<tr><td colspan="2">思考题</td><td colspan="2">（1）简述杂肉串原料的搭配技巧
（2）简述肉类原料烹调前腌渍的作用
（3）简述东方炒米饭的制作工艺</td></tr>
<tr><td colspan="2">考核评价与成绩评定</td><td colspan="2">实训成品成绩占 70%，作业成绩占 30%
学生自我评价表另附</td></tr>
</table>

3. 鳜鱼串（Mandarin Fish Skewer）

实训项目	鳜鱼串	
目的与要求	（1）熟悉串烧法的适用原料 （2）掌握鳜鱼串的加工方法 （3）进一步认识串烧菜肴的品种要求及造型要求 （4）了解鱼肉串烧与畜肉串烧的区别	
技术理论与原理	制作鳜鱼串是把鳜鱼肉、洋葱、青椒相间穿成串，用油煎至成熟上色，放在盘内，撤去肉钎，浇上红花奶油少司即可	
实训方法	烹调方法	串烧
	工艺流程	原料加工成型→穿原料→放在扒炉上煎熟
	操作过程及方法	（1）将鳜鱼肉切成块，撒匀精盐、胡椒粉调味，洋葱、青椒切成块 （2）把鳜鱼块、洋葱块、青椒块相间穿成串，用油煎至成熟上色，放在盘内，撤去肉钎，浇上红花奶油少司即成
	成品特点	白、绿色相间，有光泽，串状，整齐不碎，味鲜香、微咸，鱼肉鲜嫩多汁
	操作要领	（1）穿串时原料之间不能太过紧密 （2）原料块的大小要均匀一致 （3）鱼肉与蔬菜的搭配要合理
实训组织	教师演示	内容：鳜鱼串 方式：操作演示 时间：30 分钟
	学生实训	内容：鳜鱼串 分组：2 人一组 时间：30 分钟
	教师点评	小结、评分
实训准备	场地	实操室
	工具	燃气灶、扒炉、平底锅、少司锅、分刀、砧板、餐盘、肉钎
	材料	净鳜鱼肉 1500 克，洋葱 200 克，青椒 200 克，精盐 10 克，胡椒粉少量，红花奶油少司适量
思考题	（1）如何更好地剔除鳜鱼肉中的骨刺？ （2）鳜鱼的腥味如何去除？ （3）红花奶油少司的制作工艺及品质要求如何？	

续表

实训项目	鳜鱼串
考核评价与成绩评定	实训成品成绩占 70%，作业成绩占 30% 学生自我评价表另附

4. 海鲜串（Seafood Skewer）

实训项目		海鲜串
目的与要求		（1）掌握海鲜串的原料选择 （2）掌握海鲜串的加工方法 （3）进一步认识串烧菜肴的品种要求及造型要求 （4）了解海鲜串烧与畜肉串烧的区别
技术理论与原理		制作海鲜串是用油将海鲜串煎熟，摆在盘内后撤去肉钎即成
实训方法	烹调方法	串烧
	工艺流程	原料加工成型→穿原料→放在扒炉上煎熟
	操作过程及方法	（1）将鱼肉切块，大虾肉切段，洋葱、青椒切块，在鱼肉、大虾肉、扇贝上撒精盐、胡椒粉、柠檬汁稍腌，与洋葱、青椒块相间穿成 5 串 （2）用油将海鲜串煎熟，摆在盘内，撤去肉钎，淋上莳萝少司即成
	成品特点	白、绿色相间，有光泽，串状，整齐不碎，味鲜香、微咸，鲜嫩多汁
	操作要领	（1）穿串时原料之间不能太过紧密 （2）原料块的大小要均匀一致 （3）海鲜与蔬菜的搭配要合理
实训组织	教师演示	内容：海鲜串 方式：操作演示 时间：30 分钟
	学生实训	内容：海鲜串 分组：2 人一组 时间：30 分钟
	教师点评	小结、评分

续表

实训项目		海鲜串
实训准备	场地	实操室
实训准备	工具	燃气灶、扒炉、平底锅、少司锅、分刀、砧板、餐盘、肉钎
实训准备	材料	净鱼肉 300 克，大虾 250 克，扇贝 200 克，洋葱 100 克，青椒 100 克，精盐 7.5 克，柠檬汁 10 克，胡椒粉少量，莳萝少司适量
思考题		（1）如何更好地加工各种海鲜？ （2）调味料中柠檬汁的作用是什么？ （3）莳萝少司的制作工艺及品质要求如何？
考核评价与成绩评定		实训成品成绩占 70%，作业成绩占 30% 学生自我评价表另附

模块 9

西式早餐制作实训

本模块实训基本信息

实训总学时：30 学时

学习对象：一年级西餐烹饪专业学生

实训项目与任务：西式早餐蛋类制作实训、西式早餐肉类制作实训、西式早餐蔬菜类制作实训、西式早餐热煮谷物类制作实训、西式早餐冷谷物类制作实训、西式早餐简单饼类制作实训

一、西式早餐蛋类制作实训

1. 带壳水煮蛋（Boiled Eggs）

<table>
<tr><th>实训项目</th><th colspan="2">带壳水煮蛋</th></tr>
<tr><td>目的与要求</td><td colspan="2">（1）通过学习制作带壳水煮蛋，掌握其制作过程和操作要点
（2）熟知带壳水煮蛋的成品特点和制作注意事项</td></tr>
<tr><td>技术理论与原理</td><td colspan="2">制作带壳水煮蛋要用冷水下锅，待水沸后用小火使其微沸（大火沸煮会将蛋壳煮爆裂），煮 3 分钟是嫩鸡蛋，煮 5 分钟是五成熟鸡蛋，煮 10 分钟是全熟鸡蛋</td></tr>
<tr><td rowspan="3">实训方法</td><td>工艺流程</td><td>将鸡蛋洗净→放入冷水锅内→大火煮沸改小火煮→剥壳→切半、摆盘</td></tr>
<tr><td>操作过程及方法</td><td>（1）先将鸡蛋放置于室温，在气室一端刺一小孔，以避免鸡蛋在烫煮时爆裂
（2）锅中放入水、白醋、精盐（比例为水 500 毫升 + 白醋 15 毫升 + 精盐 10 克），再将鸡蛋放入锅中，大火煮沸后改小火，以计时器计煮 3 分钟捞起，蛋黄未凝固（三分熟）；煮 5 分钟捞起，蛋黄半凝固（五分熟）；煮 10 ~ 12 分钟捞起，蛋黄凝固（全熟）
（3）冲冷水后剥除蛋壳
（4）用切蛋器将鸡蛋切开成两半，放于盘中即成</td></tr>
<tr><td>成品特点</td><td>白、黄色相间，半椭圆形，蛋味浓香，微咸，质地软嫩</td></tr>
</table>

续表

实训项目	带壳水煮蛋	
实训方法	操作要领	（1）煮时水中要加入少许白醋 （2）水沸后不能再用大火煮 （3）鸡蛋捞出后要用冷水冲一下再剥去蛋壳
实训组织	教师演示	内容：带壳水煮蛋 方式：操作演示 时间：30 分钟
	学生实训	内容：带壳水煮蛋 分组：2 人一组 时间：30 分钟
	教师点评	小结、评分
实训准备	场地	实操室
	工具	燃气灶、煮锅、漏勺、切蛋器、餐盘
	材料	鸡蛋 3 个，白醋 15 毫升，水 500 毫升，精盐 10 克
思考题		（1）制作带壳水煮蛋的操作要点和应注意的事项有哪些? （2）如何鉴别鸡蛋的成熟度?
考核评价与成绩评定		实训成品成绩占 70%，作业成绩占 30% 学生自我评价表另附

2. 窝蛋（Poached Eggs）

实训项目	窝蛋	
目的与要求		（1）通过学习制作窝蛋，掌握其制作过程和操作要点 （2）熟知窝蛋的成品特点和制作注意事项
技术理论与原理		窝蛋也称波蛋、荷包蛋，是将去壳的鸡蛋放入热水中氽一下。制作窝蛋应选用最新鲜的鸡蛋。由于醋易使蛋白质凝固，盐可提高水的沸点而减少鸡蛋的烹调时间，故制作窝蛋时在水中放入少量的盐和醋，有利于提高窝蛋的质量。烹调时先将锅中水煮沸，然后端锅离火，将去壳鸡蛋轻轻放入热水中，保持水温在沸点以下，烹调 3 ~ 5 分钟即可
实训方法	工艺流程	煮沸水→加入鸡蛋→小火煮→取出放在方包片上
	操作过程及方法	（1）锅中水烧沸端锅离火，加入精盐和醋 （2）将鸡蛋去壳放入小碗中，再顺着锅边倒入微沸的水中 （3）将鸡蛋在 65 ~ 85℃的热醋水中烫熟。烫 3 分钟，蛋黄呈流体；烫 5 分钟，蛋黄微嫩；烫 8 分钟，蛋黄凝固。可根据要求掌握烫煮时间 （4）捞起煮好的蛋放在用方包片垫底的盘中，佐以培根即可食用

续表

实训项目	窝蛋	
实训方法	成品特点	白、黄色相间，椭圆形，蛋味浓香，微咸，质地软嫩
	操作要领	（1）水中要加入少许醋和精盐 （2）要在水沸后加入鸡蛋，并转小火煮
实训组织	教师演示	内容：窝蛋 方式：操作演示 时间：30 分钟
	学生实训	内容：窝蛋 分组：2 人一组 时间：30 分钟
	教师点评	小结、评分
实训准备	场地	实操室
	工具	燃气灶、煮锅、漏勺、餐盘
	材料	鸡蛋 2 个，精盐 5 克，白醋 15 毫升，水 200 毫升，方包片 1 片，培根 2 片
思考题		（1）制作窝蛋的操作要点和应注意的事项有哪些？ （2）如何鉴别鸡蛋的新鲜度？
考核评价与成绩评定		实训成品成绩占 70%，作业成绩占 30% 学生自我评价表另附

3. 炒蛋（Scrambled Eggs）

实训项目	炒蛋	
目的与要求		（1）通过学习制作炒蛋，掌握其制作过程和操作要点 （2）熟知炒蛋的成品特点和制作注意事项
技术理论与原理		炒蛋是将蛋去壳打散（可添加适量牛奶、鲜奶或水、高汤，以增加香味），放入锅中不停搅拌至稍凝结，呈现质地柔嫩、多汁且呈湿润状即可，但切勿搅拌过熟
实训方法	工艺流程	打散鸡蛋、调味→用牛油热锅→小火翻炒→取出放在方包片上
	操作过程及方法	（1）将鸡蛋打入碗内，加入牛奶、精盐调匀 （2）锅中放入牛油并加热使其熔化，倒入蛋液，用小火加热，并不断用木铲搅动，待鸡蛋完全凝固时端锅离火，用锅的余热略翻炒几下 （3）在烤方包片上抹上牛油，放入盘中，再将炒蛋倒在方包片上即成
	成品特点	黄色，糊块状，蛋味浓香，微咸，质地柔嫩、多汁且湿润

续表

实训项目	炒蛋	
实训方法	操作要领	（1）油量要适当，油温不能太高 （2）炒拌动作要迅速，不能使鸡蛋结块
实训组织	教师演示	内容：炒蛋 方式：操作演示 时间：30 分钟
	学生实训	内容：炒蛋 分组：2 人一组 时间：30 分钟
	教师点评	小结、评分
实训准备	场地	实操室
	工具	燃气灶、炒锅、木勺、餐盘
	材料	鸡蛋 2 个，牛奶 30 毫升，牛油 5 克，精盐少量，烤方包片 1 片
思考题		（1）制作炒蛋的操作要点和应注意的事项有哪些？ （2）鸡蛋中加入牛奶的比例为多少合适？
考核评价与成绩评定		实训成品成绩占 70%，作业成绩占 30% 学生自我评价表另附

4. 煎蛋（Fried Eggs）

实训项目	煎蛋	
目的与要求		（1）通过学习制作煎蛋，掌握其制作过程和操作要点 （2）熟知煎蛋的成品特点和制作注意事项
技术理论与原理		西式早餐中煎蛋是常见的蛋品之一，一般一份 2 个鸡蛋，还可以加上火腿、香肠、培根等辅料 煎蛋有煎嫩蛋和煎双面蛋两种。煎嫩蛋（Sunny Side Up）要求只煎一面，把蛋清煎至刚好凝固、蛋黄还是稀的即可，大多数西欧人喜食这种食品。煎双面蛋（Turn Over）又可分为两面煎嫩蛋（Over-Easy）、两面煎半熟蛋（Over-Medium）和两面煎熟蛋（Over-Hard）
实训方法	工艺流程	洗净鸡蛋→用色拉油热锅→小火煎制→取出摆盘
	操作过程及方法	（1）将洗净的鸡蛋去壳，放入碗中 （2）煎锅内放入色拉油，用中火加热至 120℃左右，放入鸡蛋，将蛋清煎至凝固，若蛋黄仍软即成煎嫩蛋，盛入盘中 （3）用剩余的油把火腿片略煎，配于煎蛋旁边即成

续表

实训项目	煎蛋	
实训方法	成品特点	白、黄色相间，圆形，蛋味浓香，微咸，质地软嫩
	操作要领	（1）要选用新鲜不散黄的鸡蛋 （2）煎制时要用专用的煎盘 （3）煎蛋时动作要轻巧，以防把蛋黄碰散 （4）制作煎嫩蛋时可加盖焖一下，以利于表层蛋清凝固
实训组织	教师演示	内容：煎蛋 方式：操作演示 时间：30 分钟
	学生实训	内容：煎蛋 分组：2 人一组 时间：30 分钟
	教师点评	小结、评分
实训准备	场地	实操室
	工具	燃气灶、煎盘、木勺、餐盘
	材料	鸡蛋 2 个，火腿片 2 片，色拉油 20 毫升
思考题	（1）制作煎蛋的操作要点和应注意的事项有哪些？ （2）煎蛋分哪几类？	
考核评价与成绩评定	实训成品成绩占 70%，作业成绩占 30% 学生自我评价表另附	

5. 洋葱奄列（Onion Omelette）

实训项目	洋葱奄列	
目的与要求	（1）通过学习制作洋葱奄列，掌握其制作过程和操作要点 （2）熟知洋葱奄列的成品特点和制作注意事项	
技术理论与原理	奄列也是常见的蛋品之一，主要用于早餐。制作洋葱奄列是在蛋液未完全凝固前，撒上洋葱丝，用木铲将蛋推至锅边翻折成半圆形状	
实训方法	工艺流程	打散鸡蛋、调味→用油热锅→小火烹制→放入熟洋葱丝、折成半圆形状→装盘

续表

实训项目	洋葱奄列	
实训方法	操作过程及方法	（1）将鸡蛋打入碗内，加入精盐、胡椒粉、牛奶调匀 （2）将洋葱切成细丝，用油炒香，沥净油脂备用 （3）将色拉油加热至约 130℃时倒入蛋液，用木铲拌炒，蛋液未完全凝固前，撒上洋葱丝，用木铲将蛋推至锅边翻折呈半圆形状 （4）盛于盘中，以煎培根作配菜即成
	成品特点	黄色，牛角状，蛋味浓香，微咸，质地软嫩
	操作要领	（1）用油要适量，油过多、过少都不易于鸡蛋翻折 （2）动作要轻快，要在鸡蛋未完全凝固时翻折
实训组织	教师演示	内容：洋葱奄列 方式：操作演示 时间：30 分钟
	学生实训	内容：洋葱奄列 分组：2 人一组 时间：30 分钟
	教师点评	小结、评分
实训准备	场地	实操室
	工具	燃气灶、煎锅、木铲、餐盘
	材料	鸡蛋 2 个，洋葱 30 克，色拉油 20 毫升，牛奶 20 毫升，培根 2 片，精盐、胡椒粉适量
思考题		（1）制作洋葱奄列的操作要点和应注意的事项有哪些？ （2）制作洋葱奄列时，若用油量多会出现什么问题？
考核评价与成绩评定		实训成品成绩占 70%，作业成绩占 30% 学生自我评价表另附

二、西式早餐肉类制作实训

1. 煎培根（Pan-Fried Bacon）

实训项目	煎培根
目的与要求	（1）通过学习制作煎培根，掌握其制作过程和操作要点 （2）熟知煎培根的成品特点和制作注意事项

续表

<table>
<tr><th colspan="2">实训项目</th><th colspan="2">煎培根</th></tr>
<tr><td colspan="2">技术理论与原理</td><td colspan="2">培根（Bacon）即咸猪板肉，是西餐中使用广泛的肉制品。培根一般有五花咸肉培根和外脊肉培根两种，以五花咸肉培根较为常见
培根的一般制作工艺是：把猪肉分割成块（一般带皮），用精盐、少量亚硝酸钠或硝酸钠、黑胡椒、丁香、香叶、茴香等香料腌渍，然后再经风干、熏制而成
培根在西餐中一般用作多种菜肴的调配原料，起提味配色作用，有时也可直接煎食</td></tr>
<tr><td colspan="2" rowspan="4">实训方法</td><td>工艺流程</td><td>培根过水→放在扒炉上煎至两面呈金黄色→取出、吸油→摆盘</td></tr>
<tr><td>操作过程及方法</td><td>（1）将培根放入锅中用热水氽烫，除去过多的盐分，捞出，控干水分备用
（2）扒炉淋上色拉油，加热至130℃左右，将培根放在扒炉上煎至两面呈金黄色
（3）将培根煎脆后夹出，放在纸巾上吸去多余的油，然后切段或整条摆盘即成</td></tr>
<tr><td>成品特点</td><td>焦黄色，片条状，烟熏味浓郁，微咸，口感焦脆</td></tr>
<tr><td>操作要领</td><td>（1）扒炉的温度不能过高，否则煎出来的培根会很硬
（2）培根煎脆后夹出，要放在纸巾上吸去多余的油分</td></tr>
<tr><td colspan="2" rowspan="3">实训组织</td><td>教师演示</td><td>内容：煎培根
方式：操作演示
时间：30分钟</td></tr>
<tr><td>学生实训</td><td>内容：煎培根
分组：2人一组
时间：30分钟</td></tr>
<tr><td>教师点评</td><td>小结、评分</td></tr>
<tr><td rowspan="3">实训准备</td><td>场地</td><td colspan="2">实操室</td></tr>
<tr><td>工具</td><td colspan="2">扒炉、铁铲、燃气炉、煮锅、餐盘</td></tr>
<tr><td>材料</td><td colspan="2">色拉油10克，培根2片，水适量</td></tr>
<tr><td colspan="2">思考题</td><td colspan="2">（1）制作煎培根的操作要点和应注意的事项有哪些？
（2）如何鉴别培根的品质？</td></tr>
<tr><td colspan="2">考核评价与成绩评定</td><td colspan="2">实训成品成绩占70%，作业成绩占30%
学生自我评价表另附</td></tr>
</table>

2. 炸香肠（Fried Breakfast Sausage）

实训项目		炸香肠
目的与要求		（1）通过学习制作炸香肠，掌握其制作过程和操作要点 （2）熟知炸香肠的成品特点和制作注意事项
技术理论与原理		香肠是用鸡肠作肠衣灌以酱状肉馅制成的段节肠，肠身较细短，一般长 12 ~ 13 厘米，直径 2 ~ 2.5 厘米，是灌肠中最小的一种，味道鲜美，西餐中一般以热食为主，煎、煮、烩均可
实训方法	工艺流程	将香肠放入热油中炸至浮身→取出、吸油→摆盘
	操作过程及方法	（1）将香肠放入 120℃的油锅中，炸至香肠浮起至油面 （2）将香肠捞出，放在纸巾上吸去多余的油分，摆盘即成
	成品特点	金黄色，圆条状，微咸，外脆里软
	操作要领	（1）炸炉的温度不能过高，否则炸出来的香肠会爆裂 （2）将香肠捞出后要放在纸巾上吸去多余的油分
实训组织	教师演示	内容：炸香肠 方式：操作演示 时间：30 分钟
	学生实训	内容：炸香肠 分组：2 人一组 时间：30 分钟
	教师点评	小结、评分
实训准备	场地	实操室
	工具	炸炉、漏勺、餐盘
	材料	香肠 2 根，油 50 毫升
思考题		（1）制作炸香肠的操作要点和应注意的事项有哪些？ （2）早餐香肠有哪些品种？
考核评价与成绩评定		实训成品成绩占 70%，作业成绩占 30% 学生自我评价表另附

三、西式早餐蔬菜类制作实训

芝士焗番茄（Roast Tomato with Cheese）

实训项目		芝士焗番茄
目的与要求		1. 通过学习制作芝士焗番茄，掌握其制作过程和操作要点 2. 熟知芝士焗番茄的成品特点和制作注意事项
技术理论与原理		蔬菜是制作西餐的基本原料，烹调蔬菜时不仅要将其加热成熟，还要增加其味道、颜色和质地。蔬菜是人体所需维生素 A 和维生素 C 的主要来源。维生素 A 易溶于脂肪，维生素 C 易溶于水，因此蔬菜烹调后维生素损失较大 为了保持蔬菜的本色，烹调黄色、橘红色和红色蔬菜时，可放少量的酸性物质（如醋、柠檬汁、果酒等），但如果烹调时间过长或处于碱性溶液中，它们将失去本来的颜色
实训方法	工艺流程	将番茄一分为二→放入扒炉煎至两面呈金黄色→取出、放上软芝士片→再放入焗炉焗熟
	操作过程及方法	1. 将番茄洗净，用刀一分为二，将精盐、胡椒粉撒在番茄刀切面上 2. 用牛油将番茄两面煎至金黄色、七成熟，取出备用 3. 在番茄刀切面上放上软芝士片，再放入焗炉焗约 5 分钟，至芝士片呈金黄色即成
	成品特点	番茄粉红色，芝士层淡黄色、不焦，半圆形，整齐，微酸咸，细软不干
	操作要领	1. 番茄要先调味，再煎至七成熟 2. 软芝士片焗至上色即可
实训组织	教师演示	内容：芝士焗番茄 方式：操作演示 时间：30 分钟
	学生实训	内容：芝士焗番茄 分组：2 人一组 时间：30 分钟
	教师点评	小结、评分
实训准备	场地	实操室
	工具	扒炉、铁铲、燃气炉、焗炉、餐盘
	材料	番茄 1 个，软芝士 2 片，牛油 10 克，精盐、胡椒粉适量
思考题		1. 制作芝士焗番茄的操作要点和应注意的事项有哪些？ 2. 软芝士有哪些品种？

续表

实训项目	芝士焗番茄
考核评价与成绩评定	实训成品成绩占 70%，作业成绩占 30% 学生自我评价表另附

四、西式早餐热煮谷物类制作实训

德国麦片粥（Oatmeal Porridge）

实训项目		德国麦片粥
目的与要求		1. 通过学习制作德国麦片粥，掌握其制作过程和操作要点 2. 熟知德国麦片粥的成品特点和制作注意事项
技术理论与原理		热煮谷物类分为粗碎状谷类和粉碎状谷类两种。粗碎状谷类需要将谷类加水煮至适当熟度及浓度才可食用；而粉碎状谷类只要将其直接与冷开水调匀，再冲入开水、搅拌成糊状即可食用
实训方法	工艺流程	将麦片泡软→用大火煮沸→调味、煮开→装碗
	操作过程及方法	1. 将麦片用清水泡软 2. 锅内放入清水，放入麦片，用大火煮沸 3. 倒入牛奶，煮沸，放入牛油、糖、精盐调味，再用小火煮 10 分钟至开透即成
	成品特点	乳白色，稠糊状，微甜，糯软
	操作要领	1. 麦片要先用水泡软才易煮烂 2. 倒入牛奶后，不能一直用大火煮
实训组织	教师演示	内容：德国麦片粥 方式：操作演示 时间：30 分钟
	学生实训	内容：德国麦片粥 分组：2 人一组 时间：30 分钟
	教师点评	小结、评分
实训准备	场地	实操室
	工具	煮锅、燃气炉、木勺、碗
	材料	麦片 50 克，清水 150 毫升，牛奶 150 毫升，糖 30 克，牛油 5 克，精盐少量

续表

实训项目	德国麦片粥
思考题	1. 制作德国麦片粥的操作要点和应注意的事项有哪些？ 2. 大米粥与德国麦片粥有何区别？
考核评价与成绩评定	实训成品成绩占 70%，作业成绩占 30% 学生自我评价表另附

五、西式早餐冷谷物类制作实训

玉米酥附香蕉（Corn Flake W/Banana）

实训项目		玉米酥附香蕉
目的与要求		1. 通过学习制作玉米酥附香蕉，掌握其制作过程和操作要点 2. 熟知玉米酥附香蕉的成品特点和制作注意事项
技术理论与原理		在食品加工、储藏过程中，由酚酶、过氧化物酶、脂肪氧化酶、维生素 C 氧化酶等氧化酶类引起的酶促褐变，对许多食品的感官质量具有极为重要的影响。另外，这些酶的存在还会直接或间接地导致一些营养成分（如维生素 A、维生素 B、维生素 C 等）损失
实训方法	工艺流程	玉米酥冲入牛奶→加入香蕉片→装碗
	操作过程及方法	1. 将玉米酥放入汤盘中，冲入冷牛奶 2. 将香蕉去皮切成斜片，放入盘内摆好即成
	成品特点	白、黄色相间，稀糊状，微甜，香脆，水果糯软
	操作要领	1. 玉米酥要干燥、脆 2. 香蕉要快速处理，以防变色
实训组织	教师演示	内容：玉米酥附香蕉 方式：操作演示 时间：10 分钟
	学生实训	内容：玉米酥附香蕉 分组：10 人一组 时间：30 分钟
	教师点评	小结、评分
实训准备	场地	实操室
	工具	碗、木勺、小刀
	材料	玉米酥 200 克，冷牛奶 150 毫升，香蕉 1 根

续表

实训项目	玉米酥附香蕉
思考题	1. 制作玉米酥附香蕉的操作要点和应注意的事项有哪些？ 2. 香蕉加工后易变色的原因及处理方法是什么？
考核评价与成绩评定	实训成品成绩占 70%，作业成绩占 30% 学生自我评价表另附

六、西式早餐简单饼类制作实训

1. 薄饼（Crepe）

<table>
<tr><th>实训项目</th><th colspan="2">薄饼</th></tr>
<tr><td>目的与要求</td><td colspan="2">（1）通过学习制作薄饼，掌握其制作过程和操作要点
（2）熟知薄饼的成品特点和制作注意事项</td></tr>
<tr><td>技术理论与原理</td><td colspan="2">蔗糖类原料具有易溶性、渗透性和结晶性
易溶性又称溶解性，指蔗糖类原料具有较强的吸水性，并易溶于水，其溶解性随温度的升高而增大
渗透性指糖分子很容易渗透到吸水后的蛋白质分子或其他物质中，并将已吸收的水分排出，形成游离水的性能。糖的渗透性随糖溶液浓度的增高而增加
结晶性指糖在浓度高的糖水溶液中，已经溶解的糖分子又会重新结晶的特性。单糖具有抗结晶作用
糖在面点制作中的主要作用是：（1）增加制品的甜度，提高其营养价值；（2）改善面点的色泽，美化面点的外观；（3）调节面筋的筋力，控制面筋的性质；（4）可以防腐，延长保质期</td></tr>
<tr><td rowspan="4">实训方法</td><td>工艺流程</td><td>各种原料搅拌均匀→淋入油，烧热锅→煎饼→装盘、淋入酱汁</td></tr>
<tr><td>操作过程及方法</td><td>（1）将牛奶、鸡蛋、白糖倒入搅拌盆中，搅拌均匀至糖溶解，再倒入面粉搅拌均匀至无颗粒，制成面粉糊
（2）锅中放入油，用中火烧热，再倒入搅拌好的面粉糊，煎成金黄色片状
（3）将橙肉切成小丁，橙皮切成细丝，制成橙酱汁
（4）将薄饼装盘，淋上橙酱汁即成</td></tr>
<tr><td>成品特点</td><td>金黄色，圆片状，微甜，软韧适口</td></tr>
<tr><td>操作要领</td><td>（1）面粉要过筛后使用才不会结团
（2）煎锅中的油不能过多</td></tr>
</table>

续表

实训项目		薄饼
实训组织	教师演示	内容：薄饼 方式：操作演示 时间：10 分钟
	学生实训	内容：薄饼 分组：10 人一组 时间：30 分钟
	教师点评	小结、评分
实训准备	场地	实操室
	工具	燃气炉、煎锅、木勺、小刀、餐盘
	材料	鸡蛋 3 个，牛奶 100 毫升，白糖 10 克，面粉 100 克，油 20 毫升，橙子 1 个
思考题		（1）制作薄饼的操作要点和应注意的事项有哪些？ （2）如何做出又圆又好的薄饼？
考核评价与成绩评定		实训成品成绩占 70%，作业成绩占 30% 学生自我评价表另附

2. 法国吐司（French Toast）

实训项目		法国吐司
目的与要求		（1）通过学习制作法国吐司，掌握其制作过程和操作要点 （2）熟知法国吐司的成品特点和制作注意事项
技术理论与原理		鸡蛋不仅可以使面包质地松软、表面光滑，而且还可以增加面包的味道、营养和颜色
实训方法	工艺流程	鸡蛋搅拌均匀→吐司面包浸牛奶、蘸鸡蛋液→煎锅烧热→煎制吐司面包
	操作过程及方法	（1）将鸡蛋打入盆中，搅拌均匀 （2）将吐司面包片去边皮，对角切成 2 片，用牛奶浸透，再蘸满蛋液 （3）煎锅用慢火加热，放入牛油，将吐司面包片煎透，至两面呈金黄色 （4）盛于盘中，淋上蜂蜜、撒上少许肉桂粉即成
	成品特点	金黄色，三角形片状，微甜，外酥内软
	操作要领	（1）吐司面包片的边皮最好去掉 （2）煎锅中的油不能过多

续表

实训项目	法国吐司	
实训组织	教师演示	内容：法国吐司 方式：操作演示 时间：10 分钟
	学生实训	内容：法国吐司 分组：10 人一组 时间：30 分钟
	教师点评	小结、评分
实训准备	场地	实操室
	工具	燃气炉、煎锅、木勺、不锈钢盆、餐盘
	材料	吐司面包 2 片，鸡蛋 2 个，牛油 10 克，蜂蜜 10 毫升，牛奶适量，肉桂粉少许
思考题	（1）制作法国吐司的操作要点和应注意的事项有哪些？ （2）浸牛奶和不浸牛奶的吐司面包片有什么区别？	
考核评价与成绩评定	实训成品成绩占 70%，作业成绩占 30% 学生自我评价表另附	

3. 华夫饼（Waffles）

实训项目	华夫饼
目的与要求	（1）通过学习制作华夫饼，掌握其制作过程和操作要点 （2）熟知华夫饼的成品特点和制作注意事项
技术理论与原理	面粉在西点制作中的工艺性能一般由面粉中所含淀粉和蛋白质的性质所决定 面粉中的淀粉不溶于冷水，但能与水结合，具有受热糊化、颗粒膨胀的性质。当淀粉与 53℃以上的温水结合时，淀粉的物理性质会发生明显改变，即出现溶于水的膨胀糊化现象，这种现象被称为淀粉的糊化 面粉中所含蛋白质的种类很多，其中麦胶蛋白和麦谷蛋白在常温水的作用下，可吸水膨胀形成面筋质。面筋质具有弹性、延展性、韧性和黏性，这些特性对改善面团的物理性能具有重要作用。但水温在 60 ～ 70℃时，蛋白质受热开始变性，面团逐渐凝固，筋力下降，面团的延展性和弹性减弱 膨松剂又称膨胀疏松剂，能使面点制品内部形成均匀、致密的多孔组织，是面点制作的主要添加剂。根据膨松剂的性质和组成，可将其分为化学膨松剂和生物膨松剂两大类。前者常用的有碳酸氢钠、泡打粉等，主要用于蛋糕、饼干等面点的制作；后者常用的主要是酵母，它是制作面包的基本原料

续表

<table>
<tr><th colspan="2">实训项目</th><th colspan="2">华夫饼</th></tr>
<tr><td colspan="2" rowspan="4">实训方法</td><td>工艺流程</td><td>各种原料搅拌均匀→华夫机预热→倒入面糊→烤至两面呈金黄色</td></tr>
<tr><td>操作过程及方法</td><td>（1）将鸡蛋、牛奶、白糖放入搅拌盆中，搅拌至糖溶化
（2）加入筛过的面粉、发粉、精盐及熔化的牛油，搅拌成无颗粒的面糊
（3）将华夫机预热好，刷上少许牛油，倒入适量面糊，盖上华夫机盖，烤至两面呈金黄色（3 ~ 5 分钟），取出切成两半
（4）盛入盘中，佐以蜂蜜或枫糖浆即成</td></tr>
<tr><td>成品特点</td><td>金黄色，格子片状，微甜，酥软可口</td></tr>
<tr><td>操作要领</td><td>（1）白糖要搅拌至溶化，再加入面粉
（2）面粉最好过筛
（3）华夫机中的油不能过多</td></tr>
<tr><td colspan="2" rowspan="3">实训组织</td><td>教师演示</td><td>内容：华夫饼
方式：操作演示
时间：10 分钟</td></tr>
<tr><td>学生实训</td><td>内容：华夫饼
分组：10 人一组
时间：30 分钟</td></tr>
<tr><td>教师点评</td><td>小结、评分</td></tr>
<tr><td rowspan="3">实训准备</td><td>场地</td><td colspan="2">实操室</td></tr>
<tr><td>工具</td><td colspan="2">华夫机、不锈钢盆、餐盘</td></tr>
<tr><td>材料</td><td colspan="2">鸡蛋 1 个，牛奶 100 毫升，牛油 50 克，白糖 20 克，精盐 5 克，面粉 50 克，发粉 1 克，蜂蜜或枫糖浆少许</td></tr>
<tr><td colspan="2">思考题</td><td colspan="2">（1）制作华夫饼的操作要点和应注意的事项有哪些？
（2）如何操作华夫机？</td></tr>
<tr><td colspan="2">考核评价与成绩评定</td><td colspan="2">实训成品成绩占 70%，作业成绩占 30%
学生自我评价表另附</td></tr>
</table>

4. 斑克（Pancake）

实训项目	斑克
目的与要求	（1）通过学习制作斑克，掌握其制作过程和操作要点 （2）熟知斑克的成品特点和制作注意事项

续表

实训项目	斑克	
技术理论与原理	油脂具有疏水性和游离性。面团中的油脂能在面粉颗粒表面形成油膜，阻止面粉吸水，阻碍面筋生成，使面团的弹性和延伸性减弱，而疏散性和可塑性增强，油脂的游离性与温度无关	
实训方法	工艺流程	将各种原料搅拌均匀→平底锅预热→倒入面糊→煎至两面呈金黄色
	操作过程及方法	（1）将牛奶、鸡蛋、白糖放入搅拌盆内，搅拌至糖溶解 （2）拌入筛过的面粉、泡打粉、精盐及熔化的牛油，搅拌成无颗粒的面糊 （3）加热平底锅，刷上少许油，用汤匙舀面糊一勺置于锅中，待煎至两面呈金黄色后，翻面继续煎 4 ~ 5 分钟 （4）盛入盘中，撒上少许糖粉，佐以枫糖浆（或蜂蜜）及少许水果即成
	成品特点	金黄色，圆形，微甜，酥软可口
	操作要领	（1）面粉最好过筛 （2）平底锅中的油不能过多，也可用吸油纸吸点油擦一下锅底 （3）要先将白糖放入液体中溶化，再加面粉
实训组织	教师演示	内容：斑克 方式：操作演示 时间：10 分钟
	学生实训	内容：斑克 分组：10 人一组 时间：30 分钟
	教师点评	小结、评分
实训准备	场地	实操室
	工具	燃气炉、平底锅、木铲、不锈钢盆、餐盘
	材料	鸡蛋 1 个，牛奶 200 毫升，白糖 10 克，泡打粉 10 克，精盐 5 克，面粉 100 克，牛油 50 克，糖粉、枫糖浆（或蜂蜜）、水果适量
思考题	（1）制作斑克的操作要点和应注意的事项有哪些？ （2）泡打粉在斑克制作中起什么作用？	
考核评价与成绩评定	实训成品成绩占 70%，作业成绩占 30% 学生自我评价表另附	

模块 10

三明治与比萨饼制作实训

本模块实训基本信息

实训总学时：30 学时

学习对象：一年级西餐烹饪专业学生

实训项目与任务：热三明治类（Hot Sandwich）制作实训、冷三明治类（Cold Sandwich）制作实训、比萨饼制作实训

一、热三明治类（Hot Sandwich）制作实训

1. 加州汉堡包（California Burger）

实训项目	加州汉堡包	
目的与要求	（1）通过学习制作加州汉堡包，掌握其制作过程和操作要点 （2）熟知加州汉堡包的成品特点和制作注意事项	
技术理论与原理	将两片面包或一个面包切成两片，涂上调味酱，中部夹层为热肉类食物，可配上蔬菜和芝士，这种热的三明治称为家常式三明治或汉堡包（Hamburger）	
实训方法	工艺流程	牛肉饼煎熟→面包切片→摆放蔬菜、牛肉饼→摆盘上桌
	操作过程及方法	（1）将牛肉饼用平底锅煎熟 （2）将汉堡面包切成两片，面包里面朝上，外面朝下，一片涂上牛油，另一片涂上万尼汁 （3）在面包的上片摆放生菜叶、洋葱片、番茄片 （4）在面包的下片摆放牛肉饼 （5）以开放式摆在餐盘上 （6）在餐盘上放一份炸薯条和酸黄瓜作装饰即成
	成品特点	色彩艳丽，圆形，蔬菜清香，牛肉味浓郁，微咸酸，外松软，内脆嫩、爽口，牛肉有韧性

续表

实训项目	加州汉堡包	
实训方法	操作要领	（1）煎牛肉饼时不能用铲子压着煎 （2）汉堡面包的刀切面要涂抹少许牛油 （3）挤入的万尼汁不能太多
实训组织	教师演示	内容：加州汉堡包 方式：操作演示 时间：30 分钟
	学生实训	内容：加州汉堡包 分组：2 人一组 时间：30 分钟
	教师点评	小结、评分
实训准备	场地	实操室
	工具	燃气灶、平底锅、砧板、分刀、木铲、餐盘
	材料	加工好的汉堡包牛肉饼 1 个（约 80 克），汉堡面包 1 个，生菜叶 1 片，番茄片 1 片，薄洋葱片 1 片，万尼汁 10 克，牛油少许，炸薯条适量，酸黄瓜 4 小块
思考题	（1）制作加州汉堡包的操作要点和应注意的事项有哪些？ （2）如何鉴别汉堡包的品质？	
考核评价与成绩评定	实训成品成绩占 70%，作业成绩占 30% 学生自我评价表另附	

2. 开放式牛排三明治（Open-Faced Steak Sandwich）

实训项目	开放式牛排三明治	
目的与要求	（1）通过学习制作开放式牛排三明治，掌握其制作过程和操作要点 （2）熟知开放式牛排三明治的成品特点和制作注意事项	
技术理论与原理	开放式三明治指在单片面包上涂上调味酱（也可不涂调味酱），面包上摆放肉类食物，最上面放上芝士或浇上调味汁。这种三明治可放在单面烤炉内，将最上面的芝士或调味汁烤成金黄色。食用这种三明治应使用刀叉，而不用手直接去拿取	
实训方法	工艺流程	将牛油抹在面包片上→牛排煎熟→调制酱汁→倒入酱汁
	操作过程及方法	（1）将牛油抹在每片面包上，将每片面包放在一个热的餐盘上 （2）将精盐、胡椒粉撒在牛排上 （3）平底锅内放入牛油加热，放入牛排煎至熟，分别放在每片面包上 （4）降低炉温，将牛原汤、水和面粉放在一个容器内，搅拌均匀，倒入平底锅中制成调味酱汁，再倒在牛排上即成

续表

<table>
<tr><th colspan="2">实训项目</th><th colspan="2">开放式牛排三明治</th></tr>
<tr><td colspan="2" rowspan="2">实训方法</td><td>成品特点</td><td>褐、绿色相间，正方立体形状，牛肉味浓香、微咸，牛肉软嫩，面包酥脆</td></tr>
<tr><td>操作要领</td><td>（1）煎牛排时，不能用铲子压着煎
（2）要用热的餐盘，不能用冷餐盘
（3）酱汁不能太稀</td></tr>
<tr><td colspan="2" rowspan="3">实训组织</td><td>教师演示</td><td>内容：开放式牛排三明治
方式：操作演示
时间：30 分钟</td></tr>
<tr><td>学生实训</td><td>内容：开放式牛排三明治
分组：2 人一组
时间：30 分钟</td></tr>
<tr><td>教师点评</td><td>小结、评分</td></tr>
<tr><td rowspan="3">实训准备</td><td>场地</td><td colspan="2">实操室</td></tr>
<tr><td>工具</td><td colspan="2">燃气灶、平底锅、砧板、分刀、木铲、餐盘</td></tr>
<tr><td>材料</td><td colspan="2">白面包片 4 片，牛油适量，牛排（表面用刀尖轻轻斩过，每块约 20 克）4 块，精盐、胡椒粉少许，棕色牛原汤 100 毫升，水 75 毫升，面粉 5 克</td></tr>
<tr><td colspan="2">思考题</td><td colspan="2">（1）制作开放式牛排三明治的操作要点和应注意的事项有哪些？
（2）如何鉴别牛排的成熟度？</td></tr>
<tr><td colspan="2">考核评价与成绩评定</td><td colspan="2">实训成品成绩占 70%，作业成绩占 30%
学生自我评价表另附</td></tr>
</table>

3. 基督山三明治（Monte Cristo Sandwich）

<table>
<tr><th>实训项目</th><th colspan="2">基督山三明治</th></tr>
<tr><td>目的与要求</td><td colspan="2">（1）通过学习制作基督山三明治，掌握其制作过程和操作要点
（2）熟知基督山三明治的成品特点和制作注意事项</td></tr>
<tr><td>技术理论与原理</td><td colspan="2">将三明治外部蘸上抽打好的鸡蛋液或蘸上鸡蛋液后再粘上面包糠，然后经过油炸、油煎或烤等方法使其呈金黄色</td></tr>
<tr><td rowspan="2">实训方法</td><td>工艺流程</td><td>将牛油抹在面包片上→蘸上鸡蛋液→炸至金黄色→切成 4 块摆盘</td></tr>
<tr><td>操作过程及方法</td><td>（1）将面包片摆放在干净的平盘上，抹上牛油
（2）在第一片面包上先后放上鸡肉（或火鸡肉）、火腿肉、芝士
（3）将第二片面包放在第一片面包上，涂牛油的一面朝下。用两根牙签从面包相对方向插入，使其牢固</td></tr>
</table>

续表

实训项目	基督山三明治	
实训方法	操作过程及方法	（4）将鸡蛋液与牛奶混合，搅拌均匀 （5）将三明治蘸上牛奶鸡蛋混合液，放入 177℃的油中炸至金黄色 （6）沿对角线将三明治切成 4 块摆在盘中，旁边配上适量生菜、黄瓜和西兰花作装饰即成
	成品特点	金黄色，三角层状，奶酪和焦香味浓郁，微咸，外脆内软
	操作要领	（1）面包片之间的肉要压实 （2）炸时油温不能过高，否则三明治很快就会不脆
实训组织	教师演示	内容：基督山三明治 方式：操作演示 时间：30 分钟
	学生实训	内容：基督山三明治 分组：2 人一组 时间：30 分钟
	教师点评	小结、评分
实训准备	场地	实操室
	工具	炸锅、砧板、分刀、铁铲、餐盘
	材料	白面包片 2 片，切好的熟鸡脯肉（或火鸡脯肉）30 克，熟火腿肉 30 克，瑞士芝士 30 克，搅拌好的鸡蛋液 1 份，牛奶 30 毫升，色拉油适量，时蔬适量
思考题		（1）制作基督山三明治的操作要点和应注意的事项有哪些？ （2）如何鉴别油温的高低？
考核评价与成绩评定		实训成品成绩占 70%，作业成绩占 30% 学生自我评价表另附

4. 热狗（Hot Dog）

实训项目	热狗
目的与要求	（1）通过学习制作热狗，掌握其制作过程和操作要点 （2）熟知热狗的成品特点和制作注意事项
技术理论与原理	三明治的外观应整齐、干净，造型美观。除了热狗（热长圆面包中间夹有热狗肠，并涂上调味酱）和汉堡包外，三明治均应以对角切成 4 块或 2 块，呈三角形 （1）制作三明治的各种原料应新鲜，各种原料的味道和颜色应协调 （2）制作三明治的面包质地应有一定的韧性，不能太松软 （3）三明治成品的温度很重要，热三明治一定是热的，冷三明治一定是冷的，不论是热三明治还是冷三明治都不可以是温热的

续表

<table>
<tr><th colspan="2">实训项目</th><th colspan="2">热狗</th></tr>
<tr><td colspan="2" rowspan="4">实训方法</td><td>工艺流程</td><td>将长条面包沿纵向切开→将热狗肠煎熟→摆上各种原料→摆盘</td></tr>
<tr><td>操作过程及方法</td><td>（1）将长条面包沿纵向切开，但不切断，抹上万尼汁
（2）将热狗肠放入锅中煎至金黄色
（3）将番茄片和小黄瓜片放入面包内
（4）放入热狗肠，涂上番茄酱或黄芥末酱
（5）盛于盘中即成</td></tr>
<tr><td>成品特点</td><td>色彩艳丽，长条层状，蔬菜清香，微咸、酸辣，外松软，内脆嫩、爽口</td></tr>
<tr><td>操作要领</td><td>（1）长条面包不能切断
（2）热胸肠应选择与面包长度相当的</td></tr>
<tr><td colspan="2" rowspan="3">实训组织</td><td>教师演示</td><td>内容：热狗
方式：操作演示
时间：30 分钟</td></tr>
<tr><td>学生实训</td><td>内容：热狗
分组：2 人一组
时间：30 分钟</td></tr>
<tr><td>教师点评</td><td>小结、评分</td></tr>
<tr><td rowspan="3">实训准备</td><td>场地</td><td colspan="2">实操室</td></tr>
<tr><td>工具</td><td colspan="2">燃气灶、平底锅、砧板、分刀、木铲、餐盘</td></tr>
<tr><td>材料</td><td colspan="2">长条面包 1 条，热狗肠 1 条，番茄片和小黄瓜片各 4 片，万尼汁 10 克，色拉油 10 毫升，番茄酱 10 克，黄芥末酱 10 克</td></tr>
<tr><td colspan="2">思考题</td><td colspan="2">（1）制作热狗的操作要点和应注意的事项有哪些？
（2）长条面包的质量要求是什么？</td></tr>
<tr><td colspan="2">考核评价与成绩评定</td><td colspan="2">实训成品成绩占 70%，作业成绩占 30%
学生自我评价表另附</td></tr>
</table>

5. 罗宾三明治（Reuben Sandwich）

实训项目	罗宾三明治
目的与要求	（1）通过学习制作罗宾三明治，掌握其制作过程和操作要点 （2）熟知罗宾三明治的成品特点和制作注意事项

续表

实训项目	罗宾三明治	
技术理论与原理	制作三明治的面包质量要求 （1）制作三明治必须使用当天制作或采购的面包，面包的质地应均匀，内部没有较大的孔隙 （2）将面包储存在干燥的容器内，使用防潮措施，必要时可以用保鲜纸包裹 （3）先制作或先采购的面包应先使用 （4）脆皮面包必须包裹，否则会失去其酥脆的特点 （5）面包的储存温度应以平时室内温度为宜，并远离烤箱和热设备 （6）尽量不要冷藏面包。经过冷藏的面包新鲜度很快下降，不适宜制作三明治	
实训方法	工艺流程	调酱汁→将酱汁抹在面包上→将原料摆在面包上→将面包煎至上色
	操作过程及方法	（1）将万尼汁、青椒末和辣椒酱搅拌均匀，制成三明治酱 （2）在 8 片黑面包片上均匀抹上三明治酱 （3）将芝士横切成两半，成为 8 片 （4）在 4 片黑面包片上分别放上 1 片芝士，25 克烟熏熟牛肉和 25 克酸卷心菜，再将剩下的 4 片芝士分别放在酸卷心菜上，最后放上剩下的 4 片黑面包片（酱面朝下） （5）平底锅内放入牛油，油热后将三明治放入，待一面煎成金黄色时再煎另一面，煎至芝士熔化时为止
	成品特点	暗红、绿、黑色相间，正方体形状，牛肉味浓香，微咸酸，牛肉软嫩，面包酥脆
	操作要领	（1）面包片不能切得太薄，并要切均匀 （2）煎面包的铁扒温度不能过高
实训组织	教师演示	内容：罗宾三明治 方式：操作演示 时间：30 分钟
	学生实训	内容：罗宾三明治 分组：2 人一组 时间：30 分钟
	教师点评	小结、评分
实训准备	场地	实操室
	工具	砧板、分刀、平底锅、餐盘
	材料	万尼汁 50 克，青椒 30 克，辣椒酱 30 克，黑面包片 8 片，瑞士芝士 4 片，烟熏熟牛肉片 100 克，德国酸卷心菜 100 克，牛油适量

续表

实训项目	罗宾三明治
思考题	（1）制作罗宾三明治的操作要点和应注意的事项有哪些？ （2）什么是黑面包片？
考核评价与成绩评定	实训成品成绩占 70%，作业成绩占 30% 学生自我评价表另附

二、冷三明治类（Cold Sandwich）制作实训

1. 公司三明治（Club Sandwich）

实训项目	公司三明治	
目的与要求	（1）通过学习制作公司三明治，掌握其制作过程和操作要点 （2）熟知公司三明治的成品特点和制作注意事项	
技术理论与原理	公司三明治是面包中间夹有芝士、熟肉类、绿色蔬菜和调味酱的冷三明治	
实训方法	工艺流程	将万尼汁涂在面包片上→按层次摆好原料→固定三明治→切成 4 块摆盘
	操作过程及方法	（1）将 3 片白吐司面包片摆成一排，分别涂上万尼汁 （2）在第一片吐司面包上放 1 片生菜、2 片番茄、3 条咸肉 （3）将第二片吐司面包涂万尼汁的一面朝下摆放在第一片吐司面包上，上面再涂上万尼汁，并放上鸡肉片（或火鸡肉），然后放上另一片生菜 （4）将第三片吐司面包放在第二片吐司面包上，同样以涂上万尼汁一面朝下的方式操作 （5）沿对角线将三明治切成 4 块（呈三角形），用一根牙签从中部将每块三明治穿插以使其牢固。然后对称摆在餐盘中，其中一个角朝上，以看到其层次为宜 （6）在 4 块三明治的边缘放装饰品，三明治的上部中心可摆放一些炸薯片或薯条即成
	操作要领	（1）面包片之间的原料要压实 （2）切三明治要对角切
实训组织	教师演示	内容：公司三明治 方式：操作演示 时间：30 分钟

续表

实训项目	公司三明治	
实训组织	学生实训	内容：公司三明治 分组：2 人一组 时间：30 分钟
	教师点评	小结、评分
实训准备	场地	实操室
	工具	砧板、分刀、餐盘、牙签
	材料	烤成金黄色的白吐司面包（方形面包片）3 片，生菜叶 2 片，番茄 2 片（厚 0.5 厘米），烤熟的脆咸肉 3 条，熟鸡脯肉（或火鸡肉）3 片，万尼汁适量，装饰品、炸薯片或薯条适量
思考题	（1）制作公司三明治的操作要点和应注意的事项有哪些？ （2）如何切好公司三明治？	
考核评价与成绩评定	实训成品成绩占 70%，作业成绩占 30% 学生自我评价表另附	

2. 金枪鱼三明治（Tuna Sandwich）

实训项目	金枪鱼三明治	
目的与要求	（1）通过学习制作金枪鱼三明治，掌握其制作过程和操作要点 （2）熟知金枪鱼三明治的成品特点和制作注意事项	
实训方法	工艺流程	将万尼汁涂在白方包片上→按层次摆好原料→固定三明治→切成 4 块摆盘
	操作过程及方法	（1）在 2 片白方包片上涂抹万尼汁 （2）将洋葱碎、油渍金枪鱼、酸黄瓜碎、精盐、黑胡椒碎在搅拌盆里混合，搅拌均匀成金枪鱼酱 （3）将金枪鱼酱涂抹在白方包片上，将白方包片叠好，插上牙签，切成 4 块 （4）盛于盘中，配上薯片即成
	成品特点	色彩丰富，三角层状，金枪鱼肉味浓香，微咸酸，松软
	操作要领	（1）面包片之间的原料要压实 （2）切三明治要沿对角线切
实训组织	教师演示	内容：金枪鱼三明治 方式：操作演示 时间：30 分钟

续表

<table>
<tr><th colspan="2">实训项目</th><th colspan="2">金枪鱼三明治</th></tr>
<tr><td colspan="2" rowspan="2">实训组织</td><td>学生实训</td><td>内容：金枪鱼三明治
分组：2 人一组
时间：30 分钟</td></tr>
<tr><td>教师点评</td><td>小结、评分</td></tr>
<tr><td rowspan="3">实训准备</td><td>场地</td><td colspan="2">实操室</td></tr>
<tr><td>工具</td><td colspan="2">砧板、分刀、餐盘、牙签</td></tr>
<tr><td>材料</td><td colspan="2">洋葱碎 10 克，罐头油渍金枪鱼 120 克，万尼汁 15 克，酸黄瓜碎 5 克，精盐、黑胡椒碎适量，白方包片 2 片，薯片适量</td></tr>
<tr><td colspan="2">思考题</td><td colspan="2">（1）制作金枪鱼三明治的操作要点和应注意的事项有哪些？
（2）金枪鱼有哪些特点？</td></tr>
<tr><td colspan="2">考核评价与成绩评定</td><td colspan="2">实训成品成绩占 70%，作业成绩占 30%
学生自我评价表另附</td></tr>
</table>

3. 加拿大咸肉包（Canadian Bacon Bun）

<table>
<tr><th>实训项目</th><th colspan="2">加拿大咸肉包</th></tr>
<tr><td>目的与要求</td><td colspan="2">（1）通过学习制作加拿大咸肉包，掌握其制作过程和操作要点
（2）熟知加拿大咸肉包的成品特点和制作注意事项</td></tr>
<tr><td rowspan="4">实训方法</td><td>工艺流程</td><td>咸肉煎熟备用→面包对半切开→涂上牛油→面包烤至上色→将咸肉夹在面包中间</td></tr>
<tr><td>操作过程及方法</td><td>（1）将加拿大咸肉放入平底锅中，用油煎热
（2）将汉堡面包切成两半
（3）在面包的刀切面涂上牛油或人造牛油
（4）将涂好牛油的面包放入西式面包炉（Salamander）内，刀切面朝上，烤至金黄色
（5）将加拿大咸肉夹在面包中间即成</td></tr>
<tr><td>成品特点</td><td>金黄色，圆形，咸肉味浓郁，微咸，外松软，肉有韧性</td></tr>
<tr><td>操作要领</td><td>（1）面包要对半切均匀
（2）烤面包的温度不能过高</td></tr>
<tr><td>实训组织</td><td>教师演示</td><td>内容：加拿大咸肉包
方式：操作演示
时间：30 分钟</td></tr>
</table>

续表

<table>
<tr><th colspan="2">实训项目</th><th colspan="2">加拿大咸肉包</th></tr>
<tr><td colspan="2" rowspan="2">实训组织</td><td>学生实训</td><td>内容：加拿大咸肉包
分组：2 人一组
时间：30 分钟</td></tr>
<tr><td>教师点评</td><td>小结、评分</td></tr>
<tr><td rowspan="3">实训准备</td><td>场地</td><td colspan="2">实操室</td></tr>
<tr><td>工具</td><td colspan="2">砧板、分刀、面包炉、餐盘、平底锅、燃气灶</td></tr>
<tr><td>材料</td><td colspan="2">加拿大咸肉 2 ~ 3 片（约 50 克），汉堡面包 1 个，软化的牛油或人造牛油适量</td></tr>
<tr><td colspan="2">思考题</td><td colspan="2">（1）制作加拿大咸肉包的操作要点和应注意的事项有哪些?
（2）三明治面包的质量要求是什么?</td></tr>
<tr><td colspan="2">考核评价与成绩评定</td><td colspan="2">实训成品成绩占 70%，作业成绩占 30%
学生自我评价表另附</td></tr>
</table>

三、比萨饼制作实训

1. 海鲜比萨（Seafood Pizza）

<table>
<tr><th>实训项目</th><th colspan="2">海鲜比萨</th></tr>
<tr><td>目的与要求</td><td colspan="2">（1）通过学习制作海鲜比萨，掌握其制作过程和操作要点
（2）熟知海鲜比萨的成品特点和制作注意事项</td></tr>
<tr><td>技术理论与原理</td><td colspan="2">比萨是英文“Pizza”的译音。比萨饼起源于意大利的那不勒斯，是一种由特殊的饼底、酱汁、馅料和奶酪构成，具有意大利风味的食品，现受到世界各国消费者的喜爱
意式比萨饼由手抛成型，不需要机械加工，成品饼底呈正圆形，饼底平整，“翻边”均匀，“翻边”高 2 ~ 3 厘米，宽 2 厘米</td></tr>
<tr><td rowspan="3">实训方法</td><td>工艺流程</td><td>和面团→准备馅料→压面饼→摆上馅料→放入烤箱烤熟</td></tr>
<tr><td>操作过程及方法</td><td>（1）将面粉过筛，加入黄油、精盐及牛奶调制成面团，将面团揉至上劲、表面有光泽
（2）将培根用油煎至香脆，控去油备用
（3）将面团擀制成薄的圆饼状，放入比萨饼模具内，表面刷上番茄少司，撒上洋葱丝、青椒丝、贻贝肉、虾肉、培根片、芝士和比萨草
（4）放入 200℃的烤箱烘烤 15 ~ 20 分钟，直至比萨表面上色即成</td></tr>
<tr><td>成品特点</td><td>金黄色，圆饼形，味浓香，酸、咸，外皮脆，海鲜鲜嫩</td></tr>
</table>

续表

<table>
<tr><th colspan="2">实训项目</th><th colspan="2">海鲜比萨</th></tr>
<tr><td colspan="2">实训方法</td><td>操作要领</td><td>（1）面团要揉至上劲
（2）面饼的薄厚要均匀
（3）注意底火温度，防止将面饼底烤焦煳</td></tr>
<tr><td colspan="2" rowspan="3">实训组织</td><td>教师演示</td><td>内容：海鲜比萨
方式：操作演示
时间：30 分钟</td></tr>
<tr><td>学生实训</td><td>内容：海鲜比萨
分组：2 人一组
时间：30 分钟</td></tr>
<tr><td>教师点评</td><td>小结、评分</td></tr>
<tr><td rowspan="4">实训准备</td><td>场地</td><td colspan="2">实操室</td></tr>
<tr><td>工具</td><td colspan="2">烤箱、发酵箱、燃气灶、少司锅、擀棒、比萨烤盘、砧板、分刀、餐盘</td></tr>
<tr><td rowspan="2">材料</td><td>软皮比萨面</td><td>面粉 120 克，牛奶 70 毫升，牛油 15 克，精盐适量</td></tr>
<tr><td>馅料</td><td>熟贻贝肉 250 克，熟虾肉 350 克，培根 4 片，番茄少司 50 毫升，青椒丝 30 克，洋葱丝 40 克，意大利芝士 250 克，比萨草适量</td></tr>
<tr><td colspan="2">思考题</td><td colspan="2">（1）制作海鲜比萨的操作要点和应注意的事项有哪些？
（2）如何控制面饼的厚度？</td></tr>
<tr><td colspan="2">考核评价与成绩评定</td><td colspan="2">实训成品成绩占 70%，作业成绩占 30%
学生自我评价表另附</td></tr>
</table>

2. 夏威夷比萨（Hawaii Pizza）

<table>
<tr><th>实训项目</th><th colspan="2">夏威夷比萨</th></tr>
<tr><td>目的与要求</td><td colspan="2">（1）通过学习制作夏威夷比萨，掌握其制作过程和操作要点
（2）熟知夏威夷比萨的成品特点和制作注意事项</td></tr>
<tr><td>技术理论与原理</td><td colspan="2">美式比萨饼底由机械加工成型，成品饼底呈正圆形，饼底平整，“翻边”均匀，“翻边”高 4 ~ 5 厘米，宽 3 厘米</td></tr>
<tr><td rowspan="2">实训方法</td><td>工艺流程</td><td>和面团→准备馅料→压面饼→摆上馅料→放入烤箱烤熟</td></tr>
<tr><td>操作过程及方法</td><td>（1）将面粉、牛奶、酵母、砂糖、精盐混合制成面团，面团经两次或三次发酵后，分成两份并揉成圆形
（2）将里脊火腿、菠萝分别切成扇形片
（3）将番茄少司加入适量菠萝汁，上火煮至浓稠
（4）待面团稍发酵膨胀后，用手压制成四周略厚的圆饼</td></tr>
</table>

续表

实训项目		夏威夷比萨	
实训方法	操作过程及方法	（5）在面饼表面涂上番茄菠萝汁，码上里脊火腿片、菠萝片，撒上芝士碎 （6）放入 200℃的烤箱烘烤 15 ～ 20 分钟，直至面皮香脆、芝士熔化取出，点缀上番芫荽即成	
	成品特点	金黄色，圆饼形，味浓香，酸咸，外皮脆，内部组织松软	
	操作要领	（1）注意面团的发酵 （2）面饼的厚薄要均匀 （3）注意底火的温度，防止将面饼底烤焦煳	
实训组织	教师演示	内容：夏威夷比萨 方式：操作演示 时间：30 分钟	
	学生实训	内容：夏威夷比萨 分组：2 人一组 时间：30 分钟	
	教师点评	小结、评分	
实训准备	场地	实操室	
	工具	烤箱、发酵箱、燃气灶、少司锅、擀棒、比萨烤盘、砧板、分刀、餐盘	
	材料	软皮比萨面	面粉 200 克，酵母 6 克，牛奶 140 克，砂糖、精盐适量
		馅料	里脊火腿 75 克，菠萝罐头 100 克，番茄少司 30 毫升，芝士 100 克，番芫荽适量
思考题		（1）制作夏威夷比萨的操作要点和应注意的事项有哪些？ （2）如何控制面团发酵的品质？	
考核评价与成绩评定		实训成品成绩占 70%，作业成绩占 30% 学生自我评价表另附	

附：

学生自我评价表

班　　别			学生姓名、学号		
实训项目			教师评分		
评价内容	配分	自评分	学生自评		
总得分					

注：此表可以用作业本代替，由学生自行在作业本上画表格。